RECHERCHES SUR L'ANATOMIE

DE

L'HIPPOPOTAME

Paris. — Imprimerie de E. MARTINET, rue Mignon, 2.

RECHERCHES SUR L'ANATOMIE

DE

L'HIPPOPOTAME

PAR

Louis-Pierre GRATIOLET

Professeur de zoologie à la Faculté des sciences de Paris,
Aide-naturaliste chef des travaux anatomiques au Muséum d'histoire naturelle,
Membre de la Société philomathique, de la Société d'anthropologie,
de la Société des sciences médicales de Paris,
de la Société impériale des sciences de Cherbourg, de la Société linnéenne de Normandie,
Associé étranger de la Société de médecine de Suède,
Chevalier de la Légion d'honneur, Officier de l'Université.

PUBLIÉES PAR LES SOINS

Du Docteur Edmond ALIX

Avec 12 planches.

PARIS

VICTOR MASSON ET FILS

PLACE DE L'ÉCOLE-DE-MÉDECINE

1867

PRÉFACE

Ce n'était pas un de mes moindres regrets de voir que M. Gratiolet avait quitté la vie sans avoir publié cette anatomie de l'Hippopotame qui lui avait coûté tant de recherches et de méditations. Aussi, lorsque sa digne et courageuse compagne voulut bien me confier ses manuscrits, j'eus autant de joie que je pouvais en éprouver dans ma douleur. La description comparée du squelette était complétement et définitivement rédigée ; celle des muscles était achevée pour la plus grande partie, et le plan d'ailleurs en était tracé de telle sorte qu'il n'y avait plus qu'à combler quelques vides ; le système vasculaire et le système nerveux avaient été l'objet de plusieurs communications faites à l'Académie des sciences : nous possédions par conséquent tout l'ensemble de ce grand travail. Outre les manuscrits, des planches admirables représentaient les dispositions des divers systèmes et le détail de la myologie. Mais ce n'était pas tout. M. Gratiolet conservait avec soin dans son laboratoire les pièces qu'il avait disséquées, afin de pouvoir jusqu'au dernier moment vérifier l'exactitude de ses observations. Grâce à la bienveillance de MM. Chevreul et Milne Edwards, directeurs du Muséum d'histoire naturelle, et de M. Serres, professeur d'anatomie comparée, j'ai obtenu la permission d'examiner et d'étudier ces pièces; puis un nouvel Hippopotame étant né à la Ménagerie et mort quelques jours après, M. Serres a bien voulu le remettre entre mes mains. Par là il m'a été possible d'ajouter quelques détails relatifs aux centres nerveux, aux organes des sens, au tube digestif, aux organes génito-urinaires, et de compléter la myologie. Les desiderata que j'ai dû combler ont surtout pour objet les muscles du membre postérieur; mais j'ai dû me borner à l'exposition des faits, et c'est pour cela que le lecteur n'y verra qu'une simple description, dépourvue de ces considérations qui donnent tant de valeur aux écrits de M. Gratiolet et qui abondent dans les chapitres qu'il a lui-même rédigés.

C'est un devoir pour nous d'exprimer notre vive reconnaissance pour M. le Ministre de l'instruction publique, qui a bien voulu prendre ce livre sous sa protection. MM. Victor Masson et fils, en se chargeant de le publier, y ont mis toute leur science d'éditeurs, voulant qu'il fût digne de leur grande réputation; ils en ont confié l'impression à M. Martinet. Les planches ont été lithographiées par M. H. Formant, peintre du Muséum d'histoire naturelle, qui a déjà travaillé aux planches de l'anatomie du Chimpanzé, ainsi qu'à celles des ouvrages de M. Gratiolet sur les plis cérébraux et sur l'anatomie du système nerveux ; il s'est encore cette fois, par un soin scrupuleux, montré digne de l'amitié que notre maître lui a toujours témoignée.

E. ALIX.

RECHERCHES SUR L'ANATOMIE

DE

L'HIPPOPOTAME

I

DES FORMES EXTÉRIEURES.

La description des formes extérieures de l'Hippopotame a
été un grand nombre de fois donnée, mais le plus souvent
d'après des renseignements dont l'inexactitude est rendue
frappante par les dessins qu'ont publiés, vers la fin du dernier siècle, Allamand et Buffon; ce n'est que dans ces derniers temps que, des Hippopotames ayant été amenés vivants
en Europe, on a pu se faire une idée certaine de leur physionomie singulière et de leurs habitudes. Cette physionomie
et ces habitudes les rapprochent beaucoup des cochons; l'examen du squelette et des organes intérieurs confirment en
général ce premier aperçu; vu à terre, l'Hippopotame res-

semble à un cochon très-gras (1), et rien, au premier abord.
ne justifie ce nom d'Hippopotame (cheval de fleuve), sous
lequel les anciens Grecs l'ont désigné. Pour qui n'a vu l'animal que sur le rivage, portant lourdement sa masse énorme et
étendant horizontalement sa tête monstrueuse, cette dénomination est inexplicable ; elle l'est également quand il nage à
fleur d'eau, ne laissant passer que son mufle et la saillie de
ses yeux à fleur de tête, semblables à ceux d'un crapaud ; mais
il n'en est plus de même quand, élevant verticalement son col
gigantesque au-dessus des eaux, il recourbe sa tête et agite
ses oreilles petites et dressées ; alors, vu de loin et de profil,
c'est véritablement la silhouette de quelque cheval fantastique.

(1) Tous les observateurs, à l'envi, ont remarqué cette analogie. P. Gilles dit de
l'Hippopotame qu'il avait observé : « Il marchait lentement comme un cochon très-gras ».
(*Descriptio nova Elephantis*, 1/12. Hambourg, 1614.) Pierre Belon s'exprime de
même ; après avoir décrit la tête, il ajoute : « Le reste du corps ressemblait à celui
d'un cochon fort gras (*in aquat.*). » Cette physionomie est si fort accusée, qu'elle
frappe au premier abord les yeux les moins exercés.

Sparrman, qui a observé l'Hippopotame vivant, s'exprime de même là-dessus :
« L'espèce de hennissement que cet animal pousse est, sans doute, ce qui lui a fait
» donner le nom d'Hippopotame, qui signifie *cheval de rivière* ; car, sous d'autres rap-
» ports, il n'a pas la moindre ressemblance avec le cheval ; *il ressemble plutôt au cochon.*
» Il n'a d'autre analogie avec le bœuf que la pluralité des estomacs, et c'est peut-être
» ce qui l'a fait appeler au Cap *Vache marine*, et par les Hottentots *t'Gar*, qui approche
» de *t'Kau*, nom qu'ils donnent au buffle. » (*Voyage au cap de Bonne-Espérance, etc.*,
traduit par Letourneur. Paris, 1787, t. III, p. 198.)

Laniariis, caudâ, posteriore trunci parte, vitæ genere suem aliquantùm refert. Linn.,
Syst. nat., édit. 13e, t. I, p. 215. — Linnæus, cependant, place le tapir entre l'Hippopotame et les cochons. Mais comment comprendre M. Lesson, quand, rangeant ses
Éléphantidées, ses Rhinocérosidées avec les Hippopotames dans une même sous-tribu,
il compose sa famille des Susidées, des Tapirs, des Palæothères et des Cochons
(*Nouveau tableau du règne animal*, Mamm., Arthus Bertrand, 1842). N'est-ce pas là
méconnaître à plaisir toutes les analogies et augmenter la confusion de la zoologie
systématique?

Ce fut probablement dans cette attitude qu'il trompa la facile imagination des voyageurs grecs; toutefois, à qui le voit de plus près, l'illusion n'est pas possible; le prétendu cheval n'est plus qu'un cochon de fleuve, un Chœropotame, nom qui, suivant la remarque très-juste de Blainville, lui conviendrait en effet, si l'usage, qui sanctionne tous les jours tant d'absurdités, n'en avait décidé autrement (1).

Le *tronc* est très-allongé, mais relativement très-bas sur jambes, et, malgré l'énorme largeur du dos et des lombes, sensiblement aplati sur les flancs. Les hanches sont plus

(1) Prosper Alpin (*Ægypt.*, 1, V, 245, t. XXII-XXV) a le premier proposé ce nom de Chœropotame, pour un animal qu'il trouvait si différent de l'Hippopotame décrit par les auteurs grecs et latins. Cuvier l'en a beaucoup blâmé ; « Prosper Alpin, dit-il, n'a fait qu'embrouiller la question. » Cette critique est injuste. Les anciens n'ont point scientifiquement connu l'Hippopotame. Leurs descriptions en sont la preuve. Il a, selon Aristote, une crinière comme le cheval, le pied fendu comme le bœuf, le museau courbé ($\sigma\iota\mu\grave{o}\varsigma$), et des dents saillantes mais qui sortent peu; sa queue est celle du porc, sa voix celle du cheval, sa grandeur celle de l'âne (*Hist. anim.*, lib. II, ch. vii). Pline ne dit pas mieux : *Ungulis binis, qualis bubus, dorso equi et juba et hinnitu, rostro resimo, cauda et dentibus aprorum aduncis, sed minus noxiis, etc.*, *etc.* (voy. *Hist. nat.*, lib. VIII, p. 39). Que faire en face de ces descriptions? Au temps de Prosper Alpin, l'antiquité était infaillible ; l'Hippopotame, dans la pensée de ce médecin célèbre, existait tel que l'avaient décrit les Grecs. Or, il voit une peau d'animal gigantesque tué dans le Nil. Cet animal n'a point de crinière, les dents ne font point saillie hors de la gueule, il n'a ni la taille de l'âne, ni celle du bœuf. Sa queue n'est semblable ni à celle du porc, ni à celle du sanglier; elle rappelle bien plus, comme le veut Zérenghi, celle de la tortue; ce n'est évidemment pas là l'animal qu'ont décrit les Grecs, mais celui qui est représenté sur la plinthe de la statue du Nil et sur les médailles d'Hadrien. C'est donc, jusqu'à Prosper Alpin, un animal inconnu, non des anciens en général, mais des naturalistes, et qu'ils n'ont point nommé; où donc est la faute si, se laissant guider par le sentiment d'une analogie légitime, il lui donne le nom, parfaitement choisi, de Chœropotame, et n'est-il pas regrettable qu'un nom si bien donné n'ait pas prévalu sur un nom appliqué à un animal évidemment fantastique? La critique de Cuvier n'est donc pas fondée. Prosper Alpin n'a rien embrouillé.

étroites encore et plus serrées que dans les cochons. Les membres postérieurs, malgré leur épaisseur, sont plats aux cuisses, et relativement assez faibles; leurs articulations sont lâches et tous leurs mouvements offrent les caractères d'une mollesse lymphatique; l'ensemble du corps, quand l'animal marche, est lourd, amorphe, vacillant; à chaque pas la peau, malgré son épaisseur relative, tremble et frémit, et rien ne rappelle, dans l'Hippopotame, l'aisance des mouvements qu'on remarque chez les éléphants et surtout chez les rhinocéros.

La *tête*, énorme, est remarquable, comme celle des cochons, par un crâne très-court, au devant duquel se prolonge une face démesurée. Cette face, très-étroite au devant des yeux, s'élargit monstrueusement au niveau des canines supérieures et se termine par un mufle colossal, au sommet duquel s'ouvrent deux narines contractiles; l'épaisseur de la lèvre supérieure est telle qu'elle recouvre toutes les dents et fournit aux canines inférieures une gaîne qui les contient en entier, malgré leur développement excessif. Les mâchoires et la lèvre inférieure correspondent à ces proportions énormes par toutes leurs parties.

Le *rictus de la gueule*, très-largement ouvert, le paraît encore davantage parce que ses commissures se prolongent de chaque côté en un sillon qui remonte obliquement jusqu'aux yeux; voilà sans doute comment Achille Tatius a pu croire qu'il est fendu jusqu'aux tempes. Il semble donc, ainsi que dans les crocodiles, occuper toute la face, et cette ressemblance est encore augmentée par des yeux à fleur de tête dont les orbites, très-reculées, s'élèvent au-dessus des parties médianes du crâne. Ces yeux sont relativement petits, mais ils sont recouverts par des paupières épaisses auxquelles il faut ajouter une troisième paupière, si l'on peut donner ce nom à un grand repli semi-lunaire de la conjonctive, vers l'angle interne de l'œil.

Les *oreilles*, assez grandes relativement chez le fœtus, sont petites chez l'adulte, mais dressées et très-mobiles. Assez étroites à leur base, elles se dilatent un peu et se terminent en un pavillon arrondi, garni de quelques poils roides, qui peut se fermer hermétiquement par le rapprochement de ses bords. Quand l'animal, plongé, élève sa tête au-dessus de l'eau, il les secoue avec une force et une vivacité singulières pour en détacher, sans doute, les dernières gouttes de liquide.

Les *narines* sont plus remarquables encore : elles sont, comme l'a vu Daubenton (1), « placées sur la partie supérieure du bout du museau, et disposées de façon que leurs extrémités postérieures sont plus éloignées l'une de l'autre que les antérieures. » Tout cela est fort exact; mais il le serait un peu moins d'ajouter, avec cet auteur, qu'elles sont ovales; nous croyons être plus précis en disant qu'elles sont allongées e capables d'une occlusion complète. Le mécanisme de cette occlusion est fort simple : leur bord interne, soutenu par un bourrelet saillant, est fort épais, à peu de chose près rectiligne.

(1) Buffon, *Hist. nat.*, édit. in-4°, t. XII, p. 51.

et forme, en |quelque sorte, une base sur laquelle leur bord externe, à la fois plus courbe, plus mince et plus mobile, joue comme une véritable paupière. Leurs extrémités inférieures se prolongent en deux petits sillons symétriques qui convergent en une fossette triangulaire médiane. Cette fossette est évidemment le point de départ d'un troisième sillon qui se dirige, mais sans y atteindre, vers le bord libre de la lèvre. et sépare les deux masses latérales du mufle.

Ces deux singulières narines sont capables de se fermer hermétiquement, ce qui ne manque pas d'avoir lieu toutes les fois que l'animal se prépare à plonger. Elles se dilatent énergiquement, au contraire, quand il revient à la surface. Ce mouvement n'a pas pour but une inspiration immédiate, mais une expiration sèche et rude qui chasse bruyamment un air chargé de vapeur dont le jet puissant est très-visible quand l'atmosphère est un peu froide. Le poumon est donc plein d'air qu'il faut expulser en premier lieu, pour inspirer ensuite un air vivifiant. Ce mouvement est bien différent de celui qu'exécute l'homme quand il nage entre deux eaux; l'hippopotame enferme de l'air pour plonger, et le chasse quand il élève sa tête au-dessus de l'eau avant d'en reprendre de nouveau; l'homme, au contraire, dans l'immersion de la tête, débute par une grande inspiration et chasse l'air pour plonger. Ces différences nous paraissent mériter d'être signalées; nous y reviendrons, d'ailleurs, en traitant des conditions organiques qui rendent possible aux mammifères plongeurs un genre de vie si contraire, en apparence, au type général de leur classe, et parmi lesquelles nous rangeons au premier rang la faculté d'oblitération des narines. Nous trouvons cette faculté dans les cétacés avec des dispositions d'organes toutes particulières; nous la retrouvons dans les martres nageuses (loutres et enhydris), dans les phoques, dans le castor, dans un assez grand nombre de rongeurs et d'insectivores, et enfin dans les dugongs et les lamantins, si improprement appelés cétacés herbivores (1). Un fait si constant est, à coup sûr, un fait nécessaire, et nous essayerons plus tard de définir ses rapports avec la vie aquatique chez les animaux mammifères.

Quoi qu'il en soit, les modifications plus ou moins profondes qui ont dû être imposées au type général du genre *Sus* pour satisfaire à des conditions exceptionnelles, ne sauraient dissimuler l'extrême analogie qui rapproche les Hippopotames des cochons. L'étude du squelette entier, celle du système dentaire, des muscles en général, du cerveau, des viscères, confirment cette analogie. Elle n'est pas moins justifiée, ainsi que nous l'avons dit, par la considération de la forme générale du corps. La peau, presque entièrement dénuée de poils, est, comme celle du cochon, divisée en losanges irréguliers; les membres, terminés l'un et l'autre par quatre doigts, offrent également tous les caractères du type pair; à peine l'Hippopotame en diffère-t-il par la largeur de son mufle dépourvu de boutoir et par une queue latéralement comprimée. Ainsi, cette queue, trop petite évidemment pour servir à la natation, offre

(1) Sur le lamantin, consultez un travail curieux de M. Vrolik, intitulé : *Bijdrage tot de naatyr en ontleedkundige Kennis van den Manatus Americanus.*

cependant le caractère d'une modification aquatique. Notre animal l'agite çà et là quand il marche ; il en fait d'ailleurs un autre usage non moins singulier que dégoûtant, et dont il serait difficile de trouver la raison : il en fouette ses excréments quand il les lâche, de manière à en asperger toute sa croupe. L'odeur de ces excréments, assez fortement musquée, rappelle d'ailleurs celle de la fiente des pourceaux.

Ces remarques générales font prévoir un fait inévitable, savoir, que la description anatomique que nous allons donner diffère très-peu de celle du cochon. Je ne négligerai rien cependant pour la rendre aussi complète qu'il m'a été donné de le faire d'après un seul individu. Elle se distinguera, d'ailleurs, par un ensemble de particularités et de modifications commandées par le genre de vie pour ainsi dire anormal que la nature a imposé à l'Hippopotame. Ce sont ces particularités surtout et ces modifications véritablement biologiques, que je m'efforcerai de caractériser et d'expliquer. L'anatomie comparée n'a pas, en effet, pour but unique la considération des archétypes ; elle doit encore, en étudiant les rapports d'harmonie intime qui attachent, en quelque sorte, chaque animal à un certain milieu, faire voir à son tour comment tout se correspond dans la nature, comment tout s'enchaîne, et montrer, dans ces harmonies de l'être vivant avec la nature extérieure, le sceau divin d'une intelligence infinie.

J'aurais voulu publier plus tôt ce travail ; mais, à chaque instant interrompu et repris, il n'a pu être achevé qu'à grand'peine. Car, privé de tout secours étranger, j'ai dû l'accomplir seul, disséquant, dessinant et décrivant tour à tour ; enfin, bonne ou mauvaise, pourrai-je dire en toute vérité cette œuvre mienne. Après les peines qu'elle m'a coûtées, il me serait doux de penser qu'elle ne sera pas absolument inutile. L'assentiment des anatomistes sera mon unique récompense et la seule, d'ailleurs, à laquelle j'aspire aujourd'hui (1).

(1) Ce chapitre a été écrit en 1860. C'est en 1862, sous le ministère de M. Rouland, que M. Gratiolet a été chargé du cours de zoologie à la Faculté des Sciences, et en 1863, sous le ministère de M. Duruy, qu'il a été nommé professeur.

II

OSTÉOLOGIE.

Cuvier, Pander et d'Alton, M. de Blainville, ont décrit, avec de grands détails, le squelette de l'Hippopotame adulte. Je le décrirai ici tel qu'il se présente vers la fin de l'état fœtal. J'y trouverai un double avantage : celui de ne point inutilement répéter ce qu'ont dit, avec plus d'autorité, mes illustres devanciers, et celui d'ajouter quelques détails nouveaux à ceux qu'ils ont déjà fait connaître.

Nous traiterons, en premier lieu, de la colonne vertébrale et de ses appendices propres; en second lieu, de la série des vertèbres crâniennes; nous considérerons, en troisième lieu, les membres du tronc et ceux de la région céphalique.

§ 1er. — De la colonne vertébrale.

La colonne vertébrale de l'Hippopotame est, suivant Cuvier, composée de 47 vertèbres qu'il divise ainsi : cervicales, 7; dorsales, 15; lombaires, 4; sacrées, 7; coccygiennes, 4. M. de Blainville en admet un plus grand nombre; il compte, en effet, cinq lombaires, comme dans le sanglier, et 15 ou 16 coccygiennes; sur tout le reste, il est d'accord avec Cuvier. Ces légères divergences tiennent-elles à quelque erreur commise, ou bien sont-elles l'expression de quelque variété naturelle dans les faits observés? L'observation directe pouvait seule résoudre cette question. La collection du Muséum d'histoire naturelle possède trois beaux squelettes d'Hippopotames adultes, et, en outre, le squelette fort précieux d'un fœtus d'Hippopotame du Sénégal. J'ai examiné, avec la plus grande attention, ces quatre squelettes, et M. le docteur Emmanuel Rousseau, conservateur des galeries d'anatomie, a bien voulu me prêter son obligeant concours pour une recherche qui, malgré sa simplicité apparente, présente, comme on le verra tout à l'heure, quelques difficultés inévitables.

Le premier des trois squelettes adultes dont je viens de parler a été rapporté du cap de Bonne-Espérance par un voyageur célèbre, M. de Lalande. C'est ce squelette, le premier qui ait été vu complet en Europe, qui a été décrit par Cuvier (1); nous y avons compté, M. E. Rousseau et moi, 47 ou 48 vertèbres ainsi réparties :

Cervicales.	7
Dorsales.	15
Lombaires.	4
Sacrées.	7
Coccygiennes	14 ou 15

c'est-à-dire précisément le nombre donné par Cuvier; mais pour arriver à ce résultat, nous avons dû compter comme sacrées toutes les pièces qui, à partir de la première du sacrum,

(1) *Recherches sur les ossements fossiles*, t. Ier, 2e édit.

étaient soudées entre elles, ce que Cuvier a très-certainement fait avant nous ; or je dois avouer que ce caractère de la soudure n'est pas à mes yeux un élément suffisamment certain.

Le second squelette, rapporté du Sénégal et donné au Muséum par S. A. R. le prince de Joinville, a servi évidemment de type à M. de Blainville, pour l'excellente description qu'il a publiée dans son *Ostéographie*. Ce squelette nous a présenté les nombres suivants :

Cervicales.	7
Dorsales.	15
Lombaires.	5
Sacrées.	6
Coccygiennes	15 ou 16

Ces nombres concordent avec ceux qu'a donnés M. de Blainville, sauf un seul point. M. de Blainville, comme Cuvier, admet 7 sacrées, et nous n'en avons compté que 6.

Dans le troisième squelette, rapporté de Port-Natal par feu M. Delegorgue, et acquis en 1848, nous avons également trouvé 7 cervicales et 15 dorsales ; mais, à partir de cette région, les nombres ont été différents ; nous avons en effet compté :

Lombaires.	4
Sacrées.	5
Coccygiennes	12 ou 13

Dans le fœtus d'Hippopotame du Sénégal dont j'ai parlé et qui nous a paru complet, nous avons encore trouvé un résultat différent ; le nombre des cervicales est de 7 ; celui des dorsales, 15 ; ces nombres paraissent invariables ; mais il n'y a que

4 vertèbres lombaires, comme dans le squelette de Natal, 4 sacrées seulement, et 10 ou 11 coccygiennes; remarquons que ce
fœtus provient du Sénégal, et cependant c'est de l'Hippopotame
de Port-Natal que, sous le point de vue du nombre des vertèbres, il se rapproche le plus.

Dans l'un des petits Hippopotames du Nil nés au Muséum
d'histoire naturelle, le nombre des vertèbres, constaté de la
manière la plus certaine, était le suivant pour chaque région :

Cervicales.	7
Dorsales	15
Lombaires	4
Sacro-coccygiennes.	19

La dernière était réduite à un petit granule osseux.

Ce nombre est positif. Cependant le squelette décrit par Cuvier
a 21 vertèbres sacro-coccygiennes, au moins. C'est en somme
le même nombre pour le squelette du Sénégal, mais non pour
celui de Port-Natal qui, bien qu'adulte, n'en a que 18, tout au
plus. Il s'agit donc ici de variétés individuelles dans lesquelles
l'âge n'est pour rien. Il serait peut-être bon de ne compter
comme sacrées que les deux premières, celles qui s'articulent avec l'iléon; dès lors les variétés que le sacrum pourrait
présenter ne porteraient plus que sur le nombre des vertèbres
caudales qui seraient comprises dans le mouvement de soudure.

Cette observation montre immédiatement que ces variations
qu'on observe dans le nombre des vertèbres lombaires, sacrées
et coccygiennes sont véritablement individuelles, et qu'il est

impossible de leur attribuer une valeur spécifique; mais elles expliquent suffisamment les divergences qu'on observe entre les nombres donnés par Cuvier et ceux que Blainville a déduits de ses observations. Je ne puis d'ailleurs m'empêcher de faire remarquer ici la difficulté qu'on éprouve à déterminer dans l'Hippopotame le nombre des vertèbres lombaires, sacrées et coccygiennes; on dirait que ces diversions sont artificielles et qu'un élément vertébral peut passer de l'une à l'autre indifféremment, tandis que la fixité du nombre des vertèbres cervicales et dorsales justifie la légitimité absolue de ces divisions. Il me semble d'ailleurs qu'il n'y a rigoureusement que deux vertèbres sacrées, celles qui s'articulent avec le bassin. Les autres se rapprochent si fort des vertèbres caudales, que les variations pourraient tenir au nombre plus ou moins grand de ces vertèbres qui ont été comprises dans le mouvement de soudure.

Dans le petit Hippopotame (*Hipp. Amphibius*, var. *Abyss.*) qui sert de type à notre travail, et sur lequel nous insisterons plus particulièrement ici, sans pour cela négliger l'examen de l'adulte, la colonne vertébrale offrait, dans son ensemble, des courbes très-peu différentes de celles qui sont propres à un âge plus avancé. La région cervicale se relevait beaucoup moins que dans le sanglier et le rhinocéros. La courbure de la région dorsale était également moins convexe, ce qui s'explique assez aisément par l'extrême longueur du corps de l'animal et par ses habitudes aquatiques. L'ensemble des vertèbres du sacrum est presque en ligne droite comme dans le sanglier.

Quant à la portion libre et mobile du coccyx, elle s'incline brusquement et présente d'ailleurs une assez grande mobilité.

Les longueurs relatives des différentes régions du rachis peuvent être brièvement indiquées. La région cervicale est assez courte, sa longueur totale, dans le fœtus, égale à peine celle de la région lombaire, et lui est un peu inférieure dans l'adulte. Elle est à peine équivalente à la moitié du rachis thoracique. Celle du sacrum est très-variable, et il paraît en être de même de celle de la région caudale.

Telles sont les observations générales qu'un premier coup d'œil sur la colonne vertébrale permet de formuler; nous allons maintenant essayer de décrire, plus en détail, chacune de régions dont nous avons parlé et de caractériser leurs principaux éléments.

A. — RÉGION CERVICALE.

a. — Dans le fœtus.

1° *L'atlas*, dont les parties composantes sont encore séparées, présente en avant un *noyau,* en forme de cœur, très-bas et très-large eu égard à sa hauteur, dont la pointe est dirigée en bas; *sur les côtés*, deux *masses latérales* dont le noyau principal est à peu près cunéiforme. Le tranchant des *coins* vient horizontalement s'appuyer sur les côtés du noyau médian, mais par une de ses extrémités seulement; le reste est lisse et forme les parois latérales de *l'échancrure odontoïdienne;* leur *base* est irrégulièrement quadrilatère; nous y reviendrons dans un instant. Leurs faces antérieure et postérieure sont articulaires ; la première est un peu concave, ses côtés sont un peu courbes ; elle est revêtue d'un cartilage épais et s'articule avec l'occipital. La postérieure, beaucoup plus plane, est trapézoïdale ; trois de ses bords sont rectilignes, mais le quatrième, c'est-à-dire le postérieur, est concave. Cette face n'est pas située verticalement au-dessous de la précédente, qu'elle devance un peu ; elle ne lui est pas non plus exactement parallèle, l'épaisseur du *coin* étant plus grande extérieurement que du côté de l'anneau. Elle est d'ailleurs comme l'antérieure revêtue de cartilage et s'articule avec l'*axis*. A sa face interne, la base est confondue avec la racine de l'arc osseux supérieur formé par les lames de l'atlas ; libre dans le reste de son étendue, elle y présente une concavité légère et fait partie de l'anneau. La face externe, ou, pour mieux dire, l'antérieure présente une sorte de fosse circulaire au fond de laquelle est l'ouverture d'un large canal qui parcourt obliquement la base, s'ouvre à sa surface dans une gouttière profonde qui la contourne, et aboutit à une large échancrure creusée sur le bord supérieur de la lame vertébrale.

La manière dont ce canal et cette gouttière se forment mérite de fixer l'attention, parce qu'elle établit, entre ce trou des masses latérales de l'atlas et ceux des autres cervicales une différence manifeste. Ils ne paraissent pas, en effet, résulter du rapprochement de pièces primitivement séparées, mais de l'union de crêtes recourbées, l'une vers l'autre, et enfin réunies en quelques points par suite des progrès de l'ossification. Ces

rogrès amènent d'ailleurs des modifications ultérieures, et
échancrure qui termine la gouttière est, dans l'adulte, con-
ertie en un véritable trou par le rapprochement et la coa-
scence des extrémités de l'arc osseux qui l'enveloppe. Les
ous des masses latérales des autres vertèbres cervicales se
rment d'une autre manière et dans un autre lieu.

L'atlas, à cette époque de la vie, ne présente point ces deux
les osseuses énormes qui, dans l'adulte, terminent ses masses
térales. Ces ailes sont alors non-seulement peu développées,
ais en outre entièrement cartilagineuses; elles acquièrent
vec l'âge un développement prodigieux, et donnent à l'atlas
ne largeur égale à celle de la tête mesurée d'une arcade zygo-
atique à l'autre. Elles sont alors un peu recourbées en avant,
ncaves sur leur face antérieure, sensiblement planes sur la
stérieure, et tuberculeuses à leurs extrémités. Leur base
cupe toute la hauteur de la vertèbre; ce caractère permet de
stinguer les Hippopotames d'avec les Rhinocéros, où elles
nt pédiculées et à la fois plus étroites et plus massives. Leur
trémité libre est d'ailleurs, dans ces animaux, tuberculeuse
ns toute sa hauteur, tandis que, dans l'Hippopotame adulte,
partie tuberculeuse est limitée à l'angle postérieur de l'aile
reliée à son angle antérieur par un bord mince, arrondi et
esque rectiligne.

Parmi les modifications que l'âge amène dans les masses
térales, nous signalerons encore un grand accroissement de
uteur d'une face articulaire à l'autre; en s'accroissant ainsi,
les changent de physionomie à tel point, qu'à peine pour-

rait-on reconnaître au premier abord quelque analogie entre les formes transitoires et les formes définitives (1).

Les lames vertébrales proprement dites ne sont pas encore réunies en une apophyse épineuse osseuse; les épiphyses qui la couronnent dans l'adulte sont encore complétement cartilagineuses. Elles circonscrivent avec les masses articulaires un anneau régulièrement elliptique, dont le grand diamètre est transversal. Quant à *l'échancrure odontoïdienne,* elle est large et à peu près rectangulaire.

La manière dont ces lames vertébrales se comportent relativement aux apophyses articulaires fait naître un soupçon naturel; il semble qu'elles soient après tout indépendantes des

(1) Cuvier dit à peine quelques mots de l'atlas et de l'axis. Il signale seulement deux caractères sur lesquels il est à propos de s'arrêter un instant : « Les apophyses transverses de l'atlas, dit ce célèbre auteur, s'élargissent en arrière, en sorte que leur angle antérieur est obtus et le postérieur aigu. » Cette remarque très-vraie a cependant besoin d'être expliquée. En réalité, l'aile est quadrilatère, l'un des côtés adhère au corps de l'atlas. Or, le côté antérieur étant de moitié plus court que le postérieur, il s'ensuit que le quatrième côté, l'externe, est taillé fort obliquement. Ces remarques confirment d'ailleurs l'assertion de Cuvier.

La seconde proposition a été contestée par Blainville, la voici en propres termes : « Ce qu'il y a de bien remarquable, c'est que l'atlas et l'axis, outre les facettes articulaires ordinaires, en ont encore chacune deux autres vers la partie dorsale. » Nous avons examiné avec attention le squelette qui a servi aux études de Cuvier, et l'existence de ces facettes est parfaitement certaine. La critique de Blainville n'est donc pas fondée. Hâtons-nous de dire cependant que sur les deux autres squelettes de la collection du Muséum, et en particulier dans l'Hippopotame de Natal, qui appartient bien à la division de l'*Hipp. australis,* il n'y a aucune trace de ces facettes dont l'existence, dans l'individu recueilli par Delalande, était peut-être un fait individuel; j'insiste là-dessus pour montrer combien il est dangereux de conclure pour toute l'espèce d'après un seul individu.

Cf. Cuvier, *Oss. foss.,* 3e édit., t. I, p. 390, et Blainville, *Ostéographie G. Hippopotame,* p. 16.

masses latérales proprement dites, à la base desquelles elles se
seraient soudées; les ailes cartilagineuses elles-mêmes paraissent moins leur appartenir qu'aux masses articulaires. S'il en
était ainsi, ces masses, et les lames qu'elles portent, repré-
senteraient les ailes costales interposées par leur base énormément élargie entre l'extrémité latérale des lames (apophyses
transverses rudimentaires), et le noyau antérieur si réduit de
cette vertèbre exceptionnelle. Ce ne serait donc plus par des
apophyses émanées de ces lames que l'atlas s'articulerait soit
avec l'occipital, soit avec l'axis, ainsi que cela a lieu pour la
plupart des vertèbres juxtaposées entre elles, mais par la base
énormément développée de ses ailes costales. Nous dirons dans
un instant ce qu'il faut penser là-dessus.

2° L'*axis*. Cette vertèbre présente un développement proportionnel à celui de l'atlas. Le corps, très-robuste, porte sur sa
face inférieure une crête médiane qui sépare deux facettes
obliques et concaves; sa face supérieure est plane et à peu près
rectangulaire; ses faces latérales sont quadrilatères; elles s'articulent avec les masses latérales de la vertèbre.

Ces masses latérales sont remarquables. En avant, elles offrent
le type de l'atlas, en arrière elles sont conformes au type des
vertèbres cervicales moyennes. On y distingue aisément une
apophyse transverse au devant de laquelle est un trou qui la sépare d'une partie costale, avec laquelle elle est d'ailleurs intimement soudée. La masse transversaire qui résulte de cette union
est creusée à sa face supérieure en une large gouttière qui aboutit
derrière la masse articulaire à une échancrure profonde. Cette

gouttière et cette échancrure correspondent évidemment à celles que nous avons décrites dans l'atlas ; mais le tubercule de l'apophyse transverse ne se prolonge point en une lame osseuse, de manière à ceindre la gouttière d'une enveloppe osseuse ainsi que nous l'avons vu pour l'atlas. Dans l'adulte, cependant, l'échancrure qui la termine du côté de l'anneau est formée et complétée par une languette osseuse, ce qui a lieu également pour l'atlas. On démontre ainsi que le *tubercule* qui la limite postérieurement a son analogue sur la vertèbre atlas. On verra dans un instant, en le comparant avec ses analogues dans les autres vertèbres cervicales, quelle est sa signification véritable.

Les lames vertébrales proprement dites se développent au delà de cette échancrure en une palette quadrilatère en forme de fer de hache pédiculé. Les angles de la palette qui correspondent à ce pédicule sont fort saillants, le postérieur porte un tubercule articulaire et s'articule en effet avec un tubercule correspondant de la troisième vertèbre. C'est donc là une apophyse articulaire normale, et au-dessous d'elle se trouve un trou de conjugaison. L'angle pédiculaire antérieur a évidemment la même signification, mais il ne s'articule point avec la lame de l'atlas, et son rôle se borne à circonscrire et à fermer l'échancrure dont nous avons parlé, et qui en effet n'est rien autre chose qu'un trou de conjugaison. Ces remarques générales nous conduisent à interpréter aisément les faits qu'on observe dans la vertèbre atlas. La gouttière y est transformée en canal, l'échancrure qui la termine est un trou de conjugaison, et le tubercule de la lame vertébrale qui limite cette échancrure en arrière n'est rien autre chose que le vestige d'une apophyse articulaire antérieure qui ne s'est point réunie avec l'occipital.

Il est dès à présent facile de déterminer la signification de la masse articulaire antérieure de l'axis. Cette masse encroûtée de cartilage repose à la fois sur la racine de l'appendice costal et sur celle de la lame vertébrale proprement dite. Il en est de même pour les deux surfaces articulaires de l'atlas. Il est donc évident que ces vertèbres, par leur mode d'articulation, diffèrent essentiellement des vertèbres rachidiennes, qu'en un mot, elles ne s'articulent point par des apophyses émanées de leurs lames vertébrales, au-dessus des trous et des échancrures de conjugaison, mais bien au-dessous de ces trous, par les racines mêmes des lames et par la base de leurs appendices costaux.

Du côté de l'apophyse épineuse, les lames de l'axis sont encore complétement distinctes, et les épiphyses qui les surmontent sont entièrement cartilagineuses. Cette apophyse est d'ailleurs très-large, prolongée au-dessus de la troisième vertèbre, et sa forme future est à peu près indiquée.

Le noyau de l'*apophyse odontoïde*, de *forme pyramidale*, est encore bien distinct, à cette époque, du corps même de l'axis. La face inférieure est convexe, la supérieure est légèrement concave. Un cartilage sépare de l'axis la base de cette pyramide, qui semble, en conséquence, occuper la place et avoir la signification d'un corps de vertèbre; mais deux hypothèses sont possibles. Ce corps est-il celui de la vertèbre atlas, et cette circonstance explique-t-elle l'anomalie apparente de cette vertèbre? Appartient-il, au contraire, à quelque vertèbre intermédiaire atrophiée dans ses autres éléments? Nous penchons pour le premier parti, mais ce n'est pas ici le lieu de discuter cette question.

3° *Les cinq dernières cervicales.* — Toutes les autres vertèbres du cou présentent des caractères communs, à la réserve de quelques différences que nous allons sommairement indiquer, savoir :

a) La hauteur des masses transversaires, mesurée verticalement du sommet de l'apophyse articulaire antérieure à celui de l'apophyse transverse, décroît régulièrement de la troisième jusqu'à la septième inclusivement.

b) Réciproquement, l'arc constitué par les lames supérieures s'élève en une apophyse qui devient de plus en plus saillante, de la troisième jusqu'à la septième inclusivement.

c) La largeur des lames croît dans le même sens, mais d'une manière insensible, de la troisième à la sixième, tandis que cette largeur augmente brusquement pour la septième, qui égale à cet égard la première dorsale.

Pour le reste, la même description convient, à très-peu de chose près, à toutes ces vertèbres. Leur corps, large et relativement très-plat, est peu convexe à la face inférieure. Les masses ou éléments transversaires sont remarquables : elles s'appuient sur les côtés du corps de la vertèbre et dans toute son épaisseur par une base large de laquelle naissent, d'une manière assez difficile à peindre par des paroles, plusieurs prolongements subordonnés.

Le prolongement fondamental n'est guère autre chose que la lame vertébrale proprement dite, c'est l'élément constituant de l'arc supérieur; les autres prolongements lui sont, pour ainsi dire, accessoires ou surajoutés; nous allons les décrire successivement.

Le premier, le plus inférieur, naît de la base même; il se porte en dehors et se recourbe légèrement vers le deuxième prolongement; il porte essentiellement le cartilage de la côte cervicale; nous lui donnerons, pour abréger, le nom de *pleurophore*.

Le second et le troisième semblent résulter de la bifurcation d'un même prolongement; ils sont situés presque verticalement l'un au-dessus de l'autre, à une distance moyenne de 3 cenimètres, et reliés entre eux par une colonne un peu courbe. L'un d'eux, le plus inférieur, est l'apophyse transverse proprement dite : il se recourbe vers le *pleurophore* et tend à s'unir avec lui en circonscrivant un trou assez régulièrement arrondi (trou de l'apophyse transverse). Dans le fœtus que nous avons sous les yeux, cette union n'est pas encore accomplie, sinon dans l'axis et dans la troisième vertèbre. Dans les autres, les extrémités convergentes des deux prolongements ne se touchent point encore, et l'intervalle qui les sépare est d'autant plus grand qu'on se rapproche davantage du thorax. On peut remarquer aussi que la profondeur de l'échancrure décroît dans le même sens, et son minimum est observé dans la septième qui, en effet, chez l'adulte, ne présente pas un trou et ne porte point de côte.

Le troisième prolongement n'est rien autre chose que l'apophyse articulaire antérieure (*apophyse recouverte*). La colonne qui l'unit à l'apophyse transverse est, avons-nous dit, un peu concave. Entre elle et le pleurophore, la face antérieure de la masse transversaire présente une large gouttière qui aboutit à l'échancrure de conjugaison et que les progrès de l'âge rendent de plus en plus profonde.

La quatrième et dernière apophyse accessoire naît du bord postérieur de l'arc fondamental sur le prolongement d'une ligne horizontale menée, parallèlement au plan médian des vertèbres, par l'apophyse articulaire antérieure. Elle se tient, par conséquent, au niveau de celle-ci, et cette relation est propre, chez le jeune Hippopotame, à la région cervicale. Cette apophyse est l'articulaire postérieure (apophyse recouvrante); une crête horizontale, assez saillante, l'unit à l'antérieure. Cette crête, en conséquence des dispositions que nous avons indiquées, est située fort au-dessus du sommet de l'apophyse transverse qui s'élève, au contraire, à son niveau dès la troisième dorsale et la surmonte sensiblement à partir de la cinquième.

Les lames vertébrales proprement dites présentent un dernier caractère, également distinctif. Non-seulement elles circonscrivent un arc nerveux plus large que les dorsales, mais en outre, au lieu de se coucher en arrière comme ces dernières, elles s'inclinent, au contraire, en avant, et cela d'une manière sensible.

b. — Chez l'adulte.

Les transformations que les progrès de l'âge amènent dans les formes des vertèbres cervicales, et dont le terme est donné par les formes de l'âge adulte, méritent d'être attentivement examinées ici. Cette comparaison seule peut donner quelque prix à la description que nous venons de tracer.

J'indiquerai les formes de l'âge adulte d'après trois Hippopotames de la collection (l'un du Cap, l'autre de Natal, le troisième du Sénégal), qui offrent entre eux les plus grandes ressemblances. Le squelette adulte de l'Hippopotame du Sénégal diffère cependant, à certains égards, des deux autres; nous dirons, en passant, quelques mots de ces différences.

La première modification, la plus essentielle, consiste dans une grande augmentation relative de la largeur des éléments vertébraux (1). Leur corps est à la fois plus épais et plus convexe en avant, les lames sont plus larges, les apophyses articulaires sont plus saillantes; une différence, très-peu marquée dans le fœtus, se manifeste : l'apophyse articulaire antérieure (*apophyse recouverte*) est plus forte à sa base que la postérieure (*apophyse recouvrante*); la colonne qui les unit est plus saillante et mieux déterminée; les sommets des apophyses transverses se prolongent en une tige distincte qui se porte horizontalement en dehors, et porte, à son extrémité, une épine postérieure bien distincte; les ailes costales, cartilagineuses dans

(1) J'entends ici par longueur la dimension du diamètre antéro-postérieur de la vertèbre, considérée comme partie intégrante de la chaîne vertébrale.

le fœtus, sont ici entièrement osseuses; une large vallée les
sépare dès leur base d'avec l'apophyse transverse; elles sont
manifestement pédiculées. Leur forme générale est celle d'un
fer de hache au tranchant rectiligne; l'angle postérieur de ce
tranchant est fort aigu; l'antérieur est tronqué; les ailes sont
très-inclinées et forment, avec le plan horizontal des apophyses
transverses, un angle d'environ 24 degrés. La sixième vertèbre
porte les ailes les plus longues : elles dépassent le niveau de
toutes les autres; leur bord inférieur n'est point rectiligne,
mais convexe; leur angle antérieur n'est pas seulement tronqué plus largement, cette troncature est manifestement concave. Enfin, l'aile manque à la septième dans les trois squelettes
que nous examinons, et, sur deux d'entre eux, la base de
l'apophyse transverse n'offre aucun vestige de trou.

Les deux premières vertèbres, c'est-à-dire l'atlas et l'axis,
offrent des modifications analogues. La longueur de leur corps
a augmenté; les tubercules qui distinguent la face inférieure
de ces corps sont plus saillants; leurs dimensions se sont égal-
lement accrues entre les deux condyles; les lames vertébrales
sont définitivement soudées et portent des tubercules épineux;
enfin des ponts osseux convertissent en trous, dans ces deux
vertèbres, les échancrures antérieures de conjugaison.

Les ailes de l'atlas, cartilagineuses dans le fœtus, sont ici complétement ossifiées; elles se dilatent et s'étalent à tel point que
la largeur de l'atlas égale la plus grande largeur de la tête,
mesurée d'un arc zygomatique à l'autre. La fossette que la face
antérieure du noyau osseux des masses latérales présente dans

le fœtus, s'élargit ici en une vaste dépression qui envahit, pour ainsi dire, toute la face antérieure de l'aile ; cette dépression est limitée par des bords réguliers, saillants, et légèrement renversés ; la face postérieure est également un peu concave et présente quelques rugosités. Les contours de l'aile méritent plus particulièrement d'être décrits ici : d'un côté elle tient au corps de la vertèbre dans toute sa hauteur ; son bord antérieur est court, le postérieur est deux fois plus long ; en conséquence, l'angle qu'il forme avec le bord externe est de beaucoup le plus saillant ; cet angle est légèrement tronqué et rugueux à son sommet, où il est sensiblement recourbé en arrière. Quant au bord externe, il est rectiligne et formé par une colonne lisse et régulière. Nous n'insisterons pas sur ces faits, les ayant déjà décrits fort au long.

L'axis présente aussi quelques modifications ; le corps porte en avant, à sa partie inférieure, une apophyse médiane très-saillante. La colonne des masses articulaires est plus longue. Les surfaces articulaires antérieures sont plus obliques que dans le fœtus et montent vers la base de l'os odontoïde qui est, à cette époque, intimement soudé à l'axis. L'apophyse transverse est grêle, un peu couchée en arrière ; l'aile costale est soudée avec elle, dans toute sa longueur, et ne se distingue que par son sommet ; enfin, l'apophyse épineuse a à peu près la forme d'un fer de hache au tranchant épais et rectiligne, dont la partie postérieure, saillante et rugueuse, a des contreforts latéraux chargés de tubercules irréguliers.

L'Hippopotame du Sénégal présente quelques différences.

L'aile costale de l'atlas y est plus courte, son extrémité n'est point recourbée en arrière, mais en avant. Cette vertèbre présente une autre différence : l'échancrure antérieure de conjugaison y est, en effet, située non en arrière, mais au-devant de la masse articulaire; ce n'est là, évidemment, qu'une anomalie individuelle, comme le prouve manifestement l'examen du fœtus d'Hippopotame du Sénégal, dont la collection possède le squelette, et qui a servi de type à notre description.

Les ailes des autres vertèbres présentent aussi dans ce squelette quelques différences; elles sont évidemment plus longues et moins hautes; enfin la base de l'apophyse transverse de la septième vertèbre y est percée d'un trou, bien qu'elle ne présente aucun vestige apparent de lame costale.

Ces différences, d'où résulte une physionomie assez tranchée, sont-elles spécifiques? Faisons remarquer que l'Hippopotame du Cap et de Natal se ressemblent parfaitement. Seul, celui du Sénégal présente ces particularités, mais il serait imprudent de conclure d'après l'examen d'un seul individu, et nous persistons à croire qu'il n'y a pas encore de raison suffisante pour distinguer spécifiquement l'*Hippopotamus australis* de l'*Hippopotamus amphibius* de Linné.

Les caractères génériques principaux des vertèbres cervicales dans les Hippopotames se tirent :

1° Du peu de convexité antérieure de leur corps;

2° De la séparation parfaitement nette de leurs ailes costales et de leurs apophyses transverses à partir de la racine de ces éléments.

3° De l'horizontalité parfaite de ces apophyses transverses ;

4° De la régularité et du peu de saillie de la colonne qui relie entre elles les apophyses articulaires ;

5° De l'absence d'un tubercule au côté externe des apophyses articulaires antérieures.

Il est donc impossible de les confondre avec les vertèbres analogues :

1° Dans les tapirs, chez lesquels les apophyses transverses, très-courtes, sont recourbées en arrière ;

2° Dans les rhinocéros, chez lesquels les apophyses transverses et les lames costales sont confondues pour ainsi dire en un seul corps ; chez lesquels, en outre, les apophyses articulaires sont plates, unies par une crête très-relevée, avec un tubercule très-marqué au côté externe des apophyses articulaires antérieures.

Enfin l'atlas et l'axis ne pourront pas être confondus avec ceux des rhinocéros. Plus étalées transversalement dans ces derniers animaux que dans l'Hippopotame, les ailes de l'atlas sont pour ainsi dire tronquées par un bord externe rugueux dans toute sa longueur. L'apophyse épineuse et la médiane inférieure y sont plus marquées. Enfin l'axis s'y distingue par une hauteur plus grande de son corps, par une apophyse épineuse plus rugueuse, par une apophyse transverse plus longue et plus grêle, de laquelle la lame costale ne peut plus être distinguée.

B. — RÉGION COSTALE OU THORACIQUE.

a. — Dans le fœtus.

La première vertèbre dorsale se distingue à peine par sa forme et par ses caractères d'avec la dernière cervicale. Les plus grandes différences se tirent : — de la grandeur et de l'épaisseur beaucoup plus considérables des lames qui forment une apophyse épineuse plus haute ; — de la hauteur moindre des masses latérales, qui deviennent en même temps plus épaisses ; — enfin des articulations qui, sur son corps et sous son apophyse transverse, correspondent à une première côte sternale. Sous les autres points de vue, tout rappelle en elle le type des vertèbres cervicales ; l'apophyse articulaire antérieure y est reliée à une apophyse transverse inférieure par une colonne un peu oblique en arrière, il est vrai, mais comprise en entier dans un plan vertical ; l'apophyse articulaire postérieure y forme également une assez grande saillie. Ajoutons que ses lames circonscrivent un anneau encore assez large, qu'elles s'unissent en une symphyse peu étendue ; enfin que leur direction est parallèle à celle des vertèbres cervicales.

La deuxième vertèbre est remarquable, elle forme une transition évidente entre le type offert par les vertèbres cervicales et celui qui est propre aux vertèbres dorsales antérieures. Par sa face antérieure, elle appartient au premier type ; par sa face postérieure, au second. Ses apophyses articulaires antérieures encore un peu saillantes, ses apophyses transverses

situées sur un plan un peu inférieur, rappellent les cervicales;
elle s'en distingue toutefois par l'étroitesse relative de son
arc nerveux, par la hauteur de la symphyse de ses lames fortement inclinées en arrière, par la configuration de son apophyse articulaire postérieure, qui ne fait pour ainsi dire aucune
saillie et dont la surface articulaire semble étalée à la face
inférieure du toit constitué par les lames; enfin elle est surmontée par un long prolongement cartilagineux. Ajoutons
qu'elle porte sur son corps et au sommet de son apophyse
transverse deux facettes articulaires, pour son articulation avec
la côte qui lui correspond.

La succession des autres vertèbres dorsales peut être, au
premier coup d'œil, divisée en deux régions distinctes. La
première, c'est-à-dire l'antérieure, est composée de 7 vertèbres
ainsi caractérisées : corps médiocre, un peu évidé aux postérieures; apophyses transverses courtes, sensiblement horizontales, dont le sommet est situé à la hauteur au moins des
apophyses articulaires antérieures, qui sont larges, plates, peu saillantes, non pédiculées; apophyses articulaires postérieures se
distinguant à peine sur le bord postérieur de la lame vertébrale proprement dite, et situées sur le même plan que la précédente; lames vertébrales à longues symphyses, hautes en
avant, mais décroissant rapidement de la troisième vertèbre à
la neuvième, de plus en plus couchées, et atteignant leur sum-
mum d'inclinaison vers la septième; anneaux nerveux petits.
Trous de conjugaison formés par la réunion d'échancrures
nettement circonscrites; enfin, facettes bien définies sur le

corps et vers le sommet de l'apophyse transverse, pour l'articulation avec la côte.

La deuxième région présente les caractères suivants : corps arrondis, un peu évidés; — apophyses transverses relevées pour les deux premières, de nouveau inclinées pour les quatre dernières, portant un tubercule antérieur d'abord très-voisin de leur sommet, mais s'élevant, à partir de la onzième vertèbre, sur les côtés de l'apophyse articulaire antérieure, qu'il surmonte sous la forme d'une forte apophyse inclinée en avant; — *apophyses articulaires antérieures* peu saillantes, *apophyses articulaires postérieures* tuberculeuses, dominant les précédentes, et placées au bord postérieur des lames beaucoup au-dessus de leurs racines; — *lames vertébrales* tectiformes d'abord, puis unies parallèlement, très-larges, très-robustes, à peine inclinées et taillées carrément à leur extrémité; — échancrures de conjugaison plus hautes qu'aux vertèbres de la région antérieure; — facettes d'articulations costales bien marquées sur le corps des vertèbres, mais nulles au sommet de leurs apophyses transverses. Les quatre dernières vertèbres de cette région, sauf la surface articulaire costale de leur corps, passent manifestement au type des vertèbres de la région lombaire.

b. — Dans l'adulte.

La modification la plus générale et la plus apparente consiste dans la soudure intime de tous les éléments qui composent les vertèbres proprement dites.

Les *corps des vertèbres* sont épais, hémi-cylindriques; leur face antérieure ou inférieure est convexe; la supérieure, celle qui correspond au canal rachidien, est à peu près plane. Plus courts dans la partie antérieure du thorax, ils s'allongent dans sa partie inférieure, s'évident et présentent la forme de sablier particulière aux os dicônes typiques; leurs bords saillants se dilatent à leurs extrémités en une saillie qui porte une facette articulaire concave et parfaitement définie. Quand deux vertèbres consécutives sont réunies, les facettes articulaires postérieures du corps de l'une correspondent aux facettes articulaires antérieures du corps de l'autre, et il en résulte, aux côtés de ces vertèbres, deux cavités bivalves qui reçoivent les extrémités articulaires d'une paire de côtes. La tête des côtes porte d'ailleurs la trace de ce double rapport; elle présente en effet deux facettes articulaires séparées par un tubercule qui correspond au disque intervertébral.

Les *apophyses transverses*, relativement longues, sont horizontales et manifestement tricuspides; leur sommet, dans les huit premières vertèbres, porte un tubercule pédiculé sur lequel est taillée une surface articulaire oblongue, un peu oblique en avant, sensiblement plane, qui correspond à une surface articulaire de la côte au-dessous de son col. Cette saillie et cette articulation diminuent sensiblement sur la neuvième et la dixième vertèbre, et s'atrophient complétement sur les cinq dernières.

Les TUBERCULES ACCESSOIRES DES APOPHYSES TRANSVERSES, par les caractères excellents qu'ils fournissent, méritent d'être attentivement examinés.

Le *tubercule antérieur*, très-petit dans les vertèbres antérieures du thorax, s'accroît peu à peu à mesure qu'on s'avance vers les vertèbres postérieures. Il est d'abord très-voisin du sommet articulaire de l'apophyse, et une vallée très-large le sépare de l'apophyse articulaire antérieure, mais cette vallée se rétrécit peu à peu; bientôt il touche à la base de l'apophyse articulaire, et, à la dixième vertèbre, saute pour ainsi dire sur son sommet qu'il surmonte, position nouvelle qu'il conservera dans toute la région postérieure du thorax. Il prend dès lors un accroissement remarquable; il devient une corne puissante recourbée en avant et fort semblable à une apophyse coracoïde; ce type se conservera dans toute l'étendue de la région lombaire, avec quelques modifications légères que nous indiquerons dans un instant.

Le *tubercule postérieur* n'est point accusé dans le fœtus; il est même très-peu marqué dans les vertèbres antérieures du thorax chez l'animal adulte; mais il s'accroît peu à peu, et, dans les vertèbres postérieures du thorax, il acquiert un développement très-sensible, mais, au lieu de se diriger en arrière, de manière à encastrer pour ainsi dire les apophyses articulaires antérieures de la vertèbre suivante, ainsi que cela se passe dans les carnassiers, les singes, les édentés, les rongeurs et un grand nombre de marsupiaux, il se porte horizontalement en dehors, presque parallèlement aux côtes. Il n'a d'ailleurs une saillie bien accusée qu'à partir de la dixième vertèbre.

Les *lames vertébrales* proprement dites sont pédiculées au-dessous de leurs apophyses articulaires, ou, pour mieux dire, fortement échancrées en ce point sur leurs bords et surtout en avant: l'échancrure antérieure est plus large; la postérieure, qui forme la partie antérieure des trous de conjugaison, est plus profonde; son ouverture est rétrécie par deux pointes osseuses, disposition qu'on retrouve dans les Rhinocéros, et d'une manière encore plus marquée; mais jamais ces deux pointes ne se réunissent en un pont osseux, séparant complétement la partie antérieure du trou de conjugaison de sa partie postérieure, ainsi qu'on le voit dans les Cochons (1), les Chevaux, les Tapirs, et dans quelques ruminants, parmi lesquels on peut signaler les Bœufs (2), l'Antilope oryx et le Bouquetin (*Ibex*).

(1) On remarque un autre trou encore dans les Cochons, et ce dernier résulte d'un second pont osseux qui se porte du point inférieur de l'apophyse articulaire postérieure au sommet de l'apophyse transverse.

(2) Dans les Bœufs proprement dits et dans les Buffles, on retrouve la même disposition. Un pont osseux transforme l'échancrure qui constitue la partie antérieure du trou de conjugaison en une ouverture arrondie et complétement circonscrite; cette ouverture est unique; mais, chez les Bisons et les Zébus, une cloison horizontale la divise en deux trous placés l'un au-dessus de l'autre. Cette particularité, constante chez les bœufs à bosse, me porte à croire que ces animaux ne sont point une simple variété du bœuf domestique; mais en supposant que les Zébus de l'Inde soient identiques avec ceux de l'Afrique, ils constituent une sous-espèce distincte, quoique très-voisine du Bœuf proprement dit. Nous appelons ici sous-espèces, avec M. Chevreul, des espèces créées à part l'une de l'autre et cependant assez semblables dans les choses essentielles pour former ensemble des unions indéfiniment fécondes et engendrer des races métisses.

On remarquera qu'ici nous n'attribuons pas au fait de la fécondité continue une importance aussi grande que l'admettent d'habiles naturalistes. La fécondité continue est sans doute un excellent critérium de la réalité des similitudes intimes qu'on imagine entre deux espèces de forme très-peu différente; mais, après avoir ainsi prouvé leur similitude, aura-t-on également démontré l'identité de leur origine? Il est permis

La hauteur des *apophyses épineuses* des vertèbres antérieures de la région thoracique est considérable, bien que les proportions n'atteignent pas à la grandeur que présentent ces parties dans le Sanglier, dans le *Rhinoceros indicus* et surtout dans le Bison d'Amérique. Ces apophyses s'atténuent à leur sommet en un col évidé qui porte une tête épiphysaire médiocre et non bilobée. La première et la seconde sont les plus robustes, et cette dernière est la plus haute de toutes. A partir de ce point, leur hauteur diminue régulièrement jusqu'à la septième, et en même temps leur inclinaison augmente de plus en plus.

d'en douter ; l'identité spécifique de deux formes un peu différentes n'est irrécusablement prouvée que lorsque, à la possibilité d'un métissage indéfiniment fécond, l'expérience a ajouté un élément nouveau, savoir, la possibilité de ramener ces formes l'une à l'autre en dehors de toute alliance et par le simple jeu des circonstances et des actions de milieu. Jusque-là tout est incertain, car l'expérience mène aisément à l'erreur, alors qu'elle demeure incomplète.

J'insiste à dessein sur ces réflexions, parce qu'elles sont essentiellement applicables aux méthodes générales de l'anthropologie ethnographique. En vain, pour en prouver la futilité, invoquerait-on l'étendue des variations que les êtres subissent sous l'influence de la nourriture et des milieux. Chacun sait bien que les formes des animaux sont capables de variations, cela est vulgaire ; mais s'ensuit-il que leur essence se modifie ? On ne saurait trop tenir en garde contre une telle conclusion les esprits qui cherchent la vraie philosophie des choses. Un peu de réflexion suffit pour voir que les formes d'un animal étant, à certains égards et dans certaines limites, le résultat d'une accommodation particulière à un certain milieu, ces formes, qu'elles se soient produites fortuitement ou par l'action intelligente de l'homme, n'ont jamais qu'un caractère accidentel et qu'aucune d'elles n'est plutôt qu'une autre l'expression typique de l'espèce. Le chien sauvage, par exemple, n'est pas plus le type du chien que ne l'est le chien domestique. Le type, en effet, est une vérité rationnelle, une conception idéale résumant l'idée de toutes les modifications que peut subir l'espèce au contact des causes extérieures. Jusque-là, comme l'a si bien dit M. Chevreul, l'histoire naturelle de l'espèce demeure inconnue. Or, ces modifications ne changent point l'être typique ; elles n'affectent point son essence, mais ses phénomènes, et, dans une race quelconque d'une espèce, l'espèce vit tout entière en puissance ; voilà comment nous la concevons durable, et l'idée divine invariable pour ainsi dire entre le commencement et la fin des choses.

De la septième à la dixième, elles gardent l'inclinaison acquise, mais demeurent parallèles. Au delà de ce point, elles se redressent, et un nouveau type commence, celui des vertèbres lombaires. Dans cette région postérieure, elles sont minces, basses, presque rectangulaires, avec une épiphyse étroite et allongée d'avant en arrière.

Le bord antérieur des apophyses épineuses, dans toute l'étendue de la première région, est mince et tranchant.

Le postérieur, au contraire, est fortement dilaté, creusé en gouttière, et rappelle la disposition tectiforme des lames de cette région pendant l'âge fœtal; la gouttière règne dans toute sa longueur, au-dessous de la partie effilée de l'apophyse épineuse, et sépare les deux apophyses articulaires postérieures, au-dessus desquelles elle acquiert son maximum de profondeur. Elle ne présente d'ailleurs aucun indice de subdivision, diminue à partir de la sixième vertèbre et s'étend en quelque sorte sur la huitième, au delà de laquelle il n'en existe pas de trace. Ces dispositions sont bien différentes de celles que présentent les Rhinocéros. Chez eux, en effet, le bord postérieur des apophyses épineuses n'est point dilaté, la gouttière qui le parcourt est étroite et subdivisée tantôt par cette crête médiane (*Rhin. sondaicus*), tantôt par des crêtes lamelliformes multiples et irrégulières (*Rh. indicus*, *Rh. africanus*, *Rh. simus* (1).

(1) En comparant attentivement les squelettes du *Rh. africanus* et du *Rh. simus*, on conçoit difficilement comment Lesson a pu contester la légitimité de ces deux espèces, et considérer le *simus* comme une simple variété de l'*africanus*.

Les *apophyses articulaires des lames vertébrales*, dans la région dorsale, méritent d'être attentivement examinées à cause des caractères excellents qu'on en peut tirer. Elles sont groupées en deux régions d'un type très-différent. La première région est formée des neuf premières vertèbres, la seconde se compose des cinq dernières ; la dixième présente une transition naturelle entre ces deux régions.

Première région. — Les bases de ces apophyses y sont à peine saillantes ; elles ne dépassent pas le niveau des apophyses transverses. Leurs surfaces articulaires planes, parfaitement symétriques, sont comprises dans un même plan, à très-peu de chose près horizontal ; les apophyses articulaires postérieures de chaque vertèbre composante recouvrent simplement les apophyses articulaires postérieures de celle qui la suit ; il peut donc y avoir entre elles des mouvements de glissement, mais non de rotation. Ce type, d'ailleurs, est propre à toute la région antérieure du thorax dans tous les Mammifères.

Deuxième région. — Ici les bases des apophyses acquièrent une grande saillie. Elles s'élèvent d'une manière marquée au-dessus du niveau de la racine des apophyses transverses ; enfin leurs facettes articulaires ne se développent plus dans un plan, mais leur surface présente des courbes d'une assez grande complication. On peut dire, toutefois, et d'une manière générale, que les apophyses articulaires postérieures de chaque vertèbre sont enveloppées par les apophyses articulaires antérieures de la vertèbre qui la suit. Leurs surfaces se correspondent par des ondulations réciproques; la disposition de ces ondulations est telle, que l'apophyse articulaire postérieure de la vertèbre antérieure, vers sa moitié inférieure, est reçue et enveloppée par une concavité de l'apophyse articulaire antérieure de la vertèbre suivante, tandis qu'au contraire elle la reçoit à sa partie supérieure, et la coupe de cette articulation présente à peu près la figure d'une S.

La dixième vertèbre, avons-nous dit, forme la transition entre ces deux régions. En effet, par ses apophyses antérieures, elle réalise le plan propre à la première, et par les postérieures le plan de la seconde.

A tous ces égards, l'Hippopotame réalise des conditions d'organisation très-différentes de celles que nous présentent les Rhinocéros et les Tapirs. Chez eux, en effet, toutes les vertèbres du thorax appartiennent à un même type, celui de la région antérieure. Dans toute sa longueur, les apophyses articulaires se recouvrent successivement, elles ne s'enveloppent point; nulle part les tubercules antérieurs des apophyses transverses n'y présentent cette forme coracoïde si marquée dans la région postérieure du thorax chez l'Hippopotame; enfin les apophyses transverses, très-courtes, y sont seulement surmontées, à leur base, d'une crête (1) ou d'un cône horizontal et peu saillant.

____

(1) Cette crête est surtout bien marquée dans le *Rhinoceros simus*. La forme tuberculeuse domine dans l'*indicus*, le *sumatrensis*, le *sondaicus* et l'*africanus*.

C. — DES ARCS INFÉRIEURS DES VERTÈBRES DORSALES OU DES CÔTES.

a. — Dans le fœtus.

Nous avons indiqué sommairement l'existence des éléments costaux dans la région cervicale, nous traiterons ici des côtes proprement dites, c'est-à-dire des côtes thoraciques. Leur nombre est médiocre eu égard à la longueur du corps dans l'Hippopotame; fort inférieur à celui que l'on observe dans les Rhinocéros, les Tapirs et les Chevaux, il surpasse à peine le nombre normal des côtes dans les Ruminants et dans les Cochons.

Ces côtes sont fort robustes, longues et très-peu courbes, sinon vers leur angle. La tête de celles qui occupent la région moyenne du thorax, est portée sur un col allongé, à la base duquel leur bord postérieur porte une apophyse saillante et terminée par une apophyse articulaire, qui s'unit à la facette terminale de l'apophyse transverse de la vertèbre correspondante. Cette apophyse, peu marquée en avant du thorax, manque aux quatre dernières côtes. Du point qu'elle occupe, jusqu'à leur extrémité inférieure, les côtes présentent les modifications suivantes. Très-épaisses vers la région courbée de l'angle, elles s'atténuent peu à peu, puis se renflent de nouveau vers leur extrémité inférieure; vers la portion épaisse, leur bord antérieur est évidé en gouttière; le bord postérieur est tranchant. Des quinze côtes, les premières et les dernières sont les plus courtes; les plus longues sont les septième, huitième, neuvième et dixième.

Il résulte de cette forme générale des éléments costaux dans le fœtus, que le thorax dans son ensemble, bien que vaste et fort étendu, tant en longueur qu'en hauteur, est fort sensiblement comprimé, et cet aplatissement des flancs, si apparent dans les squelettes, ne l'était pas moins dans le jeune animal quand il était vivant.

b. — Chez l'adulte.

Ces caractères sont conservés et même exagérés dans l'animal adulte. Épaisses à leur bord antérieur, tranchantes par leur bord postérieur, elles sont moins courbes que dans le Rhinocéros, plus aplaties vers leur milieu, et leur angle est beaucoup plus rapproché de la colonne vertébrale; en résumé, elles rappellent moins exactement la forme de cerceau si marquée dans ces derniers animaux. Le bord antérieur des premières est fortement creusé en gouttière; cette disposition s'efface sur les dernières; la courbure de celles-ci est également très-peu marquée.

D. — DU STERNUM.

a. — Dans le fœtus (*Hippopotame du Sénégal* et *Hippopotame du Nil*).

Le sternum thoracique a une forme remarquable. Il est composé de cinq pièces successives, outre son extrémité fibro-cartilagineuse ou appendice xiphoïde. La première pièce, ou manubrium, est latéralement comprimée, très-aplatie dans ce sens, et très-saillante en avant. Vers le milieu de ses faces latérales, existe une fossette très-marquée qui reçoit le cartilage de la première côte. C'est la plus grande de toutes les pièces sternales. La seconde et la troisième pièces sont comprimées dans le même sens, mais elles sont plus petites, et leur épaisseur augmente à mesure que leur hauteur diminue, à tel point que dès la quatrième vertèbre, cette épaisseur l'emporte, et les deux dernières pièces s'étalent horizontalement. La cinquième est d'ailleurs la plus petite de toutes. Ces différentes pièces sont, comme autant de points osseux distincts, développées dans l'épaisseur d'une lame cartilagineuse continue. dont l'appendice xiphoïde est la terminaison postérieure.

b. — Dans l'adulte.

Le squelette de l'*Hippopotame du Sénégal*, adulte, que le Muséum a reçu de la munificence du prince de Joinville, présente un sternum composé d'une manière à peu près semblable. La pièce antérieure est plus dilatée; les autres pièces sont plus robustes. On y compte également cinq pièces dont les rapports avec les cartilages costaux sont les suivants :

La première pièce s'articule par ses fossettes latérales avec la première paire de côtes. Les deuxièmes côtes s'articulent dans l'intervalle de la première et de la seconde pièce; les troisièmes dans le second intervalle; les quatrièmes dans le troisième. La cinquième paire de côtes s'articule sur le milieu de la quatrième pièce sternale; la sixième paire correspond au quatrième intervalle.

Sur le squelette d'*Hippopotame de Natal*, rapporté par feu M. Delegorgue, on observe quelques différences. Le manubrium y est plus saillant encore. La quatrième et la cinquième pièce y sont confondues en une plaque unique, concave supérieurement, dont les bords elliptiques portent à la fois les cinquième et troisième côtes. Ces différences sont-elles individuelles, sont-elles spécifiques? C'est ce qu'il me serait impossible de décider ici.

L'Hippopotame du Cap, rapporté par feu M. de Lalande, présentait aussi quelques différences, et, entre autres, une sixième pièce sternale développée dans l'épaisseur du cartilage xiphoïde; mais cet animal était fort âgé. Toutes les pièces y étaient soudées entre elles, et cette circonstance rend leur distinction incertaine. Il diffère à la fois, sous le rapport de la forme et de la composition du sternum, de l'Hippopotame du Sénégal et de celui de Natal (1).

Quoi qu'il en soit de la valeur de ces différences, elles ne vont jamais au point de dissimuler un type commun à tous les *Tétraprotodons* vivants et exclusivement propre à ce genre. Parmi les particularités que leur sternum présente, nous rappellerons surtout le mode d'articulation de la première côte; rien de semblable ne se voit, ni dans les Rhinocéros, ni dans les Tapirs, ni dans les Chevaux. Les Ruminants et les Cochons eux-mêmes diffèrent à cet égard. La présence d'une fossette sur les faces latérales du manubrium est donc un caractère certain du genre Hippopotame.

---

(1) Ce fait, parmi beaucoup d'autres, semble démontrer que les distinctions spécifiques établies par Desmoulins reposent sur des particularités purement individuelles. En effet, il me semble impossible de ne pas considérer l'Hippopotame du Cap et celui de Natal comme spécifiquement identiques.

Les détails dans lesquels nous venons d'entrer montrent qu'il n'y a en réalité que six paires de côtes sternales. La septième, il est vrai, touche, par l'extrémité de ses cartilages au corps de la quatrième ou de la cinquième pièce, mais sans s'y articuler. Si toutefois on la range parmi les sternales, il restera huit fausses côtes qui n'y touchent point. Ce grand nombre des côtes sternales indique évidemment une anticipation du thorax sur la cavité abdominale.

E. — RÉGION LOMBAIRE.

a. — Dans le fœtus.

Bien que les vertèbres lombaires s'éloignent très-peu du type des vertèbres dorsales postérieures, plusieurs caractères appréciables permettent cependant de les distinguer. Leur corps, tranchant inférieurement et légèrement évidé sur ses faces inférieures, est plus robuste; les masses latérales s'y ajustent par une base à la fois plus épaisse et plus haute; les lames proprement dites y sont moins élevées, plus larges, et, sauf la première, leurs apophyses épineuses, encore cartilagineuses, s'inclinent en avant. Rappelons enfin, parmi leurs caractères distinctifs, ces côtes transversales intimement soudées chez l'adulte aux apophyses transverses, mais encore cartilagineuses dans le fœtus que nous avons sous les yeux. Toutefois, au moment de la naissance, deux noyaux osseux indépendants sont développés dans l'aile cartilagineuse de la première vertèbre lombaire; c'est du moins ce que démontre,

de la manière la plus claire, le squelette d'Hippopotame du
Nil âgé de quatre jours.

Les apophyses transverses proprement dites sont grandes, à
la fois plus longues et plus épaisses aux dernières vertèbres
lombaires postérieures, et elles semblent grandir ainsi en
raison de la grandeur de leurs corps, qu'on voit diminuer en
se rapprochant du sacrum.

Les apophyses articulaires y sont fort saillantes et situées
très au-dessous de la base des apophyses transverses. Les
postérieures sont enveloppées, les antérieures enveloppantes.
Le tubercule antérieur des apophyses transverses surmonte le
sommet de celles-ci. Quant aux tubercules postérieurs, ils apparaissent au sommet des apophyses transverses, à l'extrémité de leur bord postérieur; une échancrure peu profonde
les sépare de la base de ces apophyses.

b. — Dans l'adulte.

Les corps des vertèbres lombaires sont plus robustes, évidés
vers leur milieu, avec une arête médiane à leur face inférieure. Cette arête est surtout prononcée sur la deuxième et la
troisième vertèbre.

Les masses latérales ont une base large et sont complète-
ment soudées au corps. Les lames qui circonscrivent le canal
rachidien sont robustes et portent des apophyses épineuses
très-étendues d'arrière en avant, minces, tranchantes, et dont
le sommet, fortement recourbé en avant, porte une longue
épiphyse. Le développement de cette épiphyse, dans le sens de

l'axe du corps et de la vertèbre, va au point que, dans les animaux très-vieux, toutes les apophyses épineuses des lombes se touchent à leur sommet. Rien de semblable n'existe chez les Rhinocéros, dont la région lombaire est pour ainsi dire anéantie par suite du développement du thorax.

Les apophyses transverses, entièrement soudées avec les lames costales, sont au premier abord fort difficiles à définir; mais un tubercule postérieur bien marqué, et qui n'est autre chose que le sommet de leurs apophyses postérieures, en indique les limites. Ce tubercule est énorme dans la dernière vertèbre lombaire, où il s'articule avec les masses latérales de la première vertèbre sacrée. Les lames costales proprement dite sont plates, larges, étalées horizontalement; la plus développée est celle qui appartient à la deuxième vertèbre; inclinées d'abord en arrière, elles se terminent en se recourbant légèrement en avant; leur extrémité est mousse et légèrement tuberculeuse.

Dans le squelette d'Hippopotame adulte du Sénégal, rapporté par M. le prince de Joinville, et qui présente, ainsi que nous l'avons dit plus haut, cinq vertèbres lombaires, la première porte une lame très-longue, et, sauf sa soudure à l'apophyse transverse, presque en tout semblable à une côte thoracique; rien de semblable ne se voit dans les autres squelettes d'Hippopotame de la collection, et ces squelettes n'ont en tout que quatre vertèbres lombaires. Je suis donc très-porté à croire qu'il s'agit là d'une vertèbre surnuméraire et anormale, d'autant plus que dans le fœtus d'Hippopotame de notre collection et dans celui d'Hippopotame du Nil, qui provient également du Sénégal, il n'y a, comme dans les autres Hippopotames, que quatre vertèbres lombaires.

Les tubercules antérieurs des apophyses transverses sont moins élevés au-dessus du plan de l'apophyse transverse proprement dite que cela n'a lieu vers la fin de la région dorsale. En outre, dans l'Hippopotame de Natal et dans celui du Cap, au lieu de s'élever presque verticalement, leur base s'étale presque horizontalement; le crochet qui les termine est d'ailleurs très-marqué. L'Hippopotame du Sénégal présente à cet égard quelques différences; ces tubercules y sont plus longs et moins recourbés; ils sont en outre beaucoup plus relevés et voisins du sommet de l'apophyse articulaire antérieure.

Les apophyses articulaires sont assez élevées au-dessus de la base des apophyses transverses. Cette disposition n'est pas d'ailleurs aussi marquée qu'elle l'est dans la partie postérieure du thorax. Les antérieures affleurent le niveau de l'extrémité antérieure du corps des vertèbres. Les postérieures dépassent beaucoup le niveau de l'extrémité postérieure de ces corps. Elles se prolongent en effet en divergeant comme les deux branches d'un V de l'angle duquel semble émerger le bord postérieur de l'apophyse épineuse. Au-dessous d'elles, une forte épine vient s'articuler avec une épine correspondante de la vertèbre suivante et circonscrit supérieurement le trou de conjugaison.

Ces apophyses réalisent le type général; les postérieures sont enveloppées, les antérieures enveloppantes. Elles présentent d'ailleurs des correspondances réciproques assez difficiles à décrire, mais que nous allons essayer d'indiquer. Pour la première et pour la quatrième articulation, c'est-à-dire pour l'articulation de la première lombaire avec la dernière dorsale et de la deuxième lombaire avec la première sacrée, les correspondances des surfaces articulaires ont lieu suivant un mode assez simple. L'apophyse articulaire enveloppée présente une concavité qui reçoit une convexité de l'apophyse enveloppante. Mais ce mode se complique pour les articulations intermédiaires : l'apophyse enveloppée y est parcourue par une vallée profonde longitudinale, que limitent de chaque côté deux collines saillantes. A ce système correspond, sur l'apophyse enveloppante, une disposition, si je puis ainsi dire, inverse et réciproque. A la vallée de l'apophyse enveloppée correspond une colline longitudinale; aux deux collines, deux vallées parallèles. L'engrènement de ces surfaces permet des mouvements de flexion, mais non de rotation; ces derniers mouvements paraissent avoir pour siége la première et la dernière articulation, et ne sauraient avoir d'ailleurs qu'une étendue très-bornée.

Les particularités sur lesquelles nous avons insisté peuvent, dans leur ensemble, permettre de formuler une caractéristique très-nette des vertèbres lombaires dans le genre Hippopotame. La carène inférieure du corps de ces vertèbres et leur forme sensiblement évidée les distinguent immédiatement des vertèbres analogue dans le Rhinocéros, dont le corps est plus massif en général et manque d'arête inférieure. Le Rhinocéros *simus* fait seul exception à cette règle; ajoutons que les apophyses épineuses, chez ce dernier, sont un peu recourbées en en avant, ce qui pourrait, au premier abord, amener quelques incertitudes; mais elles présentent en même temps un prolongement bifide à l'extrémité postérieure de leur épiphyse, caractère dont les Hippopotames n'offrent aucun vestige. D'ailleurs, la brièveté des parties transversaires proprement dites dans le *simus*, la petitesse de leurs lames costales, le rapprochement de leurs apophyses articulaires, qui se recouvrent successivement plutôt qu'elles ne s'enveloppent, enfin, la petitesse des tubercules antérieurs, qui surmontent ces apophyses, donnent à cet animal une physionomie toute particulière.

Les autres espèces de Rhinocéros diffèrent encore davantage; les apophyses épineuses s'y inclinent en arrière; les apophyses transverses et leurs lames costales sont relativement fort réduites; et ces lames elles-mêmes présentent une disposition toute particulière à demeurer indépendantes et mobiles, ce dont nous donnent la preuve deux squelettes de la collection, l'un du Rhinocéros *indien*, l'autre du Rhinocéros *sumatrensis*. Tout y rappelle donc le type propre aux vertèbres dorsales, et l'on pourrait, à certains égards, soutenir que ces animaux n'ont point une région lombaire rigoureusement définie. La dernière vertèbre, toutefois, y présente des caractères bien tranchés par la double articulation de ses lames transversaires avec les éléments homologues de la troisième vertèbre lombaire, d'une part, et de la première sacrée, d'autre part. La physionomie générale des vertèbres lombaires est également très-différente dans les Tapirs et dans les Chevaux. On retrouve chez les premiers quelques-uns des caractères que nous avons indiqués dans les Rhinocéros; les apophyses articulaires, par exemple, ne s'enveloppent point chez cet animal, mais se recouvrent à la manière des vertèbres dorsales. Le type enveloppant est plus marqué dans les Chevaux, mais sans amener plus de ressemblance avec les Hippopotames; toutes les parties y sont plus serrées; les apophyses articulaires y sont moins détachées, les apophyses transverses et les lames costales moins étalées, leur tubercule antérieur est moins saillant, et n'offre pas cette forme si caractéristique d'apophyse coracoïde, que nous avons plus haut signalée dans l'Hippopotame; enfin, toutes les parties offrent un type plus condensé, plus étroit, si je puis ainsi dire, et toute confusion serait impossible pour les yeux les moins exercés.

Il serait plus difficile encore d'hésiter dans l'appréciation des différences que les Ruminants présentent. Des corps des vertèbres lombaires dépassant énormément la base de leurs apophyses transverses grêles et droites; des apophyses articulaires antérieures longuement pédiculées, très-nettement enveloppantes; des apophyses épineuses courtes, carrées, presque exactement verticales, leur donnent une physionomie propre qui éloigne la possibilité d'une assimilation quelconque avec l'Hippopotame.

Il serait inutile d'insister ici sur les caractéristiques différentielles des Carnassiers et des Rongeurs, et, à plus forte raison, des Édentés et des Marsupiaux; les Ruminants et les Pachydermes forment un type à part de tous les autres animaux, par la direction presque horizontale de leurs apophyses transverses lombaires, et par l'absence complète d'une épine postérieure *à leur base*. Ce dernier caractère est surtout d'une très-grande importance, parce qu'il est d'un emploi facile, et fournit, si je puis ainsi dire, un signalement immédiat.

F. — RÉGION SACRÉE.

a. — Dans le fœtus.

Les vertèbres sacrées se distinguent immédiatement, dans le fœtus, d'avec les vertèbres lombaires par l'aplatissement de leur corps et par le peu d'étendue de leurs masses latérales, par la brièveté de leurs lames, et, sauf la première, par l'absence, ou plutôt l'atrophie, et la soudure réciproque de leurs apophyses articulaires. Ajoutons que les trous de conjugaison, qui résultent de leur rapprochement en série, sont relativement beaucoup plus étroits.

La première vertèbre sacrée fait seule exception à cette règle générale. Elle a une masse latérale très-forte, une apophyse transverse marquée, enfin, en avant, une apophyse articulaire nettement constituée et enveloppante, selon le type des vertèbres lombaires; l'apophyse articulaire postérieure y est encore indiquée, mais à l'état de vestige seulement. La seconde vertèbre présente encore une masse latérale distincte et un rudiment d'apophyse transverse. Ces deux vertèbres seules s'articulent avec l'iléon.

Dans un des jeunes individus que nous avons sous les yeux, elles présentent toutes deux une particularité curieuse. L'une et l'autre portent un tubercule costal bien séparé et fort distinct au bout de son apophyse transverse. La première vertèbre présente cette particularité du côté droit seulement; dans la seconde, au contraire, elle existe à gauche. Il est probable qu'à une époque moins avancée de la vie fœtale, ces noyaux étaient distincts des deux côtés de ces vertèbres, et leur présence est sans doute expliquée par l'importance du rôle que jouent ces vertèbres considérées comme la base et le point d'appui du membre postérieur (1). La troisième et la quatrième vertèbre ne m'ont offert rien de semblable, et elles n'ont en effet avec le bassin aucun rapport direct.

b. — Dans l'adulte.

Les vertèbres sacrées, toutes distinctes et indépendantes dans le premier âge, sont ici soudées entre elles par leur corps, par leurs apophyses transverses taillées en fer de hache, et même par les rudiments de leurs apophyses articulaires. Les deux premières sont très-larges; elles s'articulent seules

---

(1) Dans le squelette d'un Hippopotame du Nil, âgé de quatre jours, et dont nous avons déjà parlé plusieurs fois, les apophyses transverses de la première sacrée portent chacune un noyau costal distinct qui s'applique en avant à l'os coxal et fait partie de l'articulation sacro-iléale. Rien de pareil n'existe sur la deuxième sacrée, où ces éléments, en se soudant, ont cessé préalablement d'être distincts. L'existence d'éléments costaux aux vertèbres sacrées, est loin de donner gain de cause à ceux qui ne voient dans la ceinture iléale que la représentation d'arcs costaux, manière de voir que l'étude du système nerveux ne confirme pas davantage.

(Cf. Owen, *De l'archétype*, et Gervais, *Considérations sur la théorie du squelette.*)

avec l'os des iles et sont des vertèbres sacrées par excellence. Les autres vertèbres ne diffèrent pas sensiblement des vertèbres caudales, et ne peuvent être rattachées au sacrum que par le fait de leurs mutuelles soudures. On sent qu'un caractère pareil est nécessairement très-incertain; aussi est-il à peu près impossible de déterminer le nombre typique des vertèbres sacrées de l'Hippopotame.

Les lames supérieures de ces vertèbres sont très-peu élevées, et, à l'exception de la première qui est grêle et distincte, toutes les autres sont basses, très-développées d'arrière en avant, et surmontées d'une épiphyse étroite et couchée sur le bord supérieur de leur apophyse épineuse. Ces lames et ces épiphyses ont une tendance très-prononcée à la soudure, dans toute la longueur du sacrum, par les progrès de l'âge. La soudure commence par les épiphyses, elle s'étend ensuite à toute l'étendue des lames. Dans les vieux individus, toutes les vertèbres sont ainsi confondues en un seul os.

Leurs apophyses transverses sont intimement confondues avec leurs lames costales. Nous avons dit que la lame générale qui résulte de cette union, est en forme de fer de hache. Ces fers de hache, distincts à leur base, se soudent en série par les extrémités de leur tranchant; les trous que circonscrivent ces soudures de deux apophyses transverso-costales consécutives, sont grands et dilatés, et cette particularité fournit un excellent caractère ostéologique. Les apophyses articulaires sont manifestement indiquées, mais elles ne s'articulent point, et tout au plus chez les vieux animaux viennent-elles à se souder à la fois par des prolongements stalactiformes. Elles sont d'ailleurs surmontées par des tubercules antérieurs assez saillants, qui, bien distincts sur les premières vertèbres, se rapprochent de plus en plus du plan médian des apophyses épineuses, et forment ainsi deux séries convergentes en arrière. Toutes ces particularités méritent d'être signalées avec soin; elles fournissent un ensemble de caractères tout à fait propres à l'Hippopotame, et qui peuvent être, dans beaucoup de cas, d'un excellent secours. Il serait, par exemple, impossible de confondre le sacrum d'un Hippopotame avec celui d'un Rhinocéros aux grandes apophyses épineuses, surmontées d'épiphyses tuberculeuses et bilobées, aux apophyses articulaires bien développées, aux lames costales médiocres, circonscrivant par leur soudure des trous très-petits. Des remarques analogues permettent de les distinguer également des Chevaux et des Ruminants. Chez les Tapirs, dont le sacrum n'a, comme celui de l'Hippopotame, que des apophyses épineuses très-basses, la petitesse des trous circonscrits par la soudure des apophyses transverses et le développement des apophyses articulaires fournissent un élément immédiat de distinction facile. Enfin, dans les cochons, qui s'éloignent moins à cet égard, les apophyses épineuses sont étroites et ne présentent plus aucune tendance à se souder par leurs sommets.

Tel est le sacrum de l'Hippopotame; ses dernières vertèbres fournissent une transition facile à la forme des premières caudales.

G. — RÉGION CAUDALE.

a. — Dans le fœtus.

Les vertèbres caudales peuvent être divisées en deux séries successives. La première série est remarquable par l'existence d'un canal vertébral; dans la seconde, ce canal n'existe plus, et la vertèbre n'y est représentée que par un disque ou plutôt un cylindre surmonté de saillies encore peu déterminées.

Les vertèbres de la première série présentent des *lames* distinctes étalées à leur partie supérieure, sans aucune trace d'apophyses articulaires. Les apophyses transverses sont horizontales, bien développées; leurs tubercules antérieurs, très-voisins du bord antérieur de la lame, sont indiqués par une petite saillie. Notons que l'ensemble de ces parties latérales est déjà soudé au corps de la vertèbre, à une époque de la vie où, dans toutes les autres régions de la colonne vertébrale, ces parties sont encore distinctes.

La seconde région présente une série de vertèbres réduites pour ainsi dire à leur corps et à quelques tubercules osseux symétriques, parmi lesquels nous signalerons surtout un indice d'arête inférieure. Toutes ces parties, dépourvues des appendices cartilagineux qui les complétaient, seraient fort difficiles à caractériser nettement.

b. — Dans l'adulte.

L'âge adulte présente, dans toutes les parties de la région caudale, des formes mieux accusées. Les corps des vertèbres y sont longs, évidés, et portent, soit à l'avant, soit à l'arrière de leur face inférieure, deux tubercules symétriques séparés par une gouttière médiane. Leurs apophyses transverses sont en général très-accusées, mais présentent, suivant les régions, des différences marquées. Aux premières vertèbres perforées, elles sont longues, plus étroites à leur base qu'à leur extrémité libre; c'est le contraire pour les dernières vertèbres de cette première région, les apophyses transverses y sont plus courtes et plus larges à leur base. Les lames vertébrales s'y comportent aussi d'une façon un peu différente. Le canal rachidien, qu'elles circonscrivent, présente en avant une ouverture arrondie, et c'est pour ainsi dire une condition commune, mais la forme de son ouverture postérieure change. Dans les premières vertèbres, elle est basse, dilatée transversalement et symétriquement bilobée; dans les dernières, elle prend la forme arrondie de l'extrémité antérieure.

L'apophyse épineuse qui résulte de la réunion des lames est mince, très-peu élevée d'avant en arrière, et terminée aux deux extrémités de son bord supérieur par deux tubercules dont le postérieur se prolonge en une apophyse saillante en arrière. Cette apophyse, d'ailleurs, est parfaitement distincte et n'offre en aucune façon le caractère d'une lame recouvrante.

Les vertèbres caudales perforées ne présentent, chez les Hippopotames, aucune trace d'apophyses articulaires. En revanche, le tubercule antérieur des apophyses transverses y fait, aux deux côtés de la vertèbre, une grande saillie. Fort écartés d'abord de l'apophyse épineuse et manifestement divergents, ces tubercules se rapprochent peu à peu l'un de l'autre, sans toutefois se confondre. Nous les verrons persister dans la région terminale de la queue.

Cette dernière région, composée comme la première d'un nombre très-variable de vertèbres, est nettement caractérisée dans l'Hippopotame adulte par la persistance des apophyses transverses, de leurs tubercules antérieurs, et même du tubercule postérieur de l'apophyse épineuse ; on y voit une trace des rugosités bifides qui, dans les vertèbres antérieures, arment les deux extrémités de la crête médiane inférieure. Les corps y sont robustes, prismatiques, avec deux faces légèrement évidées. Les mêmes caractères persistent jusqu'à la dernière vertèbre.

Ces caractères, qui conviennent à la portion la plus mobile de la queue chez un animal nageur, distinguent l'Hippopotame de tous les Pachydermes terrestres et des ruminants. La persistance des apophyses transverses est d'autant plus digne de remarque, que cet organe, très-peu développé dans l'Hippopotame, ne saurait avoir sur ses mouvements aucune influence bien marquée.

Quoi qu'il en soit, les caractères que nous avons essayé d'indiquer peuvent fournir, à la diagnose des vertèbres caudales des Hippopotames, des éléments certains. Chez les animaux qui leur ressemblent le plus, les apophyses transverses sont petites dans la région basilaire de la queue, et s'éteignent complétement sur la région terminale. Dans la première de ces régions, les lames s'articulent entre elles; les tubercules antérieurs qui les surmontent sont peu saillants; enfin tous ces éléments s'atrophient sur les vertèbres terminales qui, en quelque sorte réduites à leurs corps, se rapprochent de plus en plus de la forme cylindrique. Les différences sont plus marquées encore dans les Rhinocéros, les Tapirs, les Chevaux et les Ruminants, nous n'y insisterons pas ici; ces comparaisons, quand elles ne sont pas absolument indispensables, dépassant les bornes dans lesquelles doit se renfermer une monographie.

§ 2. — Des membres du tronc.

ART. A. — DU MEMBRE ANTÉRIEUR OU CERVICO-THORACIQUE.

α. — Dans le fœtus à terme.

Dans l'Hippopotame nouveau-né, l'omoplate, l'humérus, l'avant-bras, et la main sont de longueur à peu près équivalente; toutes ces parties sont massives et trapues: nous allons essayer de les décrire successivement.

a. *L'épaule.* — Cette partie est en quelque sorte réduite à l'omoplate; le coracoïde est rudimentaire, la clavicule manque absolument.

Omoplate ou præiléon. — L'ensemble de cette omoplate présente à peu près la forme d'un fer de hache très-allongé. Le tranchant de la hache correspond au bord supérieur ou spinal; son sommet tronqué est tourné en bas, et sa troncature, portée sur un col légèrement évidé, est creusée en une fossette oblongue d'avant en arrière. Cette fossette est la cavité glénoïde, qui reçoit la tête de l'humérus.

Le bord antérieur ou *coracoïdien* est élevé et tranchant depuis son extrémité supérieure jusqu'à sa partie moyenne ; à partir de ce point, il présente une longue échancrure au bout de laquelle s'articule l'os coracoïdien qui surmonte la fosse glénoïde, et présente à peu près la figure d'un bonnet phrygien.

Le bord inférieur, ou côte, est tranchant et concave dans toute sa longueur ; ajoutons, pour terminer l'histoire des bords, que le supérieur porte une large lame cartilagineuse, ainsi que cela se passe dans la plupart des animaux mammifères, et en particulier dans les Pachydermes.

En examinant avec soin ce bord supérieur, on y remarque, vers l'union de son tiers antérieur avec son tiers moyen, une petite échancrure angulaire : c'est de ce point que naît l'épine de l'omoplate. Cette épine peu saillante se termine par une apophyse *acromion* très-courte, et qui n'atteint point jusqu'au niveau de la région glénoïdienne qui la dépasse d'une manière marquée ; elle divise ou plutôt semble diviser la face externe de l'omoplate en deux régions, l'une antérieure ou fosse sus-épineuse, l'autre postérieure (fosse sous-épineuse), qui l'emporte évidemment sur l'antérieure. Vers le milieu du bord libre de l'épine, existe une tubérosité marquée qui fournit une insertion au muscle *omo-trachélien ;* au-dessous d'elle, vers le tiers inférieur de l'omoplate, se trouve le trou nourricier principal de cet os.

Remarques sur la signification de l'épine de l'omoplate. — En étudiant avec attention l'épine de l'omoplate et en ayant surtout égard au rôle et à l'individualité absolue du muscle *sus-épineux*, auquel ne s'oppose aucun antagoniste symétrique. je ne puis m'empêcher de faire remarquer combien il est probable que cette épine ne soit, après tout, qu'un démembrement du bord antérieur de l'omoplate dédoublé en quelque sorte en deux feuillets ou crêtes saillantes, l'une coracoïdienne, l'autre claviculaire, dans l'intervalle desquelles serait compris un muscle antérieur, le *sus-épineux*, muscle satellite par excellence du bord antérieur. Le parallélisme parfait de ces deux crêtes me semble évident par leur rôle même : elles portent d'une manière presque semblable dans une épaule complète les deux arcs-boutants sternaux de l'omoplate, et nous verrons dans un instant combien aisément cette vue s'applique au membre postérieur ; mais c'est surtout dans les Cétacés que sa justesse apparaît pour ainsi dire au premier coup d'œil, le parallélisme idéal se traduisant d'une manière parfaite dans le parallélisme des formes réalisées.

La face profonde de l'omoplate ne présente rien de remarquable ; elle est légèrement concave vers sa partie la plus large, mais on n'y remarque point ces crêtes si apparentes dans l'omoplate de l'animal adulte, et qui tiennent aux progrès de l'ossification stimulée pour ainsi dire par l'action des faisceaux distincts du muscle sous-scapulaire.

b. *Le bras.* — La diaphyse de l'humérus est très-remarquable par sa forme. Si nous la ramenons à la formule de l'os dicône de Dutrochet, nous pourrons dire que les deux cônes sont aplatis en sens inverse l'un de l'autre : le supérieur l'est dans un plan parallèle à l'axe du corps, l'inférieur dans un plan différent, et qui est perpendiculaire au premier. C'est à peu près au point où les sommets des deux cônes se confondent que se trouve l'empreinte deltoïdienne, sur le prolongement d'une arête émoussée qui, de la face externe du cône supérieur, se porte au condyle interne du cône inférieur. Cette arête oblique inspire naturellement l'idée d'une torsion de l'os suivant son axe, ainsi que l'a admis le savant et ingénieux M. Martins. Cette idée que j'accepte entièrement peut être discutée à deux points de vue différents : ou bien, la position du cône supérieur étant anormale, c'est celle du cône inférieur qui a été pour ainsi dire déviée; ou bien, au contraire, l'inverse a eu lieu, et le cône inférieur ayant conservé son attitude, le supérieur a décrit sur son axe un quart de rotation. Cette dernière hypothèse, à laquelle je m'arrête, sera discutée plus particulièrement dans l'article suivant, où nous traiterons des formes de l'âge adulte.

A ces traits généraux, ajoutons encore quelques détails, savoir : 1° pour le cône supérieur, son recourbement en arrière; 2° pour le cône inférieur, son recourbement en avant; 3° enfin pour ce dernier cône, la profondeur de la fosse olécrânienne que flanquent de chaque côté deux murailles élégamment arrondies.

L'*épiphyse* supérieure est remarquable : à la partie postérieure de la base du cône supérieur se trouve une première division de cette épiphyse, c'est-à-dire, à proprement parler, la tête de l'humérus ; vers le bord antérieur est une partie saillante modelée en bec de corbeau ; elle donne attache au muscle sus-épineux ; enfin, soit en dehors, soit en dedans des épiphyses, se trouvent les indices encore peu apparents des tubérosités qui donnent attache au muscle sous-scapulaire et au sous-épineux. L'épiphyse inférieure est une portion de cylindre à axe transversal. On y distingue un condyle et une trochlée, mais confondus pour ainsi dire en une poulie à gorge unique. L'épicondyle et l'épitrochlée sont encore à peine indiqués.

c. *L'avant-bras.* — Les os qui le composent sont robustes et encore distincts l'un de l'autre. Le premier est le *radius ;* sa diaphyse prise dans son ensemble est d'un cinquième environ plus courte que celle de l'humérus ; elle est très-évidemment dicône, et ses deux cônes composants sont régulièrement aplatis dans le même sens. La base du cône supérieur présente en arrière une compression marquée qui s'articule et se confond plus tard avec le cubitus. La base du cône inférieur est une ellipse transversale et à peu près régulière ; les épiphyses ont à peu près les formes qu'elles garderont dans l'âge adulte, mais elles ne sont point encore ossifiées.

Le second os, ou *cubitus,* présente les particularités suivantes : la longueur de la diaphyse cubitale égale celle de la diaphyse humérale, et les deux cinquièmes environ de cette diaphyse dépassent l'extrémité supérieure de la radiale. Or, si nous nous rappelons que la radiale égale environ les quatre cinquièmes de la diaphyse humérale, il s'ensuivra qu'elle dépasse inférieurement la cubitale d'un cinquième de la longueur de celle-ci. Cette différence, qui persiste dans l'adulte, rappelle la disposition qu'on observe dans les Suidés; elle est d'ailleurs compensée par une plus grande longueur de l'épiphyse inférieure du cubitus.

L'échancrure sigmoïde présente les particularités suivantes : Elle est encroûtée d'un cartilage formant trois lobes distincts. Les deux lobes antérieurs correspondent au condyle et à la trochlée de l'humérus, et complètent en arrière les fossettes articulaires du radius. Le lobe postérieur, qui paraît être plus particulièrement la continuation de l'os, est porté sur une sorte d'apophyse distincte, et s'ajuste d'une manière très-lâche à la gorge qui sépare le condyle de la trochlée. Ces détails sont surtout accusés dans l'animal adulte. L'épiphyse inférieure présente un commencement d'ossification; l'épiphyse olécrânienne, au contraire, est encore complétement cartilagineuse. La figure des surfaces articulaires différant peu de ce qu'elle est dans l'adulte, nous en renvoyons la description plus étendue au moment où nous traiterons des formes de cet âge.

d. *La main.* — Les pièces du carpe étant absolument de même forme dans l'âge adulte, nous ne les décrivons point ici avec détail; nous nous bornons à dire qu'elles sont entièrement cartilagineuses à leur surface, en sorte qu'elles sont absolument déformées sur toutes les pièces desséchées. On y retrouve cette grande saillie du semi-lunaire qui s'engage en quelque sorte entre l'épiphyse radiale et l'épiphyse cubitale; la grandeur du pisiforme est également remarquable. C'est de tous les os du carpe celui dont l'ossification est la plus précoce. Nous ferons au pied une remarque analogue pour le calcanéum.

Les pièces osseuses de la seconde rangée forment une série régulière et aplatie dans son ensemble. Le trapézoïde est excessivement réduit; il porte un rudiment de premier métacarpien où se distingue un vestige d'épiphyse supérieure ; à partir de ce point, les autres pièces sont de plus en plus grandes; le grand os l'emporte sur le trapézoïde, la longueur de l'unciforme égale celle des trois autres os à la fois.

Les autres parties de la main présentent des caractères communs à tous les Pachydermes de la famille des Suidés. Le médius et le quatrième doigt sont équivalents et symétriques l'un à l'autre ; ils l'emportent sur le deuxième et le cinquième doigt; ceux-ci sont également symétriques entre eux, mais non équivalents. Le deuxième doigt est plus allongé dans toutes ses parties ; le cinquième est plus court, mais sa partie métacarpienne est plus massive.

Les métacarpiens sont relativement très-longs. Le troisième et le quatrième égalent à peu de chose près la moitié de la longueur totale de la main. La diaphyse de ces deux métacarpiens est plate en avant et légèrement courbe et excavée à la face palmaire; de ces deux faces latérales, celle qui regarde l'axe de la main est la plus large.

La diaphyse du deuxième et du cinquième métacarpien diffère d'abord par sa brièveté; en second lieu, par la considéra-

tion de sa face dorsale qui est convexe; troisièmement par une
plus grande largeur de celle de ses faces qui regarde l'axe, et
par une étroitesse plus marquée de la face opposée qui est
pour ainsi dire anéantie; quatrièmement, enfin, par une
moindre concavité de sa face palmaire.

Les extrémités des diaphyses présentent aussi quelques différences. Toutes les extrémités supérieures sont planes sans
exception; les extrémités inférieures le sont également dans
le deuxième et le cinquième doigt; mais dans les doigts intermédiaires, c'est-à-dire dans le troisième et le quatrième, elles
présentent une mortaise profonde pour leur articulation avec
les épiphyses. Ce mode de jointure est plus favorable à la soli-
dité de l'union de ces pièces, et il est remarquable de le trouver
exclusivement réalisé dans les deux doigts principaux chargés
plus particulièrement de supporter le poids du corps.

Les épiphyses supérieures de ces diaphyses sont des lames
aplaties, entièrement cartilagineuses. Les inférieures présentent déjà un noyau osseux à leur centre; elles ont une assez
grande hauteur; leur extrémité libre a la forme d'une poulie
à gorge très-peu profonde; cette poulie fait une assez grande
saillie du côté de la face palmaire; celles du troisième et du
quatrième métacarpien sont droites; celles des deux doigts
externes, au contraire, sont obliques en sens inverse l'une de
l'autre, l'interne l'est en dedans, et l'externe en dehors.

Les phalanges sont à la fois remarquables par leur force et
leur brièveté. Dans les premières, qui sont les plus longues,
la largeur de la diaphyse surpasse sa longueur. Cette diaphyse

est convexe en avant, un peu aplatie en arrière, et légèrement
évidée vers son milieu. Les épiphyses sont bien distinctes et
encore complétement cartilagineuses. Les supérieures sont
légèrement concaves; les inférieures forment des poulies d'un
très-petit noyau, mais à gorge extrêmement large.

Les secondes phalanges sont excessivement courtes et pour
ainsi dire écrasées; leurs diaphyses sont réduites à des cupules
osseuses concaves supérieurement, convexes inférieurement.
Les épiphyses qui terminent ces diaphyses sont concaves ou
convexes dans le même sens. L'épiphyse supérieure porte en
arrière une sorte de talon qui en augmente la concavité.

Les dernières phalanges sont de forme pyramidale; c'est
dans ces phalanges surtout que le type symétrique de la
main est évidemment accusé. Celles des deux doigts intermédiaires se correspondent par des surfaces planes, et leur symétrie est telle, qu'elles semblent se compléter l'une l'autre. Les
phalanges des deux doigts extrêmes sont toutes les deux incur-
vées vers l'axe idéal de la main, en sens inverse l'une de
l'autre.

Telle est, en somme, la main de l'Hippopotame naissant. Elle
est à certains égards semblable à celle des Suidés; mais elle
s'en distingue par sa brièveté relative, et surtout par sa largeur et par une plus grande indépendance des mouvements
d'adduction réciproque et d'abduction des doigts. Ces modifications convenaient à la main d'un animal nageur, et c'est par
là que de telles différences peuvent être aisément expliquées.

β. — Dans l'adulte.

Les modifications que l'âge amène dans les formes du membre antérieur, à partir du moment de la naissance, sont moins apparentes que celles qui affectent la colonne verté-brale. L'ossification est plus parfaite et plus dense : ce qui était cartilagineux est devenu os, ce qui était séparé s'est réuni ; à cela se bornent en général les changements dont nous avons à parler ici.

a. *L'omoplate.* — La forme de cet os est en général restée la même. L'épiphyse fibro-cartilagineuse du bord spinal est devenue osseuse ; elle s'est soudée au corps de l'os, et toutefois elle est demeurée distincte ; sa plus grande hauteur correspond à l'extrémité coracoïdienne du bord spinal. Le bord postérieur n'a point changé de courbures ; celles du bord coracoïdien se sont exagérées. L'épine a gardé ses tubérosités, mais elle est devenue plus saillante ; son bord acromial est plus haut et le devient de plus en plus par les progrès de l'âge. Toutes les formes, en un mot, se sont plus nettement accusées.

Les fosses de l'omoplate ont gardé en général les mêmes caractères ; toutefois elles se sont plus profondément excavées, et il semble que l'épine et le bord coracoïdien, en se dévelop-pant, se soient en quelque sorte incurvés l'un vers l'autre. La fosse sus-épineuse est aussi bien accusée, mais la sous-épi-neuse, quoique moins excavée, l'emporte évidemment en gran-deur, l'épine étant plus rapprochée du bord coracoïdien que du bord postérieur ou axillaire.

A la concavité de la fosse sus-épineuse correspond une convexité marquée de la face profonde ou sous-scapulaire ; au-dessous de cette convexité, le reste de cette face est légèrement concave.

La cavité glénoïde est un peu oblongue ou plutôt ovale et concave. Son sommet est en quelque sorte couronné d'un tubercule rugueux, que surmonte une apophyse coracoïde soudée au corps de l'omoplate, et légèrement incurvée en arrière. Cette apophyse acquiert chez les vieux individus un assez grand développement.

CARACTÉRISTIQUES DE L'OMOPLATE DANS L'HIPPOPOTAME.

L'omoplate de l'Hippopotame est surtout semblable à celle des Cochons par le galbe de ses contours généraux. Mais elle est dans son ensemble beaucoup moins allongée. Elle s'en distingue d'ailleurs par d'autres caractères. En effet, le tubercule coracoïde est à peu près nul dans les Cochons ; l'épine, au lieu de s'incliner vers le bord coracoïdien, s'y recourbe vers la fosse sous-épineuse et porte un tubercule omo-trachélien lamelleux ; enfin, l'apophyse acromion y est nulle, et le seul Sanglier du Gabon, le *Cheiroptamus pictus* de Gray, en porte un léger vestige (1).

Aucune incertitude de détermination n'est permise à l'égard des autres groupes, et en particulier des herbivores en général, les Rhinocéros, les Paléothères, et les groupes voisins. Enfin, les Tapirs sont immédiatement mis hors de cause. Chez tous,

(1) Observons que cet animal a des habitudes aquatiques.

l'épine de l'omoplate se rapproche du bord axillaire, en sorte
que la fosse sus-épineuse l'emporte évidemment sur la sous-
épineuse. Cette épine fortement recourbée vers le bord axillaire s'anéantit par une pente graduelle du côté de l'extrémité
articulaire et ne porte aucune trace d'acromion. Chez tous,
enfin, le bord antérieur et le bord spinal de l'omoplate sont
sensiblement courbes, en sorte que ces animaux diffèrent de
l'Hippopotame par les contours généraux et par tous les détails
de cet os.

Ces différences sont également accusées dans les omoplates
allongées, telles que celles des Rhinocéros et des Paléothères,
et dans celles dont la largeur est grande, ainsi qu'on le voit
dans les Tapirs. Ces derniers animaux se distinguent en outre
par la grandeur et la profondeur tout à fait inusitée de
l'échancrure coracoïdienne.

Bien que l'omoplate dans les espèces du genre *Equus* diffère
singulièrement de celle des Rhinocéros et des Tapirs, elle est
néanmoins très-facile à distinguer de celle de l'Hippopotame ;
elle est, il est vrai, triangulaire et ses côtés sont rectilignes,
mais elle est singulièrement allongée et rétrécie vers son col ;
l'épine est rapprochée du bord coracoïdien, mais elle ne se
recourbe point vers lui, et ne présente aucune trace d'acromion ; enfin, la tubérosité omo-trachélienne est simplement
tuberculeuse dans le Cheval, ce qui le distingue à la fois des
Cochons, des Rhinocéros et des Tapirs. Ajoutons, pour clore
la liste de ces différences, que dans le Cheval, l'apophyse coracoïde est pour ainsi dire atrophiée.

La discussion de ces différences est aisée. Il ne l'est pas moins de caractériser celles qui distinguent l'omoplate de l'Hippopotame de celle des Ruminants. Dans ces animaux, l'omoplate est triangulaire, et en général allongée. Elle est généralement très-peu épaisse, sinon dans les espèces les plus massives, telles que les Bœufs, les Bisons et l'Urus. L'épine y est très-rapprochée du bord coracoïdien, au point de l'affleurer; elle en est donc voisine, beaucoup plus que dans l'Hippopotame, beaucoup plus que dans le Cheval. Chez tous elle présente une forte saillie acromienne, à une seule exception près, la Girafe, et cette saillie, taillée à pic dans les vrais Ruminants, se recourbe et se prolonge au-dessus de la cavité glénoïde dans les Chameaux. Quoi qu'il en soit, ce fait n'amène avec l'Hippopotame aucune ressemblance réelle. Un caractère plus facile à définir est l'absence complète d'une tubérosité omo-trachélienne dans tous les Ruminants.

En résumé, l'Hippopotame se distingue de tous les Pachydermes, quels qu'ils soient, par la présence sur son omoplate d'une saillie acromienne, et des Ruminants qui présentent cette saillie, par les formes plus massives, plus raccourcies de cette omoplate, par la profondeur de sa fosse sus-épineuse, et par la présence vers le milieu de son épine d'une saillie omo-trachélienne.

Nous croyons utile d'indiquer d'autres différences. Celles que présentent les autres groupes de Mammifères sont trop grandes pour ne pas sauter aux yeux. Elles se définissent d'elles-mêmes, et il serait superflu de les signaler.

b. *L'humérus*. — Les formes de l'humérus dans l'adulte n'ont subi que des modifications assez légères. Sa longueur totale, mesurée du centre de la tête à la ligne de niveau des trochlées inférieures, est à peu près égale à celle du bord coracoïdien de l'omoplate. Elle a donc conservé, à peu de chose près, ses proportions primitives. Les épiphyses complétement ossifiées se sont soudées au corps de l'os. La torsion de la diaphyse suivant son axe, semble être encore plus accusée, mais les modifications les plus marquées ont porté sur les extrémités épiphysaires. Ces extrémités sont devenues moins massives, moins boursouflées, mais, en revanche, leurs détails sont mieux définis. Nous en profiterons pour appuyer plus particulièrement sur leur description.

On distingue dans la masse épiphysaire supérieure :

1° La tête de l'humérus. Elle est convexe, à peu près arrondie, peu saillante, mais très-large dans tous les sens. Elle est sensiblement dirigée en arrière.

2° Au devant de la tête, à l'autre extrémité du diamètre antéro-postérieur de la masse épiphysaire, une grande épine ou tubérosité saillante dont le sommet se recourbe légèrement en arrière; c'est l'apophyse ou levier d'insertion du muscle sus-épineux.

3° Au côté externe, une colline un peu moins haute, mais encore saillante au-dessus du corps de l'épiphyse; elle est comprimée par ses flancs, est assez régulièrement arrondie à son sommet; des vallées bien accusées la séparent de la tête et de la tubérosité antérieure.

4° Au côté interne. une grosse tubérosité massive. rugueuse, irrégulière ; c'est la tubérosité interne proprement dite.

Une sorte de fosse ou d'anfractuosité profonde traversée en tous sens par des tractus osseux irréguliers et percée de trous diploïques, est située pour ainsi dire dans l'axe de la diaphyse et distingue au sommet de l'os ces quatre tubérosités.

La coulisse bicipitale comprise entre la tubérosité interne et la saillie recourbée de la tubérosité antérieure est profonde. étroite et simple. Nous insistons particulièrement sur cette remarque.

Nous ferons remarquer dans la masse épiphysaire inférieure les points suivants :

La poulie articulaire est très-large. et formée de deux moulures séparées par une gorge unique. La moulure externe toutefois présente un indice de division : la gorge proprement dite remonte très-haut sur la face postérieure de l'épiphyse. La courbe forme à peu près les trois quarts d'une circonférence. La gorge est très-légèrement ouverte, à pentes obliques. et ne présente rien des formes engaînantes qu'on remarque dans les Cochons.

La saillie de l'épicondyle se dirige obliquement en dehors ; celle de l'épitrochlée se dirige en arrière. elle est d'ailleurs plus grande et plus massive. Ces deux saillies sont séparées l'une de l'autre par une fosse olécrânienne haute et profonde ; elles se continuent en arrière avec une crête de la face postérieure de la diaphyse par deux collines courbes, élégamment arrondies et convergentes.

Une autre crête naît, au sommet de la face externe de l'humérus, du point qui sépare la tubérosité externe de la tête articulaire; elle se dirige obliquement, croise la face antérieure de la diaphyse, et se termine en se bifurquant sur les côtés d'une fossette au fond rugueux qui surmonte en avant la poulie épiphysaire inférieure. Toutes ces parties participent au recourbement en avant de l'extrémité inférieure de l'humérus.

C'est au point où cette côte croise le bord antérieur de la diaphyse, que se voit, un peu au-dessous du point moyen de l'os, la tubérosité deltoïdienne; elle est nettement accusée, mais n'offre point les saillies énormes qu'on remarque chez les Pachydermes au système digital impair. La diaphyse présente deux trous nourriciers principaux: l'un se remarque à la face postérieure de l'os dans la cavité de son extrémité supérieure, l'autre à la face antérieure un peu au-dessus de son tiers inférieur. Rappelons enfin, en terminant, que dans l'adulte les dimensions de l'extrémité inférieure de l'os l'emportent sur celles de l'extrémité opposée.

CARACTÉRISTIQUES DIFFÉRENTIELLES DE L'HUMÉRUS.

De tous les animaux, les Cochons se rapprochent le plus des formes de l'Hippopotame. Toutefois leur humérus présente des proportions plus élancées. Il est d'autres caractères plus précis :

1° Dans l'Hippopotame, l'extrémité inférieure l'emportait sur la supérieure, ici l'inverse a lieu, et cela de la manière la plus marquée.

2° Les caractères de l'extrémité supérieure peuvent être ainsi résumés. La tubérosité antérieure était droite dans l'Hippopotame, elle est recourbée en dedans chez les Cochons. La tubérosité externe a, chez le premier, sa face externe convexe; elle est excavée dans les seconds. L'interne a moins de longueur à sa base dans les Cochons, mais plus de saillie relative. Enfin, la tête articulaire y est moins large relativement, et son col est plus détaché.

3° Les caractères de l'épiphyse inférieure sont plus remarquables encore. La moulure externe de la poulie inférieure ne portait dans l'Hippopotame qu'un indice de gorge secondaire; dans les Cochons elle offre une gorge profonde. Dans le premier, la gorge principale était largement ouverte; elle est étroite et serrée dans les Cochons. En outre, la fosse olécrânienne y est percée d'un trou, et le mouvement de torsion sur l'axe y est moins accusé.

Toute confusion serait impossible avec l'humérus des Pachydermes au système digital impair. Nous allons essayer d'indiquer aussi brièvement que possible sur quels caractères cette distinction est fondée.

Rhinocéros. — Dans ces animaux, la diaphyse, extrêmement dilatée à ses deux extrémités, est pour ainsi dire étranglée au-dessus de son tiers inférieur. L'empreinte deltoïdienne, représentée par un tubercule énorme, est portée à l'extrémité inférieure d'une sorte de crête ou muraille saillante et fortement déjetée en dehors. Le bord inférieur de cette crête vient obliquement couper le côté antérieur de la diaphyse et se terminer,

en se bifurquant, sur les deux extrémités de la poulie articulaire inférieure.

L'épitrochlée est médiocre, mais l'épicondyle a une largeur
énorme, et il est surmonté par une vaste crête apophysaire ;
c'est au bas de l'os la répétition de la crête supérieure ; entre
ces deux crêtes, une vaste gouttière contourne obliquement la
face externe de l'os en passant de la face postérieure à l'antérieure. Nulle part le mouvement de torsion sur l'axe n'est plus
nettement accusé. Rien de semblable à ces crêtes n'existe dans
l'Hippopotame.

L'épiphyse supérieure présente d'autres différences. La tête,
dans l'Hippopotame, était large et à peu près arrondie ; elle est
transversalement elliptique dans le Rhinocéros. La tubérosité
antérieure, dans le premier, était la plus haute de toutes, elle
était franchement située en avant de l'épiphyse ; dans le Rhinocéros, elle est la plus basse de toutes, et sa base se confond avec
celle de la tubérosité externe.

La tubérosité interne, la plus basse de toutes dans l'Hippopotame, acquiert dans le Rhinocéros des proportions colos-
sales ; elle se complique et s'élève ; son sommet principal, qui
surmonte toutes les autres tubérosités, se recourbe légèrement
en dehors, et semble répéter la tubérosité antérieure dont elle
est séparée par une coulisse bicipitale très-large. Une colline
saillante la sépare en deux vallées distinctes : la vallée principale, la plus profonde, se trouve à la base de la tubérosité
antérieure qui se recourbe légèrement au-dessus d'elle ; la
seconde est moins excavée, elle est située à la base de la tubé-

rosité interne. Ces formes sont extrêmement différentes de celles dont l'Hippopotame offre la réalisation.

L'épiphyse inférieure présente aussi des différences faciles à définir. Dans l'Hippopotame, les deux moulures de la poulie sont de même rayon. Dans le Rhinocéros, la moulure interne est d'un beaucoup plus grand rayon que l'externe. Cette dernière l'emportait dans l'Hippopotame et portait un indice de gorge secondaire. Dans le Rhinocéros, au contraire, la moulure interne l'emporte et l'externe n'offre aucune trace de subdivision. La moulure qui les sépare et se prolonge dans la fosse olécrânienne, large et pour ainsi dire dilatée dans le premier, est étroite et serrée dans le second. Enfin, chez ce dernier, à l'inverse de l'Hippopotame, la muraille externe de la fosse olécrânienne est la plus saillante. Toute confusion est donc absolument impossible.

Tapirs. — Les Tapirs présentent en général les caractères des Rhinocéros, du moins par leur diaphyse humérale. A peine est-il nécessaire de répéter qu'à cet égard il est aisé de les distinguer des Hippopotames. On y retrouve les murailles externes, une même forme de l'empreinte deltoïdienne, une torsion équivalente à celle des Rhinocéros. Toutefois les formes y sont plus élancées, et tout y témoigne d'une force moins grande. L'épiphyse supérieure y présente les caractères suivants. La tête moins arrondie que dans l'Hippopotame est plus rejetée en arrière. Son plus grand diamètre est transversal. La tubérosité interne, moins élevée que dans le Rhinocéros, l'est plus que dans l'Hippopotame. La tubérosité antérieure est moins saillante

que dans ce dernier et plus recourbée en dedans; enfin, la coulisse bicipitale est plus large et subdivisée, comme dans le Rhinocéros, en deux gouttières parallèles. Ces formes éloignent à
la fois le Tapir de l'Hippopotame et du Cochon.

L'épiphyse inférieure est à son tour nettement caractérisée;
le condyle présente une saillie dominante et porte une gorge
secondaire qu'une moulure saillante sépare d'une trochlée
simple et déprimée. La gorge principale se prolonge dans une
fosse olécrânienne peu profonde, elle est fortement engaînante;
les deux murailles qui la flanquent en arrière sont à peu près
équivalentes.

Chevaux. — La masse triangulaire qui réunit au côté externe
de l'extrémité supérieure de l'humérus la tubérosité antérieure, la tubérosité externe et l'empreinte deltoïdienne, a dans
les Chevaux les mêmes formes que dans les Rhinocéros, et ne
diffère en réalité que par sa grandeur relative; ce sont les
mêmes formes générales de la diaphyse, mais plus allongées,
plus élancées, si je puis ainsi parler; c'est assez dire qu'à tous
égards, cette diaphyse ne peut être confondue avec celle de
l'humérus chez les Hippopotames.

L'épiphyse supérieure présente des caractères plus tranchés
encore. Toutes les tubérosités y sont pour ainsi dire équivalentes. L'externe est concave en dehors et confondue avec la
base de l'antérieure dont la saillie est d'ailleurs peu marquée.
La tubérosité interne en est séparée par une tubérosité bicipitale énorme que divise en deux gorges distinctes une moulure
saillante. Cette tubérosité, très-large à sa base, présente un

indice de division à son sommet, et l'on pourrait la distinguer en deux tubérosités secondaires, l'une interne, l'autre externe. Celle-ci est plus élevée, un peu recourbée au-dessus de la gorge interne de la coulisse bicipitale, et elle répète assez bien au côté interne de l'humérus la tubérosité antérieure. L'épiphyse inférieure est, suivant l'usage, en forme de poulie. Le condyle et la trochlée sont équivalents. Le condyle est subdivisé par une gorge assez apparente, mais très-peu profonde.

La gorge principale se relève en arrière dans la fosse olé-crânienne; elle y est serrée entre deux murailles saillantes. Ces deux murailles s'inclinent un peu en dehors d'un même mou-vement. L'interne, énormément prédominante, vient pour ainsi dire toucher l'olécrâne, caractère frappant qu'on ne retrouve que dans les Chevaux. Il est à peine nécessaire de dire que cette description ne pourrait en aucun point convenir à l'Hippopo-tame. Toute confusion est donc impossible.

Ruminants. — Le type de la forme de l'humérus dans les Ruminants présente des variations trop considérables pour qu'on puisse en donner en quelques mots une caractéristique générale. Nous distinguerons, en conséquence, quatre formes principales; 1° les Boviens; 2° les Cerviens; 3° les Camélopar-daliens; 4° les Caméliens.

Les Boviens et tous les Ruminants présentent à cet égard les mêmes conditions. Ils diffèrent de l'Hippopotame par une épaisseur moins grande de la diaphyse humérale. L'extrémité inférieure de cette diaphyse est plus grêle et surtout moins élargie transversalement; l'empreinte deltoïdienne y est plus rapprochée de l'extrémité supérieure ; elle est en général peu saillante, elle l'est davantage dans les vieux Bisons mâles, et, dans ce cas, elle est portée sur une sorte de crête qui se prolonge obliquement en une arête plus ou moins aiguë jusqu'à l'extrémité inférieure du côté antérieur de la diaphyse. Ces dispositions sont assez peu marquées dans le Bœuf domestique et dans le *B. sondaicus;* mais, chose remarquable. elles frappent au premier coup d'œil dans des individus jeunes encore de Zébus mâles ou femelles. Ajoutons ceci, en passant, à ce que nous avons dit plus haut des particularités présentées par leurs vertèbres.

La région triangulaire qui lie les tubérosités externe et antérieure de l'épiphyse supérieure à l'empreinte deltoïdienne est courte et fort rugueuse dans tous les Bœufs, et présente au-dessous de la tubérosité externe une impression musculaire fort saillante. Dans l'Hippopotame, au contraire, cette région triangulaire était fort allongée, et l'empreinte musculaire à peine apparente. Enfin, chez les Bœufs, la tubérosité externe, de forme ellipsoïde, est fortement déjetée en dehors ; l'antérieure est à peine saillante, l'interne porte un vestige de gorge supplémentaire ; toutefois la coulisse bicipitale est dans son ensemble assez étroite. La tête articulaire est peu saillante ; entre elle et les tubérosités, il n'y a point de fosse intermédiaire. Aucun de ces caractères ne convient à l'Hippopotame.

L'épiphyse inférieure est à peu près de même forme dans les deux groupes, mais dans le Bœuf, toutes les proportions en sont plus réduites, l'échancrure olécrânienne est plus étroite, sa gorge articulaire est serrée. enfin le condyde porte une gorge supplémentaire bien accusée.

Les Cerfs et les Antilopes donnent lieu à des remarques analogues, ce qui nous dispense d'insister ici sur les particularités que l'humérus présente dans ce groupe.

Les Girafes, au contraire, présentent des formes très-exceptionnelles. Il me semble utile d'y d'insister un instant.

Dans ces animaux, l'extrémité inférieure de la diaphyse humérale est grêle et peu recourbée en avant ; l'extrémité supérieure, au contraire, est énorme. C'est là une première différence.

L'épiphyse supérieure présente une apparence tout à fait insolite. La tubérosité externe et l'antérieure intimement confondues, constituent une masse médiocre et très-peu saillante, mais l'interne, au contraire, a une grandeur et une saillie exceptionnelles. La coulisse bicipitale est large, peu profonde, avec deux gorges distinctes séparées par une moulure intermédiaire. La tête articulaire est grande ; il n'y a entre elle et les tubérosités aucune fosse appréciable. Il est à peine nécessaire de faire remarquer ici les différences ; il suffit de comparer les descriptions que nous avons données.

Enfin, toute confusion est impossible avec les Caméliens. L'arête deltoïdienne est située très-haut sur la diaphyse. Sa saillie est plus grande que dans l'Hippopotame. Les formes diaphysaires sont plus allongées, plus élancées, infiniment plus atténuées à l'extrémité inférieure. L'épiphyse supérieure

présente d'excellents caractères différentiels. La tubérosité
antérieure et l'externe sont confondues et font peu de saillie.
La tubérosité interne porte comme celle du cheval un tubercule antérieur. La coulisse bicipitale est large, subdivisée en
deux gorges équivalentes. La tête est grande, peu convexe.
Aucune fosse distincte entre cette tête et les tubérosités.

L'épiphyse inférieure est très-développée ; sa poulie est à
grand rayon. Le condyle plus large que la trochlée ne porte
aucun indice de division secondaire, caractère qui convient
également à l'Hippopotame, mais chez lui la trochlée est
plus large que le condyle. Enfin, la fosse olécrânienne est peu
profonde, sa coulisse articulaire est serrée ; les murailles dont
elle est flanquée sont peu saillantes, mais se terminent en
revanche par d'assez grosses tubérosités.

Nous ne pousserons pas plus loin l'énumération de ces différences ; nous y avons insisté parce que quelques-unes d'entre
elles n'étaient pas d'une définition facile ; mais il serait impossible d'hésiter sur les différences que présentent les carnassiers,
par exemple les Phoques, l'Éléphant, les Bradypes, les Marsupiaux, etc., et en général les mammifères différents des Ruminants et des Pachydermes vrais. Il serait donc superflu d'en
parler ; cette digression serait inutile et dépasserait les bornes
imposées à une monographie.

c. *De l'avant-bras dans l'adulte.* — L'avant-bras de l'Hippopotame adulte, comparé à celui de l'Hippopotame naissant, présente une première différence. Dans ce dernier, le cubitus et le
radius étaient séparés. Ils sont soudés l'un à l'autre chez l'adulte

dans toute leur longueur. En outre, leurs épiphyses se sont ossifiées et leurs arêtes ont acquis plus de saillie.

Le radius est massif et dilaté à ses deux extrémités. Le bord externe est tranchant et se soude au cubitus dans toute sa longueur; son épiphyse présente deux facettes articulaires concaves qui seront complétées par des facettes correspondantes de l'épiphyse cubitale.

L'extrémité inférieure est large, épaisse, saillante. Son épiphyse est divisée en deux grands lobes articulaires séparés par une gorge qui remonte assez haut, soit sur sa face antérieure, soit sur sa face postérieure. Le lobe interne est fort saillant; en arrière il s'articule exclusivement avec le scaphoïde. Le lobe externe est plus saillant en avant, il s'articule avec le semi-lunaire.

Le cubitus est, comme celui des Cochons, fort aplati et concave à sa face postérieure. Son bord olécrânien ne se dirige point en arrière, comme dans le Rhinocéros, mais en dehors. La face externe de l'os est en conséquence dirigée en avant; elle est fort large et présente à sa partie supérieure, au-dessous de l'échancrure sigmoïde, une tubérosité musculaire tout à fait caractéristique. La face antérieure est pour ainsi dire anéantie. Ce n'est plus qu'une gouttière étroite qui fait partie de l'espace interosseux. Cette face est à peine distincte de l'externe, et le bord externe qui les sépare ne forme point cette arête aiguë qu'on remarque dans le Rhinocéros et dans le Tapir. Le bord postérieur forme en dehors une arête vive, l'interne est tranchant et s'applique, en s'y soudant, à la face postérieure du radius.

L'extrémité supérieure ou olécrânienne est un peu déjetée en dehors. Son épiphyse est tuberculeuse et divisée en deux apophyses, dont l'interne se recourbe légèrement en dedans. Sa face interne est très-concave. L'échancrure sigmoïde est bien développée ; elle présente une facette articulaire concave à son côté externe, cette facette complète la facette articulaire externe du radius ; une seconde facette nettement séparée de la première complète la facette articulaire interne. Celle-ci se confond en une courbe continue avec la surface articulaire olécrânienne. Cette dernière est portée sur une sorte d'apophyse antérieure saillante, concave de haut en bas, convexe transversalement avec des bords renversés sur les côtés. Entre ces deux facettes se trouve une fosse irrégulièrement anfractueuse, traversée en tous sens par des tractus osseux irréguliers. Cette fosse intermédiaire est propre à l'Hippopotame.

L'épiphyse inférieure est fort saillante et un peu recourbée en arrière, où elle est excavée en une gouttière peu profonde et revêtue d'un cartilage. Le pyramidal s'y ajuste exactement et se meut librement sur elle. Cette poulie articulaire porte à son côté externe une petite saillie, qui touche, d'une part au semi-lunaire, et d'autre part au côté interne de l'épiphyse radiale. Ajoutons ici que l'espace interosseux est complétement oblitéré par la soudure du cubitus et du radius, sauf à ses deux extrémités, à chacune desquelles se fait remarquer une ouverture. La supérieure est la plus grande ; elle est arrondie et percée en mince paroi. L'inférieure est beaucoup plus étroite ; elle passe de la face antérieure de l'avant-bras à la postérieure, par un canal presque parallèle à la direction des deux os. Nous terminerons par une dernière remarque : les deux os qui composent l'avant-bras apparaissent simultanément sur sa face dorsale et pour une part à peu près égale ; ce caractère, ajouté à celui que fournit la soudure des deux os, suffit pour lever toute incertitude.

CARACTÉRISTIQUES DIFFÉRENTIELLES.

Il est donc assez difficile de comprendre comment Cuvier a pu dire que l'avant-bras de l'Hippopotame ressemble à celui du Bœuf. Rien de moins exact, assurément. Dans le Bœuf, et il en est de même dans tous les Ruminants, le cubitus, plus ou moins développé, se cache entièrement derrière le radius qui apparaît seul à la face dorsale de l'avant-bras. Il en est de même dans les Chameaux où cet os est en quelque sorte réduit à l'olécrâne, dans les Chevaux et même dans les Tapirs, du moins à la partie supérieure de l'avant-bras. C'est donc une règle générale chez les herbivores ruminants ou pachidermes, sans oublier les Cochons, à une seule exception près, qui est présentée par les Rhinocéros. Dans ces animaux, en effet, le cubitus et le radius se montrent à la partie antérieure ou dorsale de l'avant-bras comme dans l'Hippopotame, mais cette ressemblance partielle ne peut donner lieu à aucune illusion. Les deux os s'articulent il est vrai vers le tiers inférieur de l'avant-bras, mais sans se souder, et, au-dessus de ce point, l'espace interosseux demeure libre. On pourrait noter d'autres différences, et nous en avons déjà indiqué quelques-unes. mais celles que nous venons de signaler suffisent. Nous pourrions aisément donner ici les caractéristiques différentielles de l'avant-bras de l'Éléphant, mais elles sont assez connues, assez tranchées, pour rendre superflus tous les détails où nous pourrions entrer.

d. *Des os qui composent le carpe.* — L'ensemble du carpe est singulièrement déprimé chez l'Hippopotame, ainsi que G. Cuvier l'a fait remarquer avec beaucoup de justesse; ni le Tapir, ni le Rhinocéros, ni l'Éléphant, ne présentent un tel aplatissement. Du reste, à part cette modification, en tenant compte, en outre, des différences qu'entraînent des proportions plus massives, c'est au type des Cochons que ce carpe ressemble le mieux. C'est ce que fera ressortir suffisamment la description spéciale que nous allons donner des os qui le composent.

1° *Scaphoïde.* — Cet os dans l'Hippopotame rappelle en général les formes des Cochons et des Ruminants; mais il est plus massif et plus déprimé. La facette articulaire radiale est plus simple; la saillie antérieure qu'elle présente dans les Cochons manquant absolument, elle est réduite à sa partie postérieure qui est concave d'avant en arrière et convexe transversalement. La face inférieure a deux facettes articulaires comme dans les Cochons, mais la trapézoïdale y est beaucoup plus large et équivalente à celle du grand os. La face externe touche à peine au semi-lunaire, et la postérieure présente un assez gros tubercule dont on trouve un indice dans les Cochons; quant aux faces antérieure et interne, elles présentent les caractères des surfaces osseuses libres, et sont parcourues par des stries d'insertions fibreuses périostiques et ligamenteuses. Faisons observer que, dans les Ruminants et les Chevaux, la face inférieure n'a qu'une facette, la trapézoïdienne manquant. Elles existent toutes les deux dans les Tapirs et dans les Rhinocéros, mais avec des formes entièrement différentes.

2° *Semi-lunaire.* — Il est fort différent à tous égards de celui du Rhinocéros, du Cheval et du Tapir, et se rapproche au contraire des Ruminants et des Cochons, par quelques-uns de ses caractères que nous indiquerons dans un instant. Il présente toutefois certaines particularités tout à fait caractéristiques.

a. Les ressemblances sont fondées sur la présence d'un grand talon à sa face postérieure, talon sur lequel se prolonge la face articulaire supérieure en une facette particulière légèrement concave d'avant en arrière.

b. Les différences sont celles-ci : la pointe externe de l'os qui s'articule avec le sommet du pyramidal est beaucoup plus élevée et plus inclinée en dehors. Le côté interne, au contraire, est beaucoup plus court. Il en résulte une pente beaucoup plus rapide de la facette articulaire supérieure du corps de l'os.

c. La face inférieure de l'os a, dans les Ruminants et surtout dans les Cochons, deux facettes bien distinctes, l'une pour le grand os, l'autre pour l'unciforme, et ces deux facettes forment les flancs d'une arête saillante. L'arête est nulle dans l'Hippopotame et les deux facettes confondues ne forment qu'une seule face articulaire concave d'avant en arrière, un peu convexe transversalement. Ces particularités sont propres à l'Hippopotame et ne permettent aucune incertitude.

3° Pyramidal ou cunéiforme. — Cet os, dans l'Hippopotame, a en général les caractères qu'il présente dans les Ruminants et dans les Cochons; mais, de même que le scaphoïde, il est relativement beaucoup plus massif, plus large, plus déprimé. La facette d'articulation avec le pisiforme est unique comme dans les animaux que nous venons de rappeler, mais grande, arrondie, à peu près plane, au lieu d'être étroite, allongée et onduleuse. La facette d'articulation cubitale est, comme dans les Cochons, convexe de dedans en dehors, et anticipe sur la face externe de l'os, et le pisiforme ne lui fournit qu'un très-petit complément. Cet os à sa face externe porte vers sa base un assez fort tubercule. Pour tout le reste, sauf la largeur, ce sont les formes du Cochon. Le sommet de l'os s'y articule également avec la pointe externe du semi-lunaire par une surface assez large. Les courbes de la surface inférieure sont à peu près les mêmes, sauf une beaucoup plus grande largeur de ces surfaces. La facette d'articulation 'de la base de l'os avec celle du semi-lunaire est très-peu étendue, beaucoup moins que dans les Ruminants et dans les Cochons.

4° Pisiforme. — Cet os est très-grand dans l'Hippopotame, et n'a rien de l'aplatissement propre au pisiforme des Chevaux, des Ruminants et des Cochons. Il présente une courbure marquée. Il s'articule avec le pyramidal par une surface arrondie, grande et à peu près plane supérieurement. A sa base, il porte une très-petite facette supplémentaire de la face articulaire supérieure du scaphoïde et à peine relevée. Cette facette se trouve, mais beaucoup plus réduite, dans les Ruminants et dans les Cochons. Elle a dans les Pachydermes à système digital impair une bien plus grande importance. Non-seulement elle est plus grande, mais elle se relève en arrière, augmentant la concavité de la surface articulaire supérieure du pyramidal, et le pisiforme joue alors le rôle d'un véritable sésamoïde.

Les os de la seconde rangée se distinguent chez l'Hippopotame par une dépression, un aplatissement tout à fait exceptionnels. Leur largeur en passant du trapèze à l'unciforme est de plus en plus grande, et ce dernier os occupe à lui seul la moitié de la largeur du carpe. C'est avec les Cochons que l'Hippopotame a à cet égard les plus grandes ressemblances.

Le *trapèze*, comme dans ces derniers animaux, est fort petit et confondu avec un rudiment de métacarpien en un tubercule conique un peu recourbé, et suivant les justes remarques de G. Cuvier, fort semblable à un pisiforme. La base de cet os s'articule avec le trapézoïde par une large facette qui manque dans les Cochons.

Le *trapézoïde* est de forme toute différente.

Dans les Cochons, il est plus haut que large, extrêmement comprimé, il n'a point de facette distincte pour le trapèze. En revanche, à côté de sa facette métacarpienne normale, il en présente une seconde pour le métacarpien du médius; enfin sa facette d'articulation avec le grand os n'est qu'une bande étroite vers le tranchant antérieur de l'os.

Dans les Hippopotames, cet os est presque cubique. La face supérieure, presque aussi large que longue, est légèrement convexe. L'inférieure est concave d'arrière en avant, convexe

ransversalement, et s'articule exclusivement avec le deuxième
métacarpien. La face interne porte une large facette pour le
rapèze; l'externe à son tour s'articule par une facette plane
vec le grand os.

La face antérieure et la postérieure sont très-rugueuses et à
eu près quadrilatères.

Le *grand os* est particulièrement déprimé, à tel point, dit
uvier, qu'il semble presque anéanti. Cette disposition est évi-
emment exagérée dans l'Hippopotame du Cap qu'a décrit
uvier. La dépression est moindre dans le squelette de Port
atal et dans celui du Sénégal; il est facile de voir alors com-
en il ressemble à celui des Cochons. Il a deux facettes supé-
eures légèrement convexes d'avant en arrière, et formant les
eux versants d'une arête qui s'interpose entre le scaphoïde
le semi-lunaire; les deux facettes correspondent à ces
eux os.

Sa face inférieure est, comme dans les Cochons, concave
avant en arrière et convexe transversalement. A la face anté-
eure, cette convexité est moindre que dans le Cochon, et
le s'ajuste à une moindre concavité du métacarpien médian.

cette facette principale s'ajuste, dans l'Hippopotame,
e facette latérale interne qui s'articule avec une apo-
yse du deuxième métacarpien et qui n'existe point dans le
chon.

Dans ce dernier animal, la face postérieure de l'os porte
e arête peu saillante qui se termine à un tubercule médiocre
e l'âge augmente peu; chez l'Hippopotame ce tubercule se

change en une apophyse énorme qui se recourbe fortement en bas et en dedans, derrière la tête du troisième métacarpien. Cette particularité n'est pas propre à l'Hippopotame ; nous la retrouvons dans les Tapirs et les Rhinocéros, avec certaines dispositions sur lesquelles nous reviendrons dans un instant.

Une apophyse pareille, également recourbée mais déjetée en dehors, existe sur l'*unciforme*. Cet os est large et fortement déprimé ; sa face supérieure a deux bandes articulaires convexes d'avant en arrière, concaves transversalement pour le semi-lunaire et le pyramidal.

La face inférieure a également deux facettes articulaires : l'une, interne, très-grande et fortement concave d'avant en arrière, pour le quatrième métacarpien ; l'autre, externe, pour le cinquième métacarpien, beaucoup plus petite que la première et à peine concave. Le tubercule rugueux de la face postérieure est équivalent à celui du grand os ; il est assez marqué dans le Cochon, mais il n'y est point recourbé comme dans l'Hippopotame. Ce tubercule qui n'est pas indiqué dans les Ruminants, l'est beaucoup plus dans les Solipèdes.

La face interne présente, comme dans les Cochons, deux facettes articulaires, l'une pour le grand os, l'autre pour l'apophyse externe du semi-lunaire.

Tels sont les os du carpe dans l'Hippopotame. Ceux de la seconde rangée ne peuvent être confondus avec ceux des Ruminants et des Solipèdes pour une raison bien simple, tirée du nombre des doigts et de la différence des proportions. Il serait donc inutile d'y insister, mais il ne sera pas inutile d'indiquer quelques particularités différentielles des os du carpe dans les Rhinocéros et les Tapirs; ces détails arides et fastidieux trouvent une explication quotidienne aux déterminations géologiques.

CARACTÉRISTIQUES DIFFÉRENTIELLES.

Le *scaphoïde* est plus haut, plus épais dans tous les sens, dans le Rhinocéros et le Tapir. Il est plus droit sur sa base, sa face supérieure concave n'est point allongée mais triangulaire. Les deux facettes inférieures ne sont point concaves mais convexes et façonnées en une poulie à double gorge. La face externe de l'os, chez l'Hippopotame, ne touchait point au semi-lunaire. Chez le Tapir et le Rhinocéros, au contraire, elle s'articule à cet os : 1° à son corps, par deux facettes horizontales distinctes, l'une en haut, l'autre en bas du corps de l'os ; à son tubercule postérieur, par une troisième facette presque verticale qui se relie dans les Rhinocéros à la facette supérieure du corps, et, dans le Tapir, à sa facette inférieure.

Le *semi-lunaire* est droit, étroit à sa base dans le Tapir et surtout dans le Rhinocéros. Le corps de l'os y est taillé horizontalement et légèrement dilaté à sa partie supérieure ; le milieu est légèrement évidé. Le tubercule énorme de la face postérieure, la queue si je puis ainsi dire, n'occupe point toute la hauteur de l'os, et tient à sa base. La face articulaire supérieure du corps de l'os est convexe d'avant en arrière, et ne se prolonge point sur elle (1). Toutes ces particularités sont

(1) Le Cheval.

opposées à celles que nous avons indiquées dans l'Hippopotame.

La face inférieure présentait dans ce dernier deux faces articulaires parallèles, passant du corps sous la queue. Dans le Rhinocéros et dans le Tapir, il y a aussi deux faces concaves, mais l'une est sous le corps, l'autre sous la queue. La première s'articule exclusivement et n'a qu'un rapport insignifiant avec le corps du grand os. La seconde recouvre la surface supérieure convexe de la queue du même os.

Des deux faces latérales, l'interne n'avait chez l'Hippopotame aucune facette articulaire. Dans le Tapir et le Rhinocéros, il y en a trois, deux en haut et au bas du corps de l'os, l'autre sur la queue, pour l'articulation avec le scaphoïde. Les deux facettes d'articulation avec le pyramidal sont bien marquées ; l'inférieure est plus grande que dans l'Hippopotame.

Le *pyramidal* est plus haut, moins massif, plus large à sa base qu'à son sommet. La surface articulaire supérieure creusée en gorge est presque verticalement inclinée sur la face externe de l'os. Au bas de cette face est un tubercule dont le sommet présente une surface articulaire plane pour l'articulation avec le pisiforme. Cette articulation n'est point à la face postérieure de l'os comme dans l'Hippopotame, mais sur sa face externe ; en outre, elle est beaucoup plus petite.

Le *pisiforme* a deux facettes. Il est long, dans le Tapir surtout, mais presque droit. Toute confusion est donc impossible.

Les os de la seconde rangée présentent des différences plus faciles encore à déterminer.

Le trapèze est tuberculeux; réduit à un noyau pisiforme dans le Cheval, il a un plus grand volume dans le Rhinocéros et dans le Tapir. Il n'offre d'ailleurs aucun indice de prolongement métacarpien et s'articule avec le trapézoïde, non par son extrémité supérieure, mais par le côté, et dans toute sa hauteur. Il est à peine nécessaire de rappeler combien ces caractères diffèrent de ceux que nous présente l'Hippopotame.

Le *trapézoïde* offre des différences non moins bien définies. Dans l'Hippopotame il est large, fortement déprimé, presque cubique; sa face supérieure est convexe. Cet os, dans le Rhinocéros et dans le Tapir, est plus haut que long, fortement comprimé. Sa face supérieure est fortement concave d'avant en arrière.

Le *grand os* est moins déprimé par son corps dans ces derniers animaux. La face inférieure est beaucoup plus concave dans le sens transversal. Il n'a à sa face supérieure qu'une seule facette, celle du scaphoïde. Derrière le corps est une tête convexe, comprimée, qui surmonte le corps de l'os et que la queue du semi-lunaire recouvre. La face postérieure porte d'ailleurs au-dessous de la tête une grande apophyse, mais elle est moins recourbée que dans l'Hippopotame.

L'*unciforme* est surtout remarquable. Il est aplati, fortement déprimé dans l'Hippopotame. Dans le Rhinocéros et le Tapir, au contraire, il est plus haut que large. Les faces articulaires supérieures sont plus convexes, moins étendues; l'externe, celle du pyramidal, est fortement inclinée et n'a point de gorge.

Enfin, la face interne et l'inférieure, qui font dans l'Hippopotame un angle presque droit, forment ici une courbure continue très-relevée en dehors, où se distinguent à peine les facettes articulaires du grand os, du quatrième métacarpien, et de l'osselet rudimentaire qui, dans le Rhinocéros, représente le cinquième os de ce nom. Terminons en rappelant qu'il y a aussi, dans le Rhinocéros et le Tapir, une grande apophyse à la face postérieure de l'unciforme. Mais elle est moins recourbée que dans l'Hippopotame. Cette apophyse est réduite, dans le Cheval, à son tubercule arrondi.

Il est à peine nécessaire d'indiquer ici les particularités qui distinguent le carpe de l'Hippopotame de celui de l'Éléphant, nous nous bornerons à les résumer en quelques mots.

Nul animal n'est comparable à l'Éléphant pour la régularité des deux rangées que forment quatre à quatre les os du carpe. Nul ne les a aussi massifs et en même temps aussi simples, aussi réguliers dans leur forme. La hauteur énorme du scaphoïde, la grandeur du semi-lunaire, sorte de prisme triangulaire à bases parallèles, l'apophyse énorme que porte le pyramidal à sa surface externe, au devant de l'articulation du pisiforme, empêchent de confondre ces os avec leurs analogues dans l'Hippopotame.

Les os de la seconde rangée diffèrent plus encore. Il n'y a aucune erreur, aucune hésitation possible à l'égard du trapèze, qui est dans l'Éléphant d'une longueur inusitée, et s'articule à son extrémité inférieure avec le métacarpien d'un pouce bien développé par une large surface plane assez régulièrement

liptique. Son extrémité scaphoïdienne est également plane et
liptique. Enfin, la face externe présente trois facettes, deux
ur le trapézoïde, la troisième inférieure pour le deuxième
étacarpien. Rien de tout cela ne convient à la description du
apèze rudimentaire de l'Hippopotame.

Le trapézoïde ne diffère pas moins de celui de l'Hippopo-
me, et par sa grandeur, et par le parallélisme de ses faces
périeure et inférieure, et surtout par la présence d'une
ngue apophyse de sa face postérieure qui s'articule d'une part
ec le trapèze, et d'autre part avec la tête du grand os.

Celui-ci est grand, élevé, presque cubique dans l'Éléphant.
n'a rien de semblable à cette apophyse recourbée qu'il
rte dans l'Hippopotame à sa face postérieure.

Enfin, l'unciforme n'a point non plus d'apophyse recourbée.
face articulaire supérieure correspond exclusivement au
ramidal; elle est large, convexe et inclinée en dehors. La
ce inférieure a deux facettes, mais l'externe, celle du cin-
ième métacarpien, est très-relevée en arrière et sur la face
terne. Ajoutons que le corps de l'os est fort épais et presque
ssi haut que large. Il n'est pas une seule de ces remarques
i ne soit contraire à celles que nous avons faites sur l'unci-
me de l'Hippopotame.

Ainsi tout diffère, jusqu'à l'aspect des surfaces libres des os;
s surfaces, dans l'Hippopotame et même dans le Rhinocéros,
ésentent des impressions fibreuses groupées en hachures
ses et parallèles dans chaque groupe. Elles sont chagrinées,
ns l'Éléphant, de gros grains stalactiformes unis par des

réseaux compactes à mailles profondément creusées. On dirait
que le diploé devenu plus robuste arrive jusqu'à la surface de
l'os. Les Mastodontes fossiles présentent les mêmes particularités. Nul autre groupe d'animaux, du moins parmi les monadel-
phes bien dentés, ne présente cet aspect singulier qui suffirait
pour caractériser le plus petit fragment d'os pour peu qu'il con-
servât un peu de ce revêtement chagriné.

c. *Du métacarpe et des phalanges.* — α. Les métacarpiens ne
peuvent être comparés qu'à ceux du Cochon. Toutefois la disproportion entre les intermédiaires et les extrêmes est beaucoup moins marquée, et ces derniers, au lieu de reculer vers
la face palmaire, demeurent en série avec les autres à la face
dorsale de la main. Blainville a fait très-justement remarquer
que tout en eux rappelle le type des bisulques : l'axe de la main
ne passe pas par le doigt médius, mais entre ce doigt et le quatrième, il y a donc deux doigts complets et fonctionnant de
chaque côté de cet axe, car, ainsi que le Cochon, l'Hippopotame a quatre doigts, et ces deux groupes sont à peu près symétriques l'un à l'autre, du moins dans les parties les plus essentielles. Celui de leurs côtés qui regarde l'axe est le plus épais,
l'autre côté est plus mince et présente parfois une crête
rugueuse.

La symétrie dont nous parlons n'est cependant pas absolue.
Ainsi, en général, les métacarpiens du groupe interne sont plus
allongés et plus grêles ; réciproquement, ceux du groupe
externe sont plus courts et plus massifs. Celui du médius, par
exemple, l'emporte par la longueur sur le quatrième qui en

revanche est plus épais. Il en est de même du deuxième métacarpien comparé au cinquième.

Les deux os du groupe interne se distinguent d'ailleurs par
d'autres caractères; ils portent en effet au côté externe de leur
épiphyse supérieure une apophyse saillante terminée par une
facette articulaire. Par la surface articulaire du bord de l'épiphyse, l'os s'articule avec un certain os du carpe, le trapézoïde
pour le deuxième métacarpien, le grand os pour le troisième;
mais, par son apophyse latérale, il s'articule en outre avec un
os voisin, le deuxième métacarpien avec le grand os, le troisième avec l'unciforme. Ainsi chacun d'eux touche à la fois
à deux os de la seconde rangée du carpe. Les métacarpiens du
groupe externe ne s'articulent qu'avec un seul os, l'unciforme,
et n'ont qu'une facette.

Il y a d'autres caractères encore. Les deux métacarpiens
extrêmes ne s'articulent évidemment aux métacarpiens voisins
que par un seul côté de leur épiphyse; les métacarpiens intermédiaires, au contraire, s'articulent des deux côtés à la fois. Ils
ont ainsi deux facettes latérales, les premiers n'en ont qu'une.
Ces facettes sont simples et ne présentent point la complication
qu'elles offrent dans les Cochons. Ces remarques, sur lesquelles
nous avons peut-être trop insisté, permettent de distinguer
immédiatement ces métacarpiens les uns des autres.

Les apophyses inférieures sont hautes, convexes d'avant en
arrière. Leur surface n'est point celle d'une poulie, mais d'un
cylindre, avec l'indice d'une moulure qui correspond en arrière
à l'intervalle de deux sésamoïdes. Au-dessus de cette épiphyse,

la diaphyse présente à droite et à gauche, pour les doigts intermédiaires, d'un seul côté (celui de l'axe) pour les doigts extrêmes, des rugosités souvent tuberculeuses.

La manière dont l'épiphyse inférieure se soude à la diaphyse rappelle tout à fait ce qu'on voit dans les Cochons. Aux doigts intermédiaires, la soudure se fait par engrènement; pour les doigts extrêmes, elle se fait par simple application.

ϐ) Les premières phalanges sont évidemment dicônes; un peu évidées vers le milieu de leur diaphyse, elles sont légèrement dilatées vers leurs épiphyses. Leur longueur l'emporte évidemment sur leur largeur, ce qui est vrai surtout des doigts extrêmes, et ce caractère suffirait seul pour les distinguer des phalanges homologues dans le Rhinocéros. Leur surface est rugueuse, à sa partie postérieure surtout, et toute marquée d'impressions ligamenteuses.

γ) Les deuxièmes phalanges sont plus courtes que les premières, mais, relativement, beaucoup moins que dans les Rhinocéros. La surface articulaire de l'épiphyse supérieure y est moins plate et plus nettement partagée en deux fossettes distinctes. Les deux lobes de l'épiphyse inférieure sont assez distincts. Ils sont équivalents dans les doigts intermédiaires, mais dans les doigts extrêmes, le lobe extérieur (en ayant égard à l'axe de la main) l'emporte et pousse en quelque sorte la dernière phalange vers l'axe.

δ) Les dernières phalanges ont des formes tout à fait caractéristiques. Elles sont fort petites, sans apophyses latérales, et, comme il n'y a point de doigt médian, aucune d'elles n'est

symétrique à elle-même. Celles des deux doigts intermédiaires
sont de forme pyramidale presque tétraédriques, et disposées
symétriquement aux deux côtés de l'axe. La même symétrie
s'observe entre les troisièmes phalanges des doigts extrêmes ;
celles-ci sont fortement recourbées l'une vers l'autre et convergent dans le sens de l'axe. Ces caractères conviennent à un
animal du type des Cochons, et s'éloignent *toto cœlo* de ceux que
présentent les phalanges unguéales des Rhinocéros et des Tapirs.

ε) *Sésamoïdes des premières phalanges.* — Ces os sont robustes,
pointus à leur sommet, qui est recourbé. Leur face articulaire
est peu convexe, et correspond en effet à une gorge à peine
indiquée. Leur face convexe présente une espèce de gouttière
sur laquelle glissent les tendons des fléchisseurs.

ζ) *Sésamoïdes ou rotules des phalanges unguéales.* — Nous n'en
pouvons rien dire, car ils manquent à tous les squelettes d'Hippopotame de la collection, et chez les jeunes que nous avons
disséqués, ils n'existaient pas encore. Au surplus, une fâcheuse
habitude les fait à tort négliger dans la plupart des animaux,
à l'exception du Cheval peut-être, où ce sésamoïde atteint un
volume énorme.

CARACTÉRISTIQUES DIFFÉRENTIELLES.

Il serait inutile d'insister ici sur les Ruminants et les Chevaux,
aucune hésitation n'étant possible ; nous insisterons particulièrement sur les Rhinocéros, les Tapirs et les Éléphants.

Dans les premiers, le doigt intermédiaire a ses deux côtés
d'égale épaisseur. Sa diaphyse est plus aplatie, elle est plus

allongée. L'épiphyse supérieure a sa face articulaire plus concave transversalement, avec une apophyse plus haute à son côté externe; deux facettes articulaires distinctes de ce côté et une seule en dedans. L'épiphyse est divisée en arrière en deux parties symétriques par une moulure très-saillante au-dessus de laquelle se prolonge à la face postérieure de l'os une forte crête aux deux côtés de laquelle est une fosse profonde. Les deux doigts extrêmes sont plus allongés que dans l'Hippopotame. La diaphyse y est plus épaisse du côté de l'axe et présente en ce lieu des rugosités qui n'existent point au même degré dans l'Hippopotame. Le quatrième doigt, qui clôt extérieurement la série, présente cependant à son extrémité supérieure une petite facette latérale pour le cinquième métacarpien, qui est réduit à un simple tubercule. Sa poulie inférieure a deux gorges séparées en arrière par une moulure saillante au-dessus de laquelle, comme dans le doigt du milieu, il y a une crête séparant deux fossettes. L'os dans son ensemble est recourbé en dehors, et diverge par rapport à l'axe de la main.

Les mêmes caractères se retrouvent symétriquement dans le deuxième métacarpien, mais son apophyse supérieure n'a point en dedans de fossette latérale. Il est de proportion encore plus allongée que l'externe.

Les premières phalanges sont nettement caractérisées. L'intermédiaire est plus large que haute; son extrémité supérieure est large et étalée en arrière, où se voient au-dessous d'elle deux gros tubercules. La surface articulaire inférieure est un cylindre transversal à petit rayon. Au-dessus de ce cylindre, sur la face postérieure, se voient deux fosses profondes séparées par une cloison médiane. Aucun de ces caractères ne convient aux premières phalanges des doigts intermédiaires de l'Hippopotame.

Les *premières phalanges* des doigts externes sont massives, mais construites à peu près sur le même plan que les précédentes. Elles sont un peu plus hautes que larges, et beaucoup plus épaisses d'avant en arrière vers leur partie supérieure, où se voient deux talons distincts, mais inégaux, le talon extérieur l'emportant dans chacune d'elles sur celui qui regarde l'axe de la main. La face articulaire supérieure est peu concave et relevée extérieurement; l'inférieure est presque plane, oblique en arrière, et ne se relève point comme dans l'Hippopotame sur la face antérieure de l'os. Enfin, la diaphyse n'est point comme chez ce dernier évidée vers son milieu, et porte sur sa face postérieure une fossette, et sur l'antérieure une dépression de haut en bas, dont il n'y a chez l'Hippopotame aucun vestige.

Les *secondes phalanges* ont tout à fait, dans le Rhinocéros, le caractère et la physionomie des premières, mais avec une dépression bien plus marquée. L'*intermédiaire* est aplatie d'avant en arrière et deux fois plus large que haute. Les deux talons de sa face postérieure sont à peine marqués. La surface articulaire supérieure est presque plane, et occupe transversalement toute la longueur de l'os. Les bords antérieur et postérieur ne sont point relevés sur leur milieu comme dans l'Hippopotame. La poulie inférieure chez l'Hippopotame avait deux lobes distincts très-saillants en arrière, avec une gorge très-relevée en avant. La gorge est presque nulle dans les Rhinocéros ; les lobes sont à peine distincts, et ils ne forment en arrière aucune saillie.

Les secondes phalanges des doigts extrêmes sont presque cubiques avec un talon extérieur relevé, et une crête saillante sur le côté intérieur de leur face dorsale. Il y a, sur cette face et sur la postérieure, des dépressions larges avec des trous nourriciers énormes qui n'existent point dans l'Hippopotame. La face articulaire supérieure est presque plane et taillée obliquement. L'inférieure est taillée en poulie oblique, la moulure interne dépassant l'extérieure, qui la dépasse en arrière et l'emporte d'ailleurs par son volume. Ces moulures sont plus massives, plus arrondies que dans l'Hippopotame ; la gorge qui les sépare est moins relevée à la face antérieure de l'os.

La forme de la diaphyse seule permettrait une distinction immédiate.

Les *phalanges unguéales* ont des caractères si différents dans le Rhinocéros et dans l'Hippopotame, qu'il est à peine utile d'y insister. Une phalange *médiane* parfaitement symétrique, aplatie d'avant en arrière, régulièrement courbe, avec deux talons aux côtés d'une surface articulaire transversalement symétrique, des phalanges extérieures obliques, massives, avec un grand talon à leur côté extérieur seulement, fournissent dans le Rhinocéros des caractères précis et sur lesquels il serait impossible d'hésiter.

Les analogies extrêmes que les Tapirs présentent avec les Rhinocéros rendront inutile une comparaison spéciale. Tout ce que nous avons dit des Rhinocéros leur convient, sauf ce qui est relatif à l'extrême dépression des phalanges. Cette dépression est en effet un peu moindre. D'ailleurs on en peut dire comme des Rhinocéros, que la surface des os de la main est en général plus lisse chez eux, plus brillante, plus éburnée que dans l'Hippopotame, et indique une structure plus fine et plus compacte.

Art. B. — DU MEMBRE POSTÉRIEUR OU LOMBO-SACRÉ.

Quand le membre antérieur a été pris pour type, on éprouve pour la description physiologique du membre postérieur des difficultés presque insurmontables. Ces deux organes, si semblables quant à leurs extrémités terminales, sont au premier abord à peine comparables par leurs extrémités basilaires. Des positions inverses des pièces supérieures dans les deux membres, l'extrême mobilité d'une épaule antérieure suspendue dans les chairs et l'immobilité du bassin fixé au sacrum, enfin des accommodations toutes différentes, jettent l'esprit dans les incertitudes les plus grandes, et il a fallu toute la sagacité instinctive des Vicq d'Azyr, des Cuvier, des Meckel et des Blainville, pour arriver à deviner dans l'ilion l'analogue d'une omoplate, dans l'ischion la représentation exagérée d'une apophyse coracoïde, dans le pubis une clavicule. C'était déjà beaucoup; mais, pour ces illustres penseurs, la face externe de l'ilion demeura l'analogue de la face externe de l'omoplate ; ils comparèrent la face interne de cet os à la fosse sous-scapulaire, et ainsi de suite. On fut ainsi fatalement conduit à cette conséquence, que le bassin était une représentation réciproque et symétrique de l'épaule, tandis qu'un parallélisme parfait existait entre les extrémités terminales. Ce défaut d'homogénéité dans la méthode rendait l'esprit perplexe à l'égard des conclusions générales ; de là l'incertitude et la variété des hypothèses qui ont servi de base aux comparaisons générales qu'on a successivement essayées, et le beau travail que M. le professeur Martins a récemment publié, n'a point, il faut l'avouer, levé toutes les difficultés.

Ces incertitudes expliquent comment les travaux que nous venons de rappeler sommairement n'ont jusqu'à présent exercé aucune influence réelle sur les méthodes descriptives en anatomie comparée, et n'offrent qu'un intérêt purement spéculatif. Nous suivrons en conséquence les anciens errements dans la description que nous allons donner du membre postérieur de l'Hippopotame, n'osant appliquer ici des idées théoriques dont l'évolution ne semble pas encore arrivée à son terme définitif (1).

(1) Cette question, dis-je, me paraît devoir être réservée. J'ai toutefois essayé, il y a quelques années, de la résoudre, car elle ne peut être rejetée de l'enseignement théorique. Je crois devoir dire ici quels principes m'ont dirigé.

Une analogie est certaine, celle du pied avec la main ; elle se démontre élément à élément dans les phalanges, dans les os du métacarpe et du métatarse, dans ceux du carpe et du tarse, et cela dans le plus grand détail. De là on s'élève, avec Blainville et Flourens, à cette conclusion, que le péroné est l'analogue du cubitus, le tibia celui du radius. Je laisse de côté la question relative à l'olécrâne et à la rotule, nous y revien-

DU MEMBRE POSTÉRIEUR DANS LE NOUVEAU-NÉ.

a. — De l'épaule postérieure ou bassin.

1° *Iléon*. — Cet os est en forme de hache à sa partie supérieure, étranglé vers son milieu. Il se termine inférieurement

drons un jour ; elle est d'ailleurs de peu d'importance. Le fémur représente évidemment l'humérus. Si donc il y a des difficultés, elles se trouvent toutes dans la comparaison de l'épaule et du bassin.

Il y a un point connu. Il est évident que, dans toutes ses parties et dans son attitude, le pied est parallèle à la main du même côté, quand elle est appliquée au sol dans la station quadrupède. Au delà, les attitudes des deux membres d'un même côté diffèrent : l'avant-bras s'incline en arrière, la jambe s'incline en avant ; l'humérus s'incline en avant, le fémur en arrière ; l'omoplate en arrière, l'iléon en avant. Ainsi le coude et le genou, l'articulation de l'épaule et celle du fémur au bassin font saillie en sens inverse les unes des autres, le pied et la main étant au contraire parallèles. J'en conclus que les positions des pièces supérieures de l'un des membres ont été changées. Le croisement des os de l'avant-bras et une ingénieuse observation de M. Martins sur la torsion de l'humérus permettent de décider quel est le membre dévié : c'est évidemment le membre antérieur ; c'est donc ce membre qu'il s'agit de ramener aux conditions typiques, et par conséquent à un parallélisme parfait avec le membre postérieur.

Rien ne sera plus facile. Considérons la ligne brisée ABCD, et faisons décrire, d'arrière en avant, à tout le système, autour d'un axe idéal passant par B et par D, une demi-circonférence ; l'extrémité A se portera en A', C en C'. Dans cette nouvelle attitude, toutes les parties du membre auront des directions inverses des premières, et seront dans un parallélisme parfait avec celles qui leur correspondent dans le membre postérieur. La côte de l'omoplate *ab* regardera en arrière dans la première position de l'épaule ; dans la seconde, elle regardera en avant comme la côte de l'iléon ; le bord spinal *ac* sera ramené à la position de la crête de l'os des iles ;

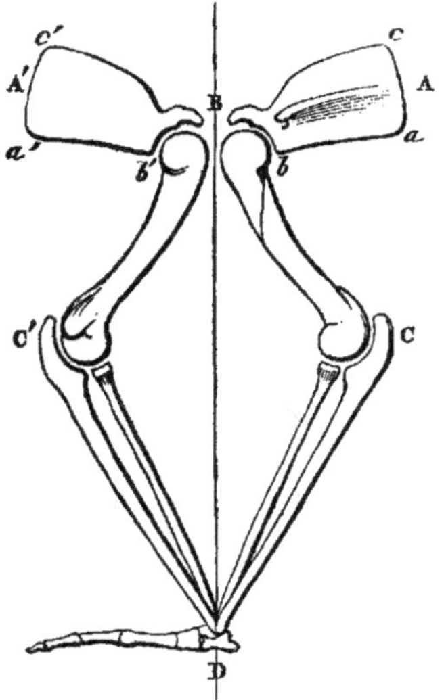

le bord coracoïdien *c*B prendra la position *c'*B, et sera parallèle au bord sciatique de l'iléon. Dans cette position nouvelle, l'apophyse coracoïde qui fait suite à ce bord, se

14

par une base pyramidale. Sa longueur totale est inférieure d'un cinquième environ à celle de l'omoplate.

Le *bord antérieur* ou inguinal est élégamment échancré dans toute sa longueur. Le bord supérieur, ou crête de l'os des iles, est convexe, épais, et porte une lame cartilagineuse épiphysaire. Quant au bord postérieur ou sciatique, il porte, suivant l'usage, une échancrure profonde : c'est l'échancrure sciatique proprement dite.

2° *Ischion.* — L'extrémité de ce bord sciatique porte l'ischion qui, au début de la vie, après la naissance, est encore un os distinct de l'iléon ; il est à son tour en forme de fer de hache. Très-évidé vers son milieu, son extrémité porte également un cartilage épiphysaire. La tête de la hache s'articule avec l'iléon

portera en arrière comme l'ischion, qui termine en quelque sorte le bord sciatique.

Tout donc semble parallèle et pour ainsi dire identique dans le bassin et dans l'épaule, considérés de cette manière. Mais voici une grande difficulté. Dans la position nouvelle que nous préférons, la face externe de l'omoplate devient l'analogue de la face interne de l'iléon ; cette conclusion étonne, tant on est imbu d'une idée contraire ; toutefois ce qui n'est pas vraisemblable est vrai quelquefois : ne serait-ce pas ici une nouvelle occasion d'invoquer ce proverbe ?

Je ferai remarquer que, de la même façon que l'apophyse coracoïde termine le bord coracoïdien, la clavicule, chez les animaux qui en ont une, se relie à l'extrémité de l'épine de l'omoplate.

Faisons abstraction de la saillie acromiale, qui n'est qu'un fait subordonné, nous pourrons la supposer attachée contre le bord de la cavité glénoïde, au point où s'éteindrait pour ainsi dire une épine sans acromion, comme celle des Cochons, des Chevaux, des Girafes, etc. L'épine même peut être plus saillante et réduite à un pli osseux. Dans ces conditions, que la méthode la plus sévère permet d'admettre, les difficultés dont on s'effrayait disparaissent ; il suffit d'énoncer les faits.

Sur la face viscérale de l'iléon est une crête ou plutôt une arête peu saillante. Elle divise obliquement la face interne du *bassin*, et sépare sa région intestinale de sa région et fait comme lui partie constituante de la cavité cotyloïde. Le plan dans lequel cet ischion se développe coupe d'ailleurs à angle droit celui de l'iléon, qu'il semble répéter en arrière, mais sous des proportions un peu moindres.

3° *Pubis.* — Le corps du pubis forme également à cette époque un os distinct de l'iléon et du pubis. Il est court, un peu renflé vers son extrémité symphysienne, mais encore plus dilaté à l'extrémité opposée, qui est, suivant l'usage, partie composante de la cavité cotyloïde, mais pour une moindre part que les deux autres os. La symphyse est fort longue et règne jusqu'à l'extrémité de sa branche descendante. Elle s'unit à sa partie inférieure avec l'angle antéro-inférieur de l'ischion, en

génito-urinaire. Cette arête arrive jusqu'au bord de la facette articulaire de l'iléon, et c'est en ce point qu'est attaché le pubis, analogue de la clavicule.

Les partisans de la méthode de comparaison par symétrie n'ont pas remarqué que, dans la position qu'ils préfèrent, la clavicule a d'autres relations que le pubis ; leur hypothèse exigerait qu'elle naquît de quelque crête de la fosse sous-scapulaire. Il n'en est point ainsi. Dès lors l'hypothèse que nous préférons, ne complique point la question ; elle fait disparaître une des difficultés de leur système. Nous n'insisterons pas sur une autre difficulté qui résulte d'une différence dans la direction de la tête de l'humérus et de celle du fémur, cette difficulté étant commune à tous les systèmes de comparaison qui ramènent le cou en avant. D'ailleurs les ingénieuses observations de M. Martins nous semblent l'avoir complétement résolue.

Nous n'insisterons pas ici sur les muscles, nous discuterons ailleurs leurs analogies. Mais les muscles n'obéissent pas à des lois de composition aussi fixes que le squelette ; leur existence, leurs proportions, leurs attaches même, sont subordonnées à certaines conditions de mouvement imposé ; ils doivent donc différer dans le bassin fixé au tronc et dans l'épaule mobile. Ils seront autrement groupés et répartis. Cela explique la complication de la myologie de la cuisse, comparée à celle du bras, et la simplicité relative des muscles du bassin ; mais ce n'est pas ici le lieu de traiter cette question.

Quoi qu'il en soit de ces résultats, nous nous bornerons à les indiquer, sans avoir la prétention de modifier, d'après eux, la méthode descriptive qui est aujourd'hui en usage. Un pareil essai n'est justifiable que lorsque la légitimité des principes nouveaux sur lesquels il se base a été universellement reconnue.

sorte que ces deux os circonscrivent complétement le trou sous-pubien, qui est grand et assez régulièrement elliptique.

Si l'on examine attentivement le mode d'origine et les connexions de ces trois os, on demeure convaincu que l'ischion prolonge le bord sciatique, et que le pubis fait de la même manière la continuation d'une arête qui divise obliquement la face interne de l'iléon à partir du milieu de son bord supérieur, et sépare, à proprement parler, le grand bassin du petit. Cette arête forme, dans le jeune Hippopotame, une crête ou épine saillante qui, par sa direction et par la manière dont elle partage cette face de l'os des iles, rappelle tout à fait la face acromiale de l'omoplate. Quant à l'autre face, elle est absolument lisse. Il est fort à remarquer que l'iléon s'articule avec le sacrum par cette partie de sa face interne, qui est comprise entre l'épine dont nous avons parlé et le bord sciatique. Ce serait par une partie analogue de sa fosse sous-épineuse comprise entre l'épine acromiale et le bord coracoïdien que l'omoplate toucherait à la colonne vertébrale, si on la ramenait par un mouvement de demi-révolution à un parallélisme parfait avec l'iléon.

La longueur de l'ischion, dans l'Hippopotame nouveau-né, égale celle de l'iléon. Mais il est moins dilaté à son extrémité libre, dont le diamètre peut être représenté par 5, quand celui de l'iléon est de 8.

Le corps du pubis est relativement très-court. Sa longueur n'est que le tiers environ de celle de l'iléon et de l'ischion. La longueur de la symphyse, et, par conséquent, de la branche descendante, est au contraire fort considérable et proportionnelle à la longueur de l'ischion, qui ne la dépasse que d'un cinquième environ.

La cavité cotyloïde est grande et formée surtout aux dépens de l'ischion et de l'iléon. Elle regarde en avant et en dehors. Toutes les épiphyses, y compris celles du pubis, sont encore cartilagineuses. Il n'y a aucune trace d'épiphyse cotyléenne et l'os cotyloïdien manque absolument.

b. — Du fémur.

La longueur de sa diaphyse surpasse d'un sixième environ celle de la diaphyse humérale. A la naissance, ses épiphyses ne sont encore osseuses qu'à leur centre, et leur forme dépend encore de celle du cartilage primitif. C'est assez dire que sur un squelette desséché, il serait assez difficile de se faire une idée certaine de leur forme ; toutefois les particularités futures sont dans leur ensemble indiquées.

La diaphyse, assez grêle vers son milieu, se renfle très-fort à ses deux extrémités, du côté de l'inférieure surtout. Son renflement supérieur est, à peu de chose près, conique. Il porte à son côté interne une apophyse un peu courbe, à base large, mais comprimée. C'est sur cette apophyse latérale qu'est porté le noyau apophysaire de la tête du fémur. Le grand trochanter est encore complétement cartilagineux, et repose sur l'extrémité du fémur, dans le prolongement direct du corps de sa diaphyse.

Nous devons signaler encore le petit trochanter. Une crête

distincte le relie déjà à la base de la tête du fémur en arrière de son col. Au-dessus de cette crête est un vestige de cavité trochantérienne.

L'extrémité inférieure du fémur est fort dilatée en une pyramide irrégulière. La base de cette pyramide est un quadrilatère dont le côté antérieur est le plus court. On distingue un vestige de gouttière rotulienne en avant. Les faces latérales de la pyramide sont à peu près équivalentes; elles sont un peu concaves, l'externe surtout; la postérieure n'offre rien de remarquable et correspond au creux poplité.

La base de la pyramide s'articule avec la masse épiphysaire inférieure par une surface ondulée où se distinguent de profondes vallées. Quant à l'épiphyse elle-même, elle est osseuse à son centre seulement. Sa surface est encore complétement cartilagineuse.

Les trous nourriciers de l'os sont percés plus particulièrement vers les extrémités de la diaphyse. J'en compte deux à peu près équivalents et très-grands sur la face antérieure de l'os, vers son quart supérieur; trois sur sa face interne, vers son quart inférieur, l'un assez marqué, les deux autres beaucoup plus petits; je n'en trouve qu'un seul sur sa face postérieure.

c. — De la jambe.

La jambe est fort massive, mais beaucoup plus courte que la cuisse. Le tibia est trapu et fort robuste; le péroné, au contraire, est excessivement grêle.

1. La longueur de la diaphyse tibiale est égale environ aux

trois quarts de celle du fémur. C'est un os évidé vers son milieu, avec trois arêtes saillantes qui déterminent assez exactement trois faces, l'une postér'eure, les deux autres latérales. L'arête qui sépare l'une de l'autre ces dernières est fort saillante, surtout à sa partie supérieure : c'est la crête du tibia. Les arêtes qui les séparent de la face postérieure sont au contraire fort émoussées. Elles sont concaves, celle surtout qui regarde le péroné. On peut remarquer encore que vers la dilatation supérieure de la diaphyse, les trois faces de l'os, l'externe et la postérieure surtout, sont sensiblement excavées.

Les trous nourriciers de la diaphyse tibiale appartiennent surtout à la partie supérieure de l'os et à sa face postérieure. Leur direction est descendante. Le trou inférieur est le plus grand et avoisine l'arête péronière.

L'épiphyse supérieure est grande, elle n'est encore ossifiée qu'à son centre. Sa périphérie est entièrement cartilagineuse.

Il en est de même de l'épiphyse inférieure ; celle-ci est d'ailleurs beaucoup moins épaisse. Elle s'ajuste intimement au tibia en s'engrenant avec lui par des ondulations réciproques.

2. Le péroné est fort grêle, surtout à son extrémité supérieure. Il est sensiblement incurvé, et la convexité de sa courbure regarde le tibia. Les épiphyses de ses extrémités sont encore complétement cartilagineuses.

Malgré cette gracilité du péroné, la jambe, dans son ensemble, est fort robuste, mais très-courte, si surtout on la compare au fémur. Cette disposition doit être remarquée, elle est précisément l'inverse de celle que présentent les animaux coureurs, chez qui la longueur de la jambe l'emporte sur celle du fémur.

d. — Du pied.

La longueur totale du pied mesurée de l'extrémité du calcanéum à celle des phalanges onguéales surpasse celle du fémur de 30 centimètres environ. Mesurée à partir de l'astragale inclusivement, elle la surpasse de 10 centimètres. C'est donc un pied très-grand, il est surtout très-large. Les métatarsiens, en effet, au lieu d'être comprimés les uns contre les autres, comme dans les Cochons, les Babiroussas, les Phacochères et les Pécaris, sont mollement rapprochés les uns des autres et compris à peu près dans le même plan. Les deux doigts intermédiaires sont les plus grands; vient ensuite le deuxième doigt, et en dernier lieu le cinquième. Le premier doigt est, comme dans les Cochons, presque entièrement atrophié.

1. Le tarse, chez l'animal naissant, ne peut être décrit que très-sommairement, à cause du desséchement des cartilages qui en limitaient les surfaces. Le calcanéum est grand et massif. Il en est de même de l'astragale. Les autres os du carpe sont réduits à de petits noyaux osseux sur lesquels il serait inutile d'insister.

2. L'ossification des os du métatarse est beaucoup plus complète. Ce sont des os prismatiques à quatre pans, très-robustes, mais fort aplatis d'avant en arrière, en sorte que leurs faces latérales sont très-étroites. Leurs épiphyses supé-

rieures sont très-courtes, et presque entièrement cartilagineuses. Les inférieures, façonnées en poulies, sont beaucoup
plus grandes, suivant l'usage, et déjà ossifiées à leur centre.
Leur relation avec les diaphyses se fait par des engrènements
beaucoup plus compliqués dans les deux doigts intermédiaires que cela n'a lieu dans le membre antérieur ; elle est fort
simple, comme à la main, dans les deux doigts externes.

3. Les phalanges sont courtes, massives et terminées par des
épiphyses presque entièrement cartilagineuses. Nous n'y insisterons pas, nous réservant de les décrire en détail dans l'article
suivant, où nous traiterons du membre postérieur de l'animal
adulte.

B. — DU MEMBRE POSTÉRIEUR DANS L'HIPPOPOTAME ADULTE.

1° Du bassin.

a. L'iléon a peu changé de forme ; il est cependant plus dilaté
vers sa crête et plus évidé au-dessus de sa palette que dans le
jeune ; son angle externe est mousse, arrondi, et peu épais. Il
en est de même de l'angle interne. Sa crête forme une courbe
fort allongée et légèrement déprimée vers son milieu. La face
postérieure de l'os est sensiblement concave, la viscérale est à
peu près plane dans cette portion de sa surface qui fait partie
du bassin supérieur ; l'autre portion est petite, un peu concave,
et forme avec la première un angle à peu près droit ; l'arête
qui sépare ces deux parties est peu marquée et plus effacée
encore que dans l'animal naissant.

b. L'ischion, ainsi que dans le jeune, est très-grand, très-long surtout, et se développe en droite ligne dans la direction du bord sciatique. Il est fort étalé à son extrémité libre, qui est, comme l'iléon, en forme de palette grande et large que borde en arrière une puissante bande épiphysaire. Son angle supérieur est saillant et relevé en crochet; de ce point au centre de la cavité cotyloïde, la distance est égale à celle qui sépare de ce même centre l'angle sacré de la palette iléale.

c. Les pubis sont peu développés. Les corps sont petits, à la réserve de leur symphyse, qui porte une sorte d'épine à sa surface inférieure. Les branches descendantes sont grêles et soudées l'une à l'autre dans toute leur longueur jusqu'à l'ischion, en sorte que le bassin hypogastrique forme une sorte de canal.

Au point où les trois os se réunissent, ils forment en dehors une tubérosité globuleuse dans laquelle est creusée une cavité cotyloïde sphérique de grandeur médiocre, et qui n'a *aucun vestige d'échancrure*. Au niveau de cette tubérosité, il y a un indice à peine appréciable d'épine sciatique.

Le trou sous-pubien est très-grand et en forme d'ellipse allongée; son grand axe est longitudinal. Ajoutons que l'orifice du bassin inférieur (détroit supérieur) est carré, bien qu'avec ses angles arrondis. Il est en conséquence aussi haut que large, et son bord inférieur égale les dimensions du bord supérieur. Il a donc changé [de forme depuis l'âge fœtal. A cette époque, en effet, il était fort rétréci et presque triangulaire.

COMPARAISONS ET DIFFÉRENCES CARACTÉRISTIQUES.

Le bassin de l'Hippopotame ne saurait être confondu qu'avec celui des herbivores en général, et en particulier du Rhinocéros, du Tapir et de l'Eléphant. Nous insisterons en conséquence sur ces animaux d'une manière particulière.

Dans les *Rhinocéros,* la palette iléale est beaucoup plus dilatée que dans l'Hippopotame et portée sur une base extrêmement évidée. La concavité du bord inguinal est à peu près équivalente à celle du bord sciatique, tandis que dans l'Hippopotame ces deux concavités sont fort inégales.

Le bord supérieur, ou crête de l'iléon, est convexe dans les petites espèces, telles que le *sumatrensis* et le *sondaicus;* mais dans les grandes espèces, telles que le Rhinocéros *sinus,* l'*africanus,* et l'*indicus,* il fait une grande ondulation. Les angles de la palette sont beaucoup moins émoussés que dans l'Hippopotame; l'angle sciatique, qui s'appuie sur le sacrum, est fort aigu; l'externe l'est aussi, mais sa pointe épiphysaire est bifide et porte deux tubercules divergents : aucun de ces caractères ne convient à l'Hippopotame, dont la palette iléale a ses angles émoussés.

L'ischion, si long chez ce dernier, est court dans le Rhinocéros, et terminé par une apophyse tuberculeuse extrêmement épaisse dont le crochet est très-relevé; en outre, chez ces animaux, les pubis sont plus robustes dans leur corps et dans leurs branches descendantes; enfin la symphyse est fort épaisse et porte une épine inférieure.

Le renflement du bassin, au point d'union des trois os composants, est énorme, et enveloppe une large cavité cotyloïde qui a *une profonde échancrure* à son bord interne. En arrière de ce renflement est un vestige d'épine sciatique tronquée à sa base. Le trou sous-pubien est grand et elliptique ; l'ellipse est moins allongée que dans l'Hippopotame. Mais ce n'est pas tout. Dans ce dernier, son grand axe était *longitudinal;* dans le *Rhinocéros, il est transversal.* Le pourtour du détroit supérieur du bassin fournit enfin un dernier caractère : sa forme, dans le Rhinocéros, est celle d'une ellipse dont le grand axe est vertical ; nous avons vu que ses deux diamètres sont égaux dans l'Hippopotame.

Les Tapirs rappellent en général les Rhinocéros, sauf la forme des angles de la palette iléale, qui sont dilatés, tronqués à leur extrémité, et si saillants en avant, que le bord antérieur est concave.

Le bord sciatique et le bord inguinal sont inégaux comme dans l'Hippopotame, mais d'une manière inverse, la concavité du bord inguinal l'emportant sur celle du bord sciatique. L'ischion est beaucoup plus allongé que dans l'Hippopotame, mais le pubis l'est relativement beaucoup moins par sa branche descendante ; la tubérosité ischiatique est double. Enfin, le trou sous-pubien est presque circulaire. La cavité cotyloïde est petite avec une forte échancrure. Terminons en disant que le détroit supérieur du bassin est de forme ronde très-régulière.

On passe aisément de la forme des Tapirs à celle des Chevaux, qui en diffèrent cependant par une dilatation plus grande des tubérosités ischiatiques, qui concourent dans une plus grande étendue à la formation de la symphyse. Enfin, le trou sous-pubien est très-petit, l'ouverture du détroit supérieur est bilobée, et la cavité cotyloïde a une grande échancrure. Aucun de ces caractères ne concorde avec ceux que nous a présentés le bassin de l'Hippopotame.

Nous ne citerons ici les Éléphants que pour mémoire, tant les formes de leur bassin diffèrent.

Jetons maintenant un coup d'œil sur le bassin des Rumi-nants. La palette iléale est peu évasée. Son col est évidé, et son angle externe fait en avant une grande saillie, ce qui n'a pas lieu dans l'Hippopotame. La palette ischiatique est peu épaisse, mais très-dilatée, surtout dans les grandes espèces de Cerfs et d'Antilopes. La tubérosité ischiatique est forte, avec une grande épiphyse ; elle porte à son côté externe *une grande apophyse*. Le pubis est court, mais sa branche descendante, unie à la branche de l'ischion, est tout entière comprise dans la sym-physe.

Le trou sous-pubien est énorme et fort allongé en général, du moins dans les Cerfs et dans les Antilopes. Il l'est beaucoup moins dans les Girafes et dans les Bœufs. Le bassin de ces Ruminants est d'ailleurs remarquable par un caractère facile à saisir ; ce caractère consiste dans la présence d'une dépression marquée et souvent profonde à la partie inférieure du bord inguinal ; immédiatement au-dessus de la cavité cotyloïde, qui est petite et peu échancrée, ce caractère, la présence d'une apophyse saillante au côté externe de l'ischion, l'étroitesse de l'iléon et le prolongement en avant de l'angle externe de sa palette, distinguent donc le bassin des Ruminants de celui des Hippopotames.

Les Chameaux, parmi les Pachydermes ruminants, se distinguent aussi de ces animaux par des caractères très-précis en ce qui touche le bassin. Ainsi leur ischion est très-court, avec une apophyse énorme au côté externe de sa tubérosité ; leur pubis est trapu, avec de larges branches descendantes ; enfin le trou sous-pubien est fort petit et de forme à peu près circulaire.

Tous ces caractères établissent des différences capables de frapper l'œil le moins exercé. D'ailleurs l'iléon est de toute forme ; son angle antérieur interne est tronqué à son sommet ; il fait néanmoins une beaucoup plus grande saillie que l'externe, qui est fort aigu. Il n'y a d'ailleurs aucune trace de fossette à son bord inguinal au-dessus de la cavité cotyloïde : ces caractères permettent de distinguer les Chameaux des vrais Ruminants autant que des Hippopotames. Ajoutons que chez eux le détroit supérieur du bassin est de forme ovale avec son extrémité dilatée en haut. Nous avons vu que dans l'Hippopotame, il est rectangulaire avec ses angles émoussés, mais la forme du détroit est celle d'un trapèze ou d'un rectangle dont le diamètre est vertical.

On aurait pu s'attendre à trouver dans les *Cochons* des formes moins différentes. La forme de leur bassin a cependant d'autres caractères. La palette iléale est étroite et son angle externe est saillant. Sa face externe est parcourue dans toute sa longueur par une arête saillante. L'ischion est plus court, plus massif, plus relevé, et surmonté d'une épiphyse triangulaire; l'épine sciatique est tronquée, mais sa base est grande et large; enfin la cavité cotyloïde est petite et profondément échancrée. Le pubis d'ailleurs est grêle. Le trou sous-pubien est elliptique, et son grand axe est longitudinal; ce sont là deux caractères communs avec l'Hippopotame, mais ce sont les seuls.

2° Du fémur dans l'adulte.

Le fémur de l'Hippopotame se [distingue immédiatement par la gracilité relative du corps de sa diaphyse et par le renflement de ses extrémités. Cette diaphyse n'offre d'ailleurs aucune trace de troisième trochanter, ce qui ne permet de confondre avec aucun Pachyderme à système digital impair. La face antérieure présente au bas de son quart supérieur un trou nourricier, caractère qu'on retrouve dans les Cochons et dans les vrais Ruminants; inférieurement, elle présente une légère excavation immédiatement au-dessus de la trochlée rotulienne. La face postérieure présente les particularités suivantes. Les deux crêtes qui descendent du grand et du petit trochanter aux tubérosités épicondyliennes, et qui, dans un grand nombre d'animaux, s'unissent vers leur milieu pour constituer la ligne âpre, sont ici séparées par un grand intervalle. Celle de ces lignes qui descend du grand trochanter à l'épicondyle externe est surtout fort saillante à sa partie inférieure, et recouvre une dépression ou fosse à fond rugueux, qui est située vers le quart inférieur de la diaphyse, au côté externe de sa face postérieure.

Cette dépression, très-profonde dans un Hippopotame de Natal adulte, mais jeune encore, l'était moins chez deux Hippopotames plus vieux, l'un du Sénégal et l'autre du Cap. Elle paraît donc se combler par les progrès de l'âge, mais en revanche la tête qui la recouvre se charge de nodosités stalactiformes. Ses bords, dans l'Hippopotame de Natal, étaient abrupts, rugueux et comme déchirés.

Le grand trochanter est massif, très-saillant en dehors et un peu recourbé; il porte deux tubérosités : l'une, antérieure, est arrondie; l'autre, externe, est conique; elle forme le sommet de l'épiphyse.

Deux murailles unissent le grand trochanter, l'une à la tête du fémur, l'autre au petit trochanter. Ces deux murailles unies au col du fémur, limitent un espace triangulaire dans lequel est creusée une fosse trochantérienne largement ouverte et très-profonde.

Le col du fémur, sans être fort long, est recourbé en dedans, et bien détaché du corps de la diaphyse. Sa tête est coiffée d'une calotte articulaire sphérique qui se prolonge surtout en dedans et en arrière. Elle est d'ailleurs de volume médiocre. Une bande rugueuse l'unit au petit trochanter, qui est large, rugueux, peu saillant et de forme elliptique.

L'extrémité inférieure de la diaphyse est extrêmement massive. Elle est fort recourbée en arrière (caractère fort opposé à ceux que présentent les Proboscidiens), et se partage entre deux masses condyliennes divergentes que séparent une gorge et une échancrure profondes ; la face antérieure de cette partie

condylienne recourbée porte un massif énorme taillé en poulie
pour l'articulation rotulienne; la gorge de cette poulie est
large, mais peu profonde. Elle est fort sensiblement oblique de
haut en bas et de dedans en dehors. De ses deux moulures,
l'externe est à la fois la plus épaisse, la plus saillante et la plus
haute. Les flancs de cette poulie sont élevés au-dessus de la
masse épicondylienne et sensiblement plats.

CARACTÉRISTIQUES DIFFÉRENTIELLES.

Il ne saurait être permis d'hésiter entre le fémur d'un Hippopotame et celui d'un Rhinocéros. Dans ce dernier, en effet,
la diaphyse est plus massive et fortement aplatie d'avant en
arrière à sa partie supérieure. Au bord externe de cette partie
aplatie est un troisième trochanter saillant et recourbé en
avant; un peu plus haut, au côté interne, est le petit trochanter. Le grand trochanter est massif, tuberculeux, mais il a
peu de saillie, et sa fosse trochantérienne est presque nulle.
Chez un vieux individu de Rhinocéros indien de la collection
du Muséum, il s'en détache une épine qui vient s'unir à une
épine correspondante du trochanter externe, et ces deux
épines circonscrivent un grand trou ovale au côté externe de la
diaphyse. Rien de semblable ne pourrait se produire dans
l'Hippopotame par les progrès de l'âge. Enfin le col du fémur
est sessile dans les Rhinocéros. La calotte articulaire de la
tête est large, et, au contraire de ce qui a lieu dans l'Hippopotame, elle se prolonge surtout en dehors.

L'extrémité du fémur est très-massive, mais les condyles y

sont moins grands, moins détachés ; la gouttière et la gorge qui les séparent sont plus étroites et l'épicondyle externe présente un gros tubercule qui n'existe point dans l'Hippopotame. La poulie rotulienne a une gorge plus étroite. Sa moulure externe est plus petite, mais, en revanche, la moulure interne atteint des proportions énormes, et fait à son extrémité supérieure une grande saillie qu'une dépression profonde sépare à la face interne du fémur d'avec la base de l'apophyse épicondylienne.

Nous n'insisterons pas sur les Tapirs et sur les Chevaux, qui diffèrent, il est vrai, des Rhinocéros à certains égards, mais présentent la plupart des caractères principaux par lesquels le fémur de ces derniers se distingue de celui des Hippopotames. Il serait également superflu d'insister sur les différences présentées par les Proboscidiens ; la longueur énorme du fémur chez ces derniers, son aplatissement, sa gracilité relative, le défaut de courbure de son extrémité inférieure qui est à peine renflée, tous les accidents de la surface et la physionomie générale des formes concordent pour rendre toute confusion impossible.

Il y a plus de ressemblances avec les Ruminants, mais, chez ces derniers, la diaphyse est moins grêle dans sa partie moyenne et moins dilatée à ses extrémités. Le grand trochanter est plus saillant et surtout plus élevé ; la tête articulaire est plus petite et moins distincte du grand trochanter, vers la base duquel son cartilage se prolonge ; ajoutons que les condyles sont plus petits relativement, moins étalés, et que la poulie rotulienne est plus étroite. Un caractère commun consiste dans la présence d'une dépression à la partie inférieure de l'os, sous la division externe de la ligne âpre.

En parlant ici des Ruminants, nous avons fait abstraction des Chameaux, qui n'ont avec eux rien de commun. Chez ces derniers, le fémur est allongé, aplati à son extrémité supérieure ; le grand trochanter est tuberculeux, mais peu saillant ; les lignes âpres, confondues en une seule vers le milieu de la diaphyse, se séparent au bas en deux crêtes saillantes et rugueuses. L'extrémité inférieure est remarquable ; le condyle externe est plus grand que l'interne. La poulie rotulienne est fort étroite, elle n'a point de moulures latérales, et sa gorge occupe toute sa largeur, disposition qui s'accorde avec la configuration d'une rotule semblable à un sésamoïde allongé. Aucun de ces caractères ne convient à l'Hippopotame, et c'est en somme de celui des Cochons qu'il se rapproche le plus par les formes de son fémur. Nous retrouvons en effet dans ces animaux quelques-uns des caractères généraux que nous avons rappelés. Il y a toutefois à côté de ces ressemblances des différences sensibles. Ainsi, dans les Cochons, la diaphyse, massive en haut, est fort atténuée vers le bas ; la fossette de la ligne âpre externe y est remplacée par une gouttière étroite ; la tête du fémur est relativement plus petite, plus détachée ; la masse condylienne est plus étroite, plus serrée ; enfin la poulie rotulienne est plus relevée que dans l'Hippopotame. Avec un peu d'habitude, ces différences deviennent sensibles au premier coup d'œil

3° Jambe de l'Hippopotame adulte.

a. *Tibia*. — Cet os est court, de forme trapue ; ses extrémités épiphysaires sont dilatées. La diaphyse a trois faces, et présente en avant. suivant l'usage, une de ses arêtes. La face interne et la postérieure sont larges et sans courbures notables ; elles présentent vers leurs extrémités des dépressions légères. Quant à la face externe. elle est au contraire creusée en une gouttière large et profonde qui, vers le bas de l'os. anticipe sur son arête antérieure et s'étale en une surface à peu près plane. Les trois arêtes ont des caractères différents : l'externe. qui regarde le péroné, est tranchante, vers son quart supérieur on observe un petit trou nourricier ; l'interne est émoussée ; l'antérieure est en forme de crête étroite et se recourbe légèrement au-dessus de la gouttière creusée sur la face externe. Ces particularités caractérisent assez bien la diaphyse du tibia dans l'Hippopotame.

Vers l'extrémité supérieure de l'os, les trois arêtes s'écartent et se renflent en trois masses distinctes. La masse antérieure sert d'attache au ligament rotulien ; elle est évidemment décomposée en deux tubercules dont l'externe est le plus grand.

Les masses qui terminent les arêtes latérales sont plus considérables encore ; elles sont terminées par les deux facettes d'articulation avec le fémur. La facette interne est concave d'arrière en avant. L'externe a la forme d'une gorge large, mais peu profonde ; elle se développe d'arrière en avant. en décri-

vant une courbe légèrement convexe. La masse qui la supporte
s'étale en dehors en une sorte d'entablement rugueux au-dessous duquel s'articule la tête du *péroné*. Ces deux facettes sont
relevées en crêtes saillantes, sur les côtés d'une vallée abrupte
qui les sépare l'une de l'autre. Ces crêtes forment, à proprement parler, l'épine du tibia.

L'extrémité inférieure est également dilatée par une poulie
à deux gorges qui s'articulent avec l'astragale, dont la poulie
est embrassée par deux prolongements osseux auxquels aboutissent les extrémités de la moulure saillante qui les sépare.
Ajoutons qu'au niveau de cette extrémité, l'arête externe du
tibia est rugueuse et s'articule, dans une certaine étendue,
avec le péroné.

CARACTÉRISTIQUES DIFFÉRENTIELLES.

Toutes les particularités que nous venons de décrire distinguent l'Hippopotame des Rhinocéros, des Tapirs, des Chevaux,
des Éléphants, des vrais Ruminants et des Caméliens, pour le
rapprocher des Cochons; mais ce rapprochement n'implique
point une similitude absolue. Chez ces derniers animaux, en
effet, l'extrémité inférieure du tibia est plus allongée et plus
grêle ; la crête de l'arête antérieure est moins saillante, moins
recourbée, et surtout beaucoup moins longue. Le péroné est
relativement plus massif, moins atténué à sa partie supérieure; la malléole externe qui le termine est moins large que
dans l'Hippopotame.

Les Ruminants et les Solipèdes en diffèrent bien davantage

encore. Chez les premiers, la diaphyse est grêle et presque cylindrique dans ses deux tiers inférieurs, mais, vers son tiers supérieur, elle est tendue pour ainsi dire et recourbée en dehors. La crête est fort saillante, moins limitée à cette dernière partie de la diaphyse. Cette crête est, suivant l'usage, terminée par un tubercule d'insertion pour le ligament rotulien, mais ce tubercule est simple. Ces caractères suffiraient seuls pour distinguer les vrais Ruminants d'avec l'Hippopotame, et l'on peut ajouter que l'extrémité inférieure du tibia fournit un autre caractère d'un emploi facile. Il consiste dans la facette d'articulation avec l'os malléolaire externe, qui remplace dans les Ruminants vrais et les Caméliens l'extrémité inférieure du péroné, dont il représente l'épiphyse : ainsi rien n'y rappelle cette arête externe du tibia, si saillante chez l'Hippopotame, et la longue série de rugosités par lesquelles elle s'articule sous la diaphyse du péroné.

Cette dernière remarque s'applique également aux Chevaux, mais ici la malléole externe semble dépendre du tibia et ne constitue point un os indépendant. C'est d'ailleurs le même allongement de la diaphyse à sa partie inférieure, la même brièveté de la crête tibiale. Ils diffèrent cependant des Ruminants par des caractères tranchés : ainsi la diaphyse n'est point tordue vers le haut; la crête se termine par un double tubercule; les masses articulaires ont une autre forme, l'inférieure surtout se distingue par la grandeur et l'obliquité des gorges qui correspondent aux moulures astragaliennes.

Ainsi le tibia de l'Hippopotame, avec sa crête prolongée et

sa face externe profondément excavée, ne saurait être confondu ni avec celui des Ruminants, ni avec celui des Solipèdes. On le distinguerait du tibia des Rhinocéros et des Tapirs par les mêmes caractères. On pourrait y ajouter ceux que fournit chez ces derniers animaux la longueur de l'articulation péronéotibiale, la configuration des cupules articulaires supérieures, et l'étranglement de la diaphyse au-dessous du renflement qui les supporte. Nous n'insisterons pas sur les différences que présente chez ces animaux l'extrémité astragalienne; elles correspondent en effet à certaines différences des astragales, dont nous parlerons dans un instant.

Nous croyons également inutile d'appuyer sur les différences qui distinguent l'Hippopotame des Éléphants, dont la diaphyse est, pour ainsi dire, dépourvue de crête, et présente une longueur et des formes tout à fait exceptionnelles.

b. *Péroné.* — Cet os, dans l'Hippopotame adulte, est très-grêle à sa partie supérieure et fort évidé vers son milieu, mais il se renfle à sa partie inférieure en une malléole externe aplatie, relativement très-large, et, chez les vieux animaux, munie en arrière d'une forte apophyse tuberculeuse. Cette malléole, au bas de sa face interne, porte une facette articulaire oblongue et obliquement dirigée, qui s'applique à la face externe de l'astragale, vers la pointe de la malléole. A sa face inférieure est une autre facette oblique d'arrière en avant et légèrement convexe; elle s'articule en dehors de l'astragale à une facette de la muraille externe du calcanéum, caractère qu'on retrouve dans les Cochons, dans les Ruminants, et

même dans les Éléphants, et qui les distingue des Chevaux,
des Tapirs et des Rhinocéros, qui ne présentent rien de semblable.

Il est à peine nécessaire de faire remarquer combien peu,
par la forme du péroné, l'Hippopotame ressemble aux Ruminants, et aux Chevaux, chez lesquels cet os n'existe qu'en rudiment. Il serait également impossible d'hésiter entre lui et les
Rhinocéros et les Tapirs, chez lesquels le péroné est robuste,
prismatique, également renflé vers ses deux extrémités, et
manque d'ailleurs de facette calcanéenne au sommet de son
extrémité malléolaire. Cette facette se retrouve dans l'Éléphant, mais la forme de la malléole externe d'une part, la longueur et l'aplatissement de la diaphyse, qui est fortement
comprimée d'arrière en avant, d'autre part, rendent toute
confusion impossible.

C'est donc des Cochons encore que, sur ce point, l'Hippopotame se rapproche, mais, outre certaines particularités
offertes par la diaphyse, on trouve dans la forme de l'épiphyse malléolaire et de sa facette calcanéenne des caractères
distinctifs d'un emploi facile. Cette épiphyse est allongée,
rugueuse et obliquement prolongée vers le bas dans l'Hippopotame ; dans les Cochons, au contraire, elle est à peu près rectangulaire. La facette calcanéenne est oblique dans le premier
et légèrement convexe ; elle est horizontale dans les seconds
et fortement concave vers son milieu, réalisant des formes qui
se rapprochent, à certains égards, de celles de l'os malléolaire

externe des Ruminants. Concluons qu'un péroné présentant
une facette calcanéenne simple avec une malléole plate et dilatée
et une diaphyse grêle sans renflement sensible à son extrémité supérieure, est un péroné d'Hippopotame.

c. *Rotule*. — Cet os est large, avec un gros tubercule relevé
à sa face antérieure. La face postérieure présente deux gorges
séparées par une moulure verticale ; de ces gorges l'interne est
la plus grande ; cette rotule est surtout analogue à celles des
Cochons où l'on voit également un indice de crête à la face
antérieure.

DIFFÉRENCES CARACTÉRISTIQUES.

Le volume de cette rotule ne permet de la confondre qu'avec
celle des Éléphants, des Rhinocéros et des Tapirs. Mais cette
confusion est facile à éviter. Dans les Éléphants, en effet, la
rotule est arrondie et pour ainsi dire plane à sa face postérieure ; dans les Rhinocéros et dans les Tapirs, il y a sur cette
face une gorge interne grande et profonde, mais la gorge
externe est pour ainsi dire nulle et forme à peine le versant
externe de la moulure intermédiaire ; cette particularité, et
l'absence d'un tubercule saillant sur la face antérieure ne peuvent laisser subsister aucune incertitude.

d. *Du pied dans l'Hippopotame adulte*. — Le pied de l'Hippopotame ressemble à celui du Cochon par le nombre des os et
par les caractères typiques, mais sa physionomie est fort différente. Il est en effet plus massif dans toutes ses parties, plus
court relativement, plus étalé ; les deux doigts intermédiaires.

bien que prééminents, ne l'emportent pas au même degré sur les deux doigts externes, qui ne sont point ramenés, ainsi que cela a lieu dans le Cochon, sous la face plantaire du pied. Les phalanges sont plus massives et plus courtes ; nous mettons à part les phalanges onguéales qui sont petites, tuberculeuses, et ne rappellent le type des bisulques que par un aplatissement très-marqué de celle de leurs faces latérales qui est tournée vers l'axe du pied. Nous allons essayer de décrire ces différents os, en insistant plus particulièrement sur les faits caractéristiques.

1° Tarse.

Calcanéum. Cet os est très-massif. Celle de ses apophyses que je serais tenté d'appeler *olécrânienne*, l'apophyse du talon, n'est point comprimée comme dans les Cochons ; son épiphyse est énorme et sillonnée en dessous et en arrière par une large gouttière, caractère propre à tous les animaux bisulques.

L'*apophyse astragalienne* est remarquable. Sa face antérieure présente une facette articulaire large, régulièrement concave de haut en bas, semblable à celle sur laquelle roule la poulie inférieure de l'astragale chez les bisulques. La face postérieure se continue avec la face interne de l'apophyse calcanéenne par une pente graduelle, caractère que ne présentent ni les Ruminants, ni les Pachydermes à système digital impair, mais que nous retrouvons dans les Cochons.

L'apophyse cuboïdienne est moins large relativement que chez ces derniers animaux et surtout moins comprimée. La facette interne ou astragalienne est plus large et de forme arrondie; la facette cuboïdienne est également plus large; du bord supérieur de cette apophyse naît une apophyse péronéenne, moins saillante, il est vrai, que cela n'a lieu dans les Cochons, mais plus massive. La surface articulaire par laquelle elle correspond au péroné est plus régulièrement convexe; enfin elle touche à l'astragale par une surface plus large.

Astragale. — Cet os est massif et presque aussi large que long. Mais il s'articule avec le calcanéum par une poulie inférieure bien modelée, caractère propre aux bisulques. La poulie tibiale est large et partagée en deux moulures massives par une gorge directe. Au bord postérieur de sa moulure externe est un tubercule qui est en indice dans les Cochons, mais qui prend ici des dimensions énormes.

Il y a également, ainsi que dans les Cochons et les Ruminants, une poulie scaphoïdo-cuboïdienne extrêmement large; elle est formée de deux gorges larges, mais peu profondes, que sépare une moulure tranchante. Ces deux gorges se développent régulièrement sur un noyau cylindrique à axe horizontal, et se continuent en arrière avec la poulie calcanéenne. La plus grande des deux est la scaphoïdienne. Ajoutons encore : 1° sur la face externe de l'os, une fossette articulaire pour le calcanéum et une bordure articulaire pour le péroné. Sur la face interne se trouve une bordure analogue qui correspond à la malléole tibiale.

Le *scaphoïde* est parfaitement séparé du cuboïde, ce qui distingue d'un seul coup l'Hippopotame de tous les vrais Ruminants. Sa face supérieure est très-concave; elle embrasse et coiffe, pour ainsi dire, la moulure astragalienne interne.

La face inférieure, ainsi que dans les Cochons, a trois facettes presque planes, mais bien distinctes pour les trois cunéiformes. La face plantaire de l'os est fortement tuberculeuse, mais elle n'a point en arrière cette grande apophyse recourbée si remarquable dans les Cochons. La face dorsale et l'interne sont couvertes de ces tractus périostiques qui permettraient seuls de distinguer les os carpiens et tarsiens d'un Hippopotame de ceux d'un Rhinocéros. Enfin la face externe touche au cuboïde par une petite facette articulaire.

Parmi les os de la seconde rangée du tarse, on distingue les trois *cunéiformes*. Le premier est confondu avec un rudiment d'os métacarpien en un osselet unique qui représente le premier doigt tout entier. Cet osselet s'articule à une facette plane du scaphoïde, par une base relativement très-large et hors de proportion avec un doigt si réduit.

La seconde facette du scaphoïde est beaucoup plus petite, bien qu'elle porte, par l'intermédiaire du premier cunéiforme, un doigt bien développé. Ce deuxième cunéiforme est petit, court et fort plat. Il touche par une facette de sa face latérale interne au premier cunéiforme ; ses deux articulations basilaires ont leurs rapports habituels : l'une correspond au scaphoïde l'autre au deuxième métatarsien.

Le troisième cunéiforme est beaucoup plus grand que les deux autres; il est fort aplati et se prolongé en arrière en un talon bien accusé. Sa face supérieure s'articule avec la plus grande facette du scaphoïde, l'inférieure est légèrement concave et s'ajuste avec l'extrémité supérieure du troisième métacarpien. Les faces latérales touchent l'une par deux facettes distinctes au deuxième cunéiforme et à la tête du deuxième métatarsien; l'autre au cuboïde par une facette étroite et oblongue portée sur une tête saillante.

Le *Cuboïde* est grand, massif et entièrement séparé du scaphoïde auquel il ne se soude jamais, ce qui établit une différence appréciable entre l'Hippopotame et les **vrais Ruminants**; sa forme étant assez compliquée, nous considérerons à part ses surfaces à la manière des Anthropotomistes.

La face supérieure a deux facettes. L'une d'elles, l'externe, est fortement concave, d'arrière en avant, et s'articule avec une des gorges de la poulie astragalienne antérieure. Elle est taillée dans une colline au côté externe de laquelle se trouve une dépression à fond sensiblement plat, qui descend obliquement du sommet de la face postérieure de l'os vers sa face antérieure sur laquelle elle anticipe fortement. C'est dans cette dépression qu'est située la facette d'articulation avec le calcanéum.

La face inférieure est divisée en deux facettes articulaires : l'une très-grande, qui s'articule avec le quatrième métatarsien, l'autre très-étroite, un peu oblique en dehors, qui porte le cinquième métatarsien. La considération de cette facette permettrait seule de distinguer un cuboïde d'Hippopotame d'un cuboïde de Rhinocéros, de Palœothérium, de Tapir, d'Anoplothérium et de Ruminant.

Les faces latérales n'offrent rien de bien remarquable, et il
en est de même de l'antérieure, mais la postérieure est caractérisée par un énorme talon bilobé, couvert chez les vieux animaux de rugosités, enchevêtrées, d'un aspect particulier et
propres aux Hippopotames.

Cette description, dans ce qu'elle a de plus général, est très-
conforme à ce qu'on voit dans le cuboïde des Cochons ; aussi
les analogies qui existent entre ces animaux et l'Hippopotame
se poursuivent dans le plus grand détail.

2° Métatarse.

Les os du métatarse rappellent, par leur forme générale et
surtout par leur physionomie, ceux du carpe ; ils sont toutefois
moins robustes et moins longs. La brièveté relative des métatarsiens extrêmes est surtout moins apparente.

Ces métatarsiens extrêmes se distinguent aisément des métacarpiens analogues par leurs formes générales ; celui du
deuxième doigt est très-court et fortement renflé à sa partie
inférieure. Sa forme est celle d'une pyramide à base triangulaire. Son extrémité supérieure porte trois facettes : l'une terminale correspond au deuxième cunéiforme ; elle est fort petite,
au contraire de celle du métacarpien correspondant qui est
très-grande ; l'autre, placée au sommet de la face postérieure,
est destinée à l'osselet qui représente à la fois le premier cunéiforme et le premier métatarsien ; la troisième appartient au
troisième cunéiforme. L'extrémité inférieure est terminée par
une sorte de condyle symétrique qui porte en arrière une mou-

lure médiane. La face postérieure est un peu concave, l'antérieure est rugueuse, l'interne présente à sa partie supérieure
une facette de juxtaposition qui correspond au métatarsien
médian.

Le métatarsien du cinquième doigt est fort semblable au
métacarpien qui lui correspond, mais il est beaucoup plus petit
et sa face dorsale est beaucoup plus rejetée sur le côté ; il en
est de même de celle du deuxième. Son extrémité supérieure a
également un talon, mais sa face articulaire pour le cuboïde est
extrêmement petite ; il y a aussi une surface articulaire oblique
pour le quatrième métatarsien. La face externe, celle qui correspond à ce métatarsien, est très-aplatie, tandis que la même
face, dans le métacarpien correspondant, est convexe ; enfin le
condyle inférieur est plus oblique. Malgré ces différences, la
physionomie des deux os est à peu près la même.

Les deux métatarsiens intermédiaires présentent à peu près
la physionomie des métacarpiens analogues, mais ils sont moins
massifs, moins robustes. Ils s'en distinguent d'ailleurs par un
caractère aisé à définir. Les deux métacarpiens présentent, au
côté externe de leur extrémité supérieure, un talon prononcé,
et le talon du troisième métacarpien porte une facette d'articulation avec le cuboïde. Cette disposition est indiquée, il est
vrai, sur les métatarsiens, mais elle est à peine sensible. En
revanche, le talon qui surmonte leur face plantaire est grand,
saillant et relevé, tandis que celui que les métacarpiens intermédiaires présentaient dans le même lieu est écrasé et abaissé
par la pression des grandes apophyses recourbées du grand os

et de l'unciforme. Cette différence est si frappante qu'à peine
est-il nécessaire d'insister sur quelques autres particularités
moins essentielles. Nous ne rappellerons ainsi que pour mémoire la moindre concavité de l'extrémité supérieure de ces
métatarsiens à leur face palmaire et une moins grande dilatation de leurs poulies condyliennes, qui ont, d'ailleurs, les plus
grandes analogies de physionomie et de formes avec celle des
métacarpiens.

Les mêmes analogies se retrouvent dans les phalanges, et
cela de manière à rendre plus incertaines encore les distinctions qu'on tenterait d'établir. Comme celles de la main, les
phalanges du pied sont courtes et plates, celles surtout des
deux doigts intermédiaires.

Les premières portent également en arrière un double talon
à leur partie supérieure; les secondes n'en ont qu'un. Celles
des deux doigts extrêmes diffèrent un peu de celles de la main,
en ce qu'au lieu d'avoir, comme celles-ci, leur condyle interne
moins abaissé que l'externe, elles présentent une condition
inverse; les phalanges onguéales sont tout à fait semblables à
celles de la main. Celles des deux doigts intermédiaires s'ajustent et se complètent symétriquement. Les phalanges onguéales
des deux doigts extrêmes se recourbent légèrement l'une vers
l'autre, c'est-à-dire vers l'axe de la main.

En résumé, plus on se rapproche de ces dernières phalanges
et plus on trouve de ressemblance entre la main et le pied. Il
ne m'a pas été possible de dégager de ces ressemblances
confuses quelque caractère assez précis pour être formulé.

Les sésamoïdes sont de même forme que ceux de la main. Je n'insisterai pas sur eux parce qu'ils ne m'ont pas paru rangés, sur les squelettes que j'ai eu occasion d'étudier. dans leur ordre naturel et légitime.

CARACTÉRISTIQUES DIFFÉRENTIELLES.

Il serait impossible de confondre le *calcanéum* et l'*astragale* de l'Hippopotame avec ceux d'un Rhinocéros. d'un Tapir ou d'un *Palæothérium*. Tout, en effet, dans leur constitution indique un animal bisulque; la gouttière de l'épiphyse calcanéenne. l'existence d'une apophyse d'articulation avec le péroné. la forme de sa facette astragalienne, suffisent pour le calcanéum; il en est de même de l'astragale que caractérise immédiatement sa poulie calcanéenne. Ces os. en conséquence, n'ont quelque analogie qu'avec ceux des Ruminants. des Anoplothères et des Cochons.

Un premier caractère tiré de la physionomie rend la distinction facile. Dans les Ruminants et dans les Cochons. l'astragale est plus long que large ; ici il est plus large que long. La poulie scaphoïdienne est dans les Ruminants formée de deux moulures séparées par une gorge médiane. Dans les Cochons. la moulure externe ou cuboïdienne est la plus saillante et porte en outre une sorte d'arête saillante qui surmonte le flanc externe de la gorge intermédiaire. Les choses se passent différemment dans l'Hippopotame. Les deux moulures sont remplacées par deux portions de surfaces cylindriques qui se relèvent un peu vers une arête intermédiaire qui les sépare l'une de l'autre.

Il est plus facile encore de distinguer les formes de l'Hippopotame de celles des Anoplothères. Ici, comme dans les Cochons, l'arête est sur la moulure externe, mais la moulure interne est la plus saillante; en outre, bien que cet os soit très-court, eu égard à sa largeur, la saillie de la moulure externe de sa poulie tibiale, l'obliquité des deux poulies sur l'axe de son corps lui donnent, dans les Anoplothères, une physionomie toute particulière. Il y a d'autres caractères moins importants, mais qui méritent toutefois d'être signalés; je signalerai entre autres la grande apophyse dont nous avons parlé et qui termine en arrière la moulure tibiale interne. Cette apophyse, si grande et si massive dans l'Hippopotame, est nulle dans les vrais ruminants, à peine apparente dans les Cochons, et réduite chez les Anoplothères à un petit tubercule.

On pourrait insister encore sur la forme de la poulie calcanéenne dont la gorge est à peine sensible; elle n'occupe point, ainsi que dans les Ruminants, toute la largeur de l'os, et se confond en outre avec la moulure scaphoïdienne, qui anticipe singulièrement sur la face inférieure de l'os. Ces dispositions indiquées en vestige dans les Cochons, le sont sous des formes très-différentes; tout y est plus long, plus étroit, en deux mots moins condensé. Dans les Anoplothères, la poulie calcanéenne est plus petite, moins déjetée vers la face externe de l'os, et sa poulie est plus profonde.

Le Calcanéum est peut-être moins facile à caractériser. Toutefois, on peut assez aisément le distinguer de celui des Ruminants, par sa masse, par l'épaisseur de son apophyse cuboïdienne et par plusieurs autres caractères que nous avons plus haut indiqués. Son apophyse péronière permet de le distinguer plus aisément du calcanéum des Anoplothères où cette apophyse est grande, épaisse et droite, tandis qu'ici elle est petite et limitée par une surface articulaire oblique, qui anticipe beaucoup sur sa face externe; enfin, chez les Anoplothères la poulie de l'apophyse astragalienne est divisée en deux gorges par une arête intermédiaire fort saillante. Cette disposition est, il est vrai, indiquée dans l'Hippopotame, mais elle y est beaucoup moins marquée.

Les autres os du tarse présentent les particularités distinctives suivantes, en laissant de côté les Ruminants vrais qui ne sauraient donner lieu à aucune confusion à cause de la soudure, normale chez eux, du scaphoïde et du cuboïde. Il serait également fort difficile à hésiter, s'il s'agissait du scaphoïde d'un Cheval à cause de l'extrême aplatissement de cet os dans les espèces de ce genre, et leur cuboïde comprimé ne serait pas moins facile à distinguer. Il suffira donc d'insister sur la forme générale de ces deux os dans quelques pachydermes avec lesquels l'Hippopotame pourrait être plus aisément confondu.

Dans les Rhinocéros, les Paléothères et les Tapirs, le scaphoïde est plus déprimé encore que dans l'Hippopotame. Les trois facettes de sa face inférieure, étalées sur une surface peu convexe, sont à peine distinctes, tandis qu'elles sont fort accusées dans l'Hippopotame. Quant à la face supérieure, elle est, dans ce dernier animal, très-concave d'avant en arrière, et flanquée à son bord interne d'une sorte d'apophyse qui manque à cette face dans les Rhinocéros, les Palœothéres et les Tapirs où elle est en outre beaucoup moins concave.

Le cuboïde n'est pas moins facile à distinguer chez ces derniers animaux. Les deux facettes calcanéenne et astragalienne sont, pour ainsi dire, dans le même plan ; chez l'Hippopotame, au contraire, ainsi que nous l'avons vu, elles se développent dans un plan différent. Dans ce dernier, la face inférieure du cuboïde a deux facettes; elle n'en a qu'une dans le Rhinocéros, le Palœothére et le Tapir. Enfin, chez ces animaux, la face interne du cuboïde touche au scaphoïde et au troisième cunéiforme, par certaines apophyses saillantes, dont l'Hippopotame ne présente aucune trace. Ajoutons la grandeur et la complication plus grandes des apophyses et des tubercules postérieurs de cet os dans ce dernier animal, et enfin une forme à la fois plus massive et plus irrégulière, et rien ne sera plus aisé que de formuler, à l'aide de ces différences, un diagnostic certain.

Dans les Anoplothéres, il est d'autres différences. Le scaphoïde, bien qu'assez grand, est plus étroit. Sa face supérieure, très-concave, a deux gorges inégales séparées par une moulure intermédiaire. Sa face inférieure n'a qu'une grande facette pour le troisième cunéiforme ; les deux autres, à peine distinctes, sont portées sur un tubercule commun, et leur petitesse est proportionnée à celle des deux premiers cunéiformes ; enfin, la face externe présente pour le cuboïde, deux facettes distinctes, mais le meilleur caractère est fourni par une forte apo-

physe descendante qui émane de sa face postérieure; rien de
semblable n'existe dans l'Hippopotame.

Les trois cunéiformes sont peut-être plus difficiles à caractériser nettement dans ces différents animaux. Le troisième, qui
correspond au grand os de la main, est très-aplati dans l'Hippopotame, très-rugueux à sa face dorsale, et porte un talon fort
saillant. Ce talon est moindre dans le Rhinocéros, et le corps
de l'os est moins aplati. La facette d'articulation de la face inférieure se prolonge sur le talon, et ce caractère suffirait seul
pour distinguer l'Hippopotame des Anoplothères. Il est à peine
nécessaire de rappeler la largeur et l'extrême aplatissement de
cet os dans le Cheval, aplatissement qu'on retrouve également
dans les Ruminants, mais avec une largeur beaucoup moindre
et sans aucune trace de talon.

Le deuxième cunéiforme est fort réduit et son aplatissement
est extrême. Il est à peu près arrondi en forme de disque dans
l'Hippopotame, tandis que dans le Rhinocéros, il porte une
sorte de talon qui lui donne une forme elliptique. Cet os est
rudimentaire chez les Ruminants, et réduit à un petit noyau;
chez le Cheval, il est confondu avec le premier cunéiforme;
enfin, chez les Anoplothères, loin d'être aplati, il est comprimé
et confondu avec un rudiment de deuxième métatarsien.

Le premier cunéiforme est confondu chez l'Hippopotame
avec un rudiment de premier métatarsien, en un petit os styloïde, assez semblable à un pisiforme. Il en est de même dans
le Rhinocéros, mais ici l'articulation basilaire avec le scaphoïde
est moins large, et le crochet de l'extrémité styloïde est plus

recourbé. Les Ruminants n'offrent aucune trace de cet os;
nous venons de dire qu'il est confondu avec le deuxième cunéiforme dans les Chevaux; enfin, dans les Anoplothères, il est
confondu, avec un rudiment de premier métatarsien, en une
sorte d'osselet comprimé, terminé par une extrémité légèrement étalée.

C'est en général des Cochons que l'Hippopotame se rapproche
le plus, sous le point de vue des os du tarse, et en particulier
du cuboïde, mais le scaphoïde présente, dans les Cochons, une
grande apophyse descendante, qui rappelle assez bien la physionomie de cet os dans les Anoplothères. En outre, tous les os
sont moins massifs, moins déprimés, et les premiers cunéiformes
en particulier présentent des formes toutes différentes, sur lesquelles il n'est pas dans notre but d'insister ici.

Métatarsiens. — Les os métatarsiens de l'Hippopotame ne
sauraient être confondus avec ceux du cheval, ou des Ruminants. Leur force et leurs proportions massives indiquent immédiatement quelque grand mammifère, et tout au plus sera-
t-il utile de dire à l'aide de quels signes on les distingue de
ceux des Rhinocéros, des Palœothères, et de quelques mammifères à doigts épais.

Un seul coup d'œil permet de distinguer les deux métatarsiens intermédiaires de l'Hippopotame, du métatarsien médian
des Rhinocéros, des Palœothères, et des Tapirs. Leur diaphyse
est plus courte, relativement plus massive, moins aplatie
d'avant en arrière, et l'un de ses côtés est plus épais que l'autre.
Cette inégalité n'a point lieu dans le métatarsien médian des

Rhinocéros. des *Palæotherium*, et des Tapirs. Ici, les deux côtés sont d'épaisseur équivalente.

L'épiphyse supérieure fournit des caractères plus précis encore. Sa surface d'articulation tarsienne est à peu près plane, ce qui permet de distinguer du premier coup un métatarsien d'avec un métacarpien. Dans les pachydermes que nous venons de nommer, elle se prolonge en arrière en une sorte de talon. et la surface articulaire se développe, non-seulement sur le corps de l'épiphyse, mais sur toute l'étendue de ce talon. Cette épiphyse porte en outre, de chaque côté, deux facettes bien distinctes d'articulations métatarsiennes ; l'une de ces facettes est sur le corps de l'épiphyse, l'autre sur le talon. Or, les choses ne se passent pas de même dans les métatarsiens de l'Hippopotame. La facette d'articulation tarsienne est grande, mais elle ne se prolonge point sur le talon qui est néanmoins fort accusé ; enfin, il n'y a de chaque côté qu'une seule facette d'articulation métatarsienne, encore est-elle fort réduite. Cette facette correspond au corps de l'épiphyse ; celle du talon manque absolument.

Les *Anoplotherium* présentent d'autres caractères. La facette d'articulation tarsienne est grande, presque arrondie, mais elle ne se prolonge point sur le talon. Il y a chez eux deux facettes d'articulations métatarsiennes : l'une sur le corps de l'épiphyse. l'autre sur la base de son talon ; mais ces deux facettes n'existent que sur un seul côté de l'os. Des faits aussi faciles à définir sont d'un emploi commode et fournissent d'excellents signes caractéristiques.

L'épiphyse inférieure présente des caractères non moins tranchés. Dans les pachydermes à système digital impair, la diaphyse se dilate au-dessus de sa poulie dont elle est en outre séparée, à la face antérieure de l'os, par un sillon transversal bien marqué; la poulie d'ailleurs est large, hémicylindrique, et porte en arrière une moulure médiane qui se prolonge sur la face postérieure de la diaphyse en une côte très-saillante dans le Rhinocéros et flanquée de deux petites fossettes. Rien de semblable n'a lieu dans l'Hippopotame. Le cylindre de la poulie est d'un plus petit rayon, la moulure est presque nulle et rien n'y rappelle la côte et les petites fossettes dont nous avons parlé.

Les métatarsiens extrêmes ont des caractères plus accentués encore. Courts et trapus dans l'Hippopotame, ils sont allongés dans le Rhinocéros et dans les Pachydermes du même groupe. Leur extrémité supérieure n'a, dans le premier, qu'une seule facette d'articulation tarsienne. Encore est-elle assez mal définie; tandis que dans les derniers il y a deux facettes distinctes pour cette articulation; on comprend facilement qu'elles n'existent que d'un seul côté de l'os. Chez eux, la diaphyse se renfle au-dessus de la poulie inférieure, et ce renflement manque dans l'Hippopotame. La poulie inférieure est également inclinée en dehors dans les uns et dans les autres; mais elle est plus convexe dans le groupe auquel appartient le Rhinocéros. La moulure postérieure y est plus marquée, et la côte qui la surmonte est en outre flanquée de deux petites fossettes. Cette convexité, cette moulure saillante, cette côte, et ces fossettes, manquent ou à peu près dans l'Hippopotame.

Il est enfin un dernier caractère commun à tous les métatarsiens que nous retrouvons sur les phalanges, et que nous avons indiqué en parlant des os du tarse. Il consiste dans les rugosités dont la surface de ces os est presque en tous lieux chagrinée dans l'Hippopotame; il n'en est point de même dans les Rhinocéros, les *Palæotherium* et les Tapirs, chez lesquels la surface de ces os est éburnée et polie dans tous les points qui ne sont pas occupés par des perforations vasculaires. Nous avons déjà signalé ce caractère en parlant des métacarpiens et des autres os de la main.

Phalanges. — Les premières phalanges du pied de l'Hippopotame diffèrent à tous égards du pied du Rhinocéros. Dans ce dernier, elles sont remarquables par leur brièveté, par l'aplatissement de leur poulie inférieure, et surtout par l'existence, à leur face postérieure, d'une dépression profonde au-dessus de laquelle on remarque un double talon fort saillant. Ces caractères sont surtout remarquables dans la première phalange du doigt intermédiaire, qui est plus large que haute. Celle des doigts extrêmes est presque cubique, et leur surface très-dense présente des accidents singuliers qu'on pourrait comparer aux trous que laisse un ébauchoir sur la surface d'un modèle de cire. Aucun de ces caractères ne convient aux premières phalanges du pied dans l'Hippopotame, qui sont beaucoup plus hautes que larges, dont la poulie antérieure est hémicylindrique, et qui, au lieu où les Rhinocéros offrent une dépression profonde, c'est-à-dire sur leur face postérieure, présentent au contraire une saillie qui s'élève en se dilatant

jusqu'au double talon que porte en arrière l'extrémité supérieure de la phalange. Ajoutons que le corps de leur diaphyse
est légèrement évidé vers son milieu, ce qui n'a point lieu dans
les Rhinocéros. Nous pourrions dire la même chose des *Palæotherium* et des Tapirs. Enfin, les premières phalanges des
deux doigts intermédiaires, bien qu'à peu près symétriques, au
premier abord, ne sont pas d'égale épaisseur sur leurs deux
côtés, comme cela a lieu dans les Rhinocéros, les Palæothères,
les Tapirs et les Chevaux, et présentent en outre, sur leur
côté le plus épais, des saillies semblables à des plis en zigzag,
qui n'existent point dans les animaux que nous venons de
rappeler.

Des remarques analogues s'appliquent aux deuxièmes phalanges. Elles sont remarquables, dans les Rhinocéros, par leur
extrême brièveté. La largeur de la phalange du doigt intermédiaire est au moins double de sa hauteur. Cette phalange est
d'ailleurs fort aplatie, et sa face postérieure est remarquable
en ce qu'elle est, pour ainsi dire, criblée de trous vasculaires.
L'extrémité supérieure de cette phalange offre une surface
articulaire très-peu étendue d'avant en arrière, et proportionnée dans ce sens à l'aplatissement de l'os, mais fort développée
dans le sens transversal. Cette surface est très-peu concave ;
l'extrémité articulaire inférieure offre une forme cylindrique
d'un très-petit rayon, à peine peut-on soupçonner un indice
de gorge ; la surface articulaire se termine du côté de la face
dorsale par un petit bourrelet, et se prolonge fort loin sur la
face palmaire sur laquelle elle anticipe beaucoup.

Ces caractères sont fort éloignés de ceux que présentent les
secondes phalanges du doigt intermédiaire dans l'Hippopotame ; elles sont, il est vrai, très-peu hautes, mais leur brièveté
n'égale pas celle de la deuxième phalange du doigt intermédiaire dans le Rhinocéros. Elles sont aussi beaucoup moins
aplaties, et si leur surface est rugueuse et chargée de traces
périostiques, en revanche elle ne présente rien d'analogue aux
perforations que nous avons signalées dans l'animal que nous
venons de rappeler.

Les surfaces articulaires qui les terminent ne sont pas moins
caractéristiques. La supérieure est concave, et l'on distingue
dans cette concavité deux facettes distinctes ; l'inférieure forme
une poulie à deux lobes ou moulures, et dont la gorge est à la
fois large et profonde.

Les secondes phalanges des deux doigts externes sont irrégulièrement hexaédriques dans les Rhinocéros. La face antérieure et la postérieure sont parallèles et sont perpendiculaires
sur la face qui est tournée du côté de l'axe ; mais, la face antérieure étant plus courte que la postérieure, elles coupent obliquement le plan de la face externe. La face postérieure est
excavée et flanquée de deux collines qui correspondent à deux
arêtes verticales de l'hexaèdre, et dont la plus saillante est
extérieure. La face articulaire supérieure est presque carrée et
plane, à peu de chose près ; elle présente en arrière une échancrure qui correspond à la dépression de la face postérieure.
Quant à la face articulaire inférieure, elle est en forme de
poulie à grand rayon ; elle se termine en avant par un bour-

relet, et anticipe beaucoup sur la face postérieure de la phalange. La gorge est d'ailleurs très-peu profonde et ses lobes
sont peu convexes. De ces deux lobes, celui qui est du côté de
l'axe l'emporte en avant sur l'autre, mais lui cède en arrière.

Il n'en est point ainsi dans l'Hippopotame, où le lobe interne
(par rapport à l'axe) est d'un beaucoup plus grand rayon que
l'externe, qui, en revanche, est beaucoup plus saillant en bas,
en sorte que l'axe de la poulie inférieure est oblique et s'a-
baisse vers le côté extérieur de l'os; la gorge et les lobes de
cette poulie sont d'ailleurs bien marqués. Le corps de l'os est
légèrement évidé vers son milieu, et sa coupe transversale
n'est point quadrilatère, mais elliptique. Quant à sa face articulaire supérieure, elle est formée de deux cupules concaves,
juxtaposées et séparées l'une de l'autre par une crête saillante,
aux deux extrémités de laquelle on observe une saillie sur les
faces antérieure et postérieure de la phalange. Des saillies
analogues se voient d'ailleurs sur les phalanges intermédiaires.

Les phalanges unguéales sont petites dans l'Hippopotame, et
fort éloignées de la forme qu'elles présentent dans les Rhinocéros, les Palæothères, les Tapirs, etc. Dans ces animaux, elles
sont grandes, étalées avec des prolongements latéraux plus ou
moins compliqués; rien de semblable n'existe dans l'Hippopotame. Ainsi que nous l'avons indiqué plus haut, elles sont
courtes et ramassées; celles qui terminent les deux doigts
intermédiaires se correspondent par un bout très-épais, et
lorsqu'elles sont rapprochées, leur ensemble est parfaitement

symétrique. Blainville en a fort bien indiqué le caractère. Les dernières phalanges des deux doigts extrêmes ont en général les mêmes caractères; mais elles sont petites, et leur pointe est généralement recourbée vers l'axe du pied. Leur face intermédiaire a deux facettes concaves, et il en est de même des doigts intermédiaires. La phalange qui termine l'annulaire du quatrième doigt est la plus massive de toutes.

Ces caractères éloignent singulièrement l'Hippopotame des grandes espèces d'*Anoplotherium*. Ici les premières phalanges sont moins hautes et moins évidées. La poulie inférieure a une gorge large, mais elle n'est point terminée par deux lobes saillants. En outre, sa face antérieure se termine sur les faces antérieure et postérieure par deux petits bourrelets.

La face articulaire supérieure est concave et divisée en deux parties équivalentes par une petite dépression. Quant à la face postérieure, elle présente, il est vrai, à son sommet, deux talons saillants, mais au-dessous d'eux elle est concave dans toute son étendue. Ces phalanges d'ailleurs portent quelques crêtes irrégulières, et leurs côtés sont d'épaisseur inégale. Comme on le voit, l'examen seul de leur face postérieure permettrait de distinguer ces phalanges, non-seulement de celles des Hippopotames, mais encore de celles des Rhinocéros. Nous insisterons peu sur les secondes phalanges; elles se distinguent immédiatement, dans les Anoplothères, par la configuration de leur face dorsale qui résulte du rapprochement des deux plans dont l'union donne lieu à une arête saillante. Cette face est extrêmement rugueuse. La postérieure est presque plane et se termine, à sa partie supérieure, par deux talons dont l'extérieur est le plus grand. La poulie inférieure n'a point de lobes ; en revanche, sa gorge est très-large. Son revêtement articulaire se termine en arrière par un bourrelet très-saillant qui manque à la face dorsale, au contraire de ce qui a lieu dans les Rhinocéros. L'absence de lobes à cette poulie ne permet aucune confusion avec l'Hippopotame. La face articulaire de l'extrémité supérieure présente deux facettes concaves ; elle est relativement beaucoup moins large que dans l'Hippopotame. Enfin, les phalanges unguéales ont une configuration toute spéciale : elles sont massives, rugueuses, pyramidales, avec une face dorsale fortement carénée, et une face palmaire convexe, qui s'appliquait certainement au sol dans toute son étendue, et non pas seulement par sa base. La face articulaire de leur base est large, arrondie, et taillée en forme de selle.

On aurait pu s'attendre à trouver entre l'Hippopotame et les Cochons des rapports plus intimes ; mais, sauf les conséquences qui résultent d'un groupement semblable des os dans ces deux groupes, ils diffèrent autant que possible. Les métatarsiens et les phalanges ont d'autres formes dans les Cochons. Ils sont plus allongés, plus grêles ; leurs poulies sont plus compliquées, les phalanges sont fortement carénées. Mais nous n'avons pas ici à décrire en détail les phalanges et les métatarsiens des Cochons. Cela est d'autant moins nécessaire, que leur gracilité éloigne toute idée d'assimilation possible avec l'Hippopotame.

Sésamoïdes. — Ceux des premières phalanges sont grands,

très-rugueux, tranchants en arrière. Leur facette articulaire n'en occupe point toute la hauteur. Elle est légèrement concave de haut en bas, et convexe transversalement; son contour est assez régulièrement elliptique. Ils diffèrent beaucoup de ceux des Cochons, qui sont hauts, plus plats et beaucoup plus larges; de ceux des Ruminants, qui s'articulent à la phalange par une petite facette quadrilatère qui manque dans l'Hippopotame; de ceux des Chevaux, qui sont massifs et de forme pyramidale; de ceux des Rhinocéros, qui sont à la fois plus gros et plus courts.

Je ne puis rien dire des petits sésamoïdes des petites phalanges, presque toujours oubliés par les ostéologistes; ils manquent aux trois squelettes de la collection, et, dans les jeunes animaux qu'il m'a été donné d'examiner, ils n'étaient pas encore ossifiés.

§ 3. — De la colonne céphalique.

Le crâne de l'Hippopotame, comme celui de tous les autres mammifères, est composé certainement de quatre et peut-être de cinq segments vertébraux; nous acceptons à cet égard les divisions admises par Oken et par notre illustre maître, H. de Blainville, à part certains points qui nous semblent exiger quelques modifications légères.

Cette division du crâne en vertèbres, ou, pour mieux dire, en segments osseux successifs, comparables à ceux de la colonne vertébrale, souleva, lorsqu'elle fut proposée pour la première fois, une opposition formidable. Lorsque Duméril, renouvelant l'idée de Burdin, lut à l'Académie des sciences son mémoire sur l'*Analogie qui existe entre tous les os et les muscles du tronc dans les animaux* (1808), le mot «vertèbre pensante» circula malicieusement parmi la docte assemblée, et ce mot, c'est Etienne Geoffroy qui nous l'apprend, parut à beaucoup de gens avoir frappé à mort l'idée nouvelle. Cette idée cependant, telle que l'avait conçue Duméril, n'avait rien de bien effrayant. Duméril étudiait les muscles de la colonne vertébrale ; il voyait ces muscles s'attacher sur le crâne par leurs prolongements ultimes, lui imprimer des mouvements de flexion et de rotation sur l'axe, analogues à ceux qui se passent dans le rachis ; il vit, en un mot, le crâne tourner sur son axe, et c'est ainsi que, se laissant guider, moins par une idée que par une étymologie, la tête fut, à ses yeux, une vertèbre et une seule vertèbre.

Cette idée, comme on le voit, était bien plus éloignée qu'on ne l'a généralement admis, des théories actuelles émanées des admirables travaux d'Oken, de Geoffroy Saint-Hilaire, de Spix, et de Blainville. C'est à ces savants illustres qu'appartenait l'honneur de concevoir dans le crâne un rachis immobile, composé de segments distincts, montrant ses trous de conjugaison, ses côtes, et, comme le tronc, servant de base à des membres surajoutés : proposition d'autant plus hardie, que toute idée nouvelle, quand elle ne découle pas immédiatement d'idées antérieurement reçues, peut être à bon droit soupçonnée, tant que le temps et le travail des générations successives ne l'ont pas entièrement dégagée des brumes qui l'enveloppaient à son lever.

La théorie de la composition vertébrale du crâne souleva
donc, au début, une foule d'objections à quelques-unes desquelles l'esprit sévère de Cuvier dut naturellement accorder
une grande valeur. Il ne suffit pas, en effet, d'affirmer et de
se poser *motu proprio* en législateur de la science, et, si l'on
veut imposer ses idées, il faut d'abord en démontrer la justesse. Malheureusement, les preuves, en histoire naturelle,
impliquent la connaissance d'un si grand nombre de faits con-
statés et rigoureusement appréciés, que leur évolution est
naturellement très-lente. Et comment, au début, n'eût-on pas
hésité ? Pour Duméril, il n'y avait dans la tête qu'une seule
vertèbre; Oken en admettait six ; Et. Geoffroy, de son côté, en
comptait sept, en divisant le nombre des pièces d'ossification
de la tête, qu'il portait à soixante-trois (peut-être sans preuves
suffisantes), par le nombre neuf, nombre formel des pièces
composantes du type qu'il avait choisi, c'est-à-dire d'une vertèbre caudale de jeune plie. Ainsi, là où la forme semblait être
l'élément principal, Geoffroy, comme un autre Pythagore,
partait d'un nombre, et ce nombre lui servit d'étoile dans la
recherche du groupement idéal de toutes les pièces employées
dans la charpente osseuse de la tête.

Cette marche était celle d'une foi puissante, mais le génie
poétique d'E. Geoffroy brillait, environné d'incertitudes et de
mystères; créé pour deviner la vérité plutôt que pour la formuler, il fut prophète bien plus que législateur; suivi de pro-
sélytes enthousiastes, il n'entraîna pas ces esprits lents et
sévères qui ne gravissent le sentier des sciences qu'armés du

doute philosophique. Le torrent n'ébranla pas Cuvier, qui, trop occupé malheureusement des défauts et des incertitudes de la doctrine nouvelle, dédaigna d'examiner si, comme le fumier, elle contenait un peu d'or, un peu de vérité.

Blainville ne commit pas cette faute. Disciple de Gall dans l'étude du système nerveux, il comprit aisément le parti qu'on pouvait tirer des nerfs crâniens dans cette recherche, en examinant s'ils ne formaient point, à la manière des nerfs rachidiens, des paires distinctes. Or, cet examen le conduisit à reconnaître trois paires de nerfs, et, par conséquent, trois paires de trous de conjugaison, impliquant nécessairement l'existence de quatre vertèbres distinctes. Il fut ainsi amené à accepter l'idée fondamentale d'Oken, mais peut-être s'éleva-t-il moins haut que l'anatomiste allemand, dans l'analyse des parties surajoutées qu'il désignait sous le nom d'*appendices*, nom sous lequel il confondait les membres et les arcs costaux en un même système, manière de voir que nous avons vu récemment renouveler par d'habiles zoologistes, sans acquérir à nos yeux plus de certitude et de légitimité.

Nous suivrons, en conséquence, la méthode d'Oken dans l'analyse que nous allons donner des pièces qui composent le crâne dans le jeune Hippopotame; elle nous a paru être à la fois la plus certaine et la plus claire, et nous n'y apporterons que quelques modifications légères, qui nous ont paru commandées par les faits, mais qui n'altèrent en rien, hâtons-nous de le dire, l'idée primitive de cet illustre philosophe.

I. — Description de la tête dans le fœtus à terme.

A. — DE LA PREMIÈRE VERTÈBRE DU CRANE, OU VERTÈBRE OCCIPITALE.

Cette vertèbre a pour corps l'*os basilaire*; cet os, dans l'Hippopotame, est allongé et légèrement dilaté à sa partie postérieure. La figure de son ensemble est à peu près celle d'un quadrilatère symétrique dont les angles postérieurs sont taillés à deux facettes. Il forme un corps de vertèbre extrêmement plat, et recourbé légèrement en manière de gouttière longitudinale du côté de la cavité crânienne.

L'arc supérieur de la vertèbre a pour bases deux *occipitaux latéraux* que complètent un *occipital supérieur* assez large et deux petites pièces *épactales*. Chaque occipital latéral s'articule par deux racines avec les facettes taillées sur les angles postérieurs du *basilaire*. La racine postérieure est très-épaisse et porte le condyle occipital; elle s'articule avec la facette postérieure qui est légèrement concave; la racine antérieure, très-grêle à sa naissance, se dilate à son extrémité qui s'applique sur la facette antérieure; entre ces deux racines est compris le trou condylien. L'antérieure porte à sa base une large apophyse transverse qui s'applique à l'apophyse mastoïde du rocher, et se prolonge en dessous en une apophyse jugulaire pyramidale, qui forme la paroi postérieure de la fosse qui comprend la base de la chaîne styloïdienne. Enfin, du pied de cette pyramide naît encore une petite épine qui s'avance vers la caisse et divise

en deux ouvertures la partie la plus large du trou déchiré postérieur.

La partie écailleuse de l'occipital latéral est intimement
unie par sa base à sa portion transversaire ; elle est large, en
forme de fer de hache ; sa face libre est légèrement excavée
en une gouttière transversale qui se recourbe élégamment
entre le condyle et l'apophyse jugulaire. Le tranchant de la
hache s'articule avec l'occipital supérieur ; ses côtés s'unissent, l'externe avec la portion mastoïdienne du rocher, l'interne avec la portion écailleuse de l'autre occipital latéral,
en sorte que ces deux os circonscrivent complétement le trou
occipital qu'ils séparent de l'occipital supérieur. Le même fait
se retrouve dans les Ruminants ; il n'a donc pas la valeur que
lui accordait E. Geoffroy en se fondant sur lui pour assimiler
à un rocher l'occipital supérieur des crocodiles.

L'*occipital supérieur* est rhomboïdal ; la plus grande part de sa
face libre est concave, rugueuse, et fait partie de la face postérieure du crâne ; l'autre part, qui termine l'angle antérieur du
rhombe, appartient à la face supérieure ; elle est légèrement
convexe ; une crête rugueuse (*crête occipitale*) la sépare de l'autre
part.

L'angle postérieur du rhombe est compris dans l'angle rentrant que forment les bords supérieurs des occipitaux latéraux. Les côtés antérieurs du rhombe sont anguleux et fort
régulièrement symétriques ; ils s'articulent avec les bords postérieurs des pariétaux ; enfin l'angle antérieur touche aux os
épactaux. Ceux-ci rappellent assez bien ceux du cheval ; ils sont

fort petits et semblent au premier abord s'avancer entre les deux pariétaux et les séparer l'un de l'autre, jusque vers le milieu de la suture sagittale. Mais ce n'est là qu'une apparence. En effet, les pariétaux s'unissent au-dessous d'eux et se prolongent jusqu'à l'occipital supérieur. Ainsi les épactaux ne contribuent en aucune façon, dans l'Hippopotame, à l'ampliation de la cavité crânienne, et sont simplement appliqués sur le crâne comme deux petites écailles. Dès lors ces os sont, dans le cas dont il s'agit, à peu près sans usage, mais il n'en est pas toujours ainsi : dans l'homme, par exemple, où ils sont représentés par la partie squameuse de l'occipital supérieur, ils contribuent d'une manière efficace à l'agrandissement de la loge cérébrale; dans le Chat, au contraire, ils sont employés dans l'agrandissement de la loge cérébelleuse. Ils jouent en quelque sorte le rôle d'éléments supplémentaires que la nature s'est réservé comme une ressource dont elle fait usage, tantôt dans un sens, tantôt dans un autre, suivant les vues particulières qu'elle doit réaliser.

Telle est la composition de l'arc supérieur de la vertèbre occipitale dans l'Hippopotame. Cet arc, dont le rôle semble être de fermer le crâne en arrière, donne en outre attache à tous les muscles supérieurs qui meuvent la tête sur le cou; il est d'ailleurs beaucoup moins élevé que dans les Cochons, où il prend la forme d'une grande apophyse pyramidale dont la longueur est proportionnelle à celle des grandes apophyses épineuses de la région dorsale; mais ce développement de l'apophyse épineuse de la tête, dans les Cochons, a une relation évidente avec

l'usage qu'ils font de leur grouin pour fouir et déterrer des
racines ; les mœurs de l'Hippopotame n'ont point rendu ces
conditions nécessaires, et les apophyses épineuses du tronc et
de la tête se sont simultanément réduites.

B.— DEUXIÈME VERTÈBRE CÉPHALIQUE, OU VERTÈBRE SPHÉNO-PARIÉTALE.

De même que la vertèbre précédente, la sphéno-pariétale
présente un os basilaire assez aplati et deux fois plus long que
large. Ce corps, libre en arrière, porte en avant deux masses
latérales pédonculées, de chacune desquelles naît une grande
aile à deux branches qui embrassent en manière de fourche
l'épine inférieure de la portion écailleuse du temporal.

La branche postérieure, intimement appliquée à cette épine,
limite en avant le trou déchiré antérieur, l'une des divisions du
trou de conjugaison postérieur de la tête. Quant à la branche
antérieure, elle porte à sa base une sorte de talon pointu qui
sert de contre-fort à l'os palatin postérieur, et représente évidemment l'apophyse transverse de la deuxième vertèbre céphalique. Ce talon correspond, chez l'Hippopotame, à ce que les
anthropotomistes ont nommé *apophyse ptérygoïde* externe. Au
delà, la branche se prolonge en une aile étroite légèrement
courbe, qui contourne le bord antérieur du temporal écailleux
et se termine par un sommet bifide dont la pointe postérieure
touche au pariétal, tandis que l'antérieure vient s'arc-bouter
contre la base de l'os palatin postérieur ; une échancrure
sépare ces deux pointes et, complétée par une échancrure
correspondante de l'apophyse d'Ingrassias, elle concourt avec

elle à la formation d'un trou assez régulièrement circulaire, qui représente à la fois la fente sphénoïdale et le trou rond du sphénoïde humain. Cette confusion de ces deux ouvertures se retrouve aussi dans le crâne des Ruminants ; elle indique assez clairement que le trou rond n'a pas une existence nécessaire, et qu'il n'est en réalité qu'un démembrement de la fente sphénoïdale.

Ainsi, il n'y a pas de trou rond dans l'Hippopotame, il n'y a pas davantage trace de l'existence d'un trou ovale ; celui-ci n'est, en effet, qu'un démembrement du trou déchiré antérieur, et sa suppression n'implique aucune altération du type fondamental ; mais nous reviendrons dans un instant sur ces faits si intéressants pour l'anatomie systématique.

L'arc supérieur de la deuxième vertèbre est, suivant l'usage, complété par deux pariétaux. Ces os, convexes extérieurement, sont irrégulièrement quadrilatères et beaucoup plus larges en avant qu'en arrière. Leur angle antéro-inférieur est extrêmement aigu ; il se recourbe pour faire partie de la paroi postérieure de l'orbite, et touche par son sommet à la grande aile du sphénoïde, ce qui n'a pas lieu dans les Cochons proprement dits. Les pariétaux ont d'ailleurs, soit avec l'occipital, soit avec le frontal, leurs rapports accoutumés. Dans le crâne du squelette de fœtus que possède, depuis 1827, la galerie du Muséum de Paris, un petit os wormien occupe la région qui correspond à la fontanelle antérieure ; cet os, dont la face la plus dilatée regarde la cavité crânienne, est parfaitement symétrique dans toutes ses parties.

La vertèbre occipitale, comme cela a lieu dans tous les Mammifères, manque d'arc inférieur; il n'en est pas ainsi de la vertèbre sphéno-pariétale, qui porte deux os ptérygoïdiens ou palatins postérieurs parfaitement développés. Ces os sont légèrement recourbés et s'appliquent par une base très-large sur les masses latérales de la vertèbre et sur les côtés de sa partie basilaire. L'épine descendante de la grande aile du sphénoïde leur sert de contre-fort extérieur; en avant, ils touchent dans toute leur longueur aux os palatins antérieurs avec lesquels ils forment une série régulière. Ils ne s'unissent point l'un à l'autre, et les choses se passent à cet égard comme dans les autres animaux mammifères. Leur sommet se termine par un crochet recourbé et fort saillant en arrière.

C. — TROISIÈME VERTÈBRE, OU VERTÈBRE SPHÉNO-CORONALE.

Cette vertèbre a pour corps le *sphénoïde antérieur*. Les apophyses d'Ingrassias ou *petites ailes*, complétées par les frontaux, composent son arc supérieur; enfin l'arc inférieur est constitué par les os palatins antérieurs; tous les anatomistes, à peu d'exceptions près, sont d'accord là-dessus.

Le corps de cette vertèbre est très-petit. Un cartilage épais l'unit au corps du sphénoïde postérieur, pendant cette époque de la vie de l'Hippopotame que nous étudions plus particulièrement ici. Sa face inférieure est presque entièrement cachée par les prolongements postérieurs du vomer; sur ce corps s'appuient des apophyses d'Ingrassias épaisses et dilatées dont le bord antérieur et le supérieur s'articulent dans une longue échancrure de la partie orbitaire du frontal; plus bas, l'apophyse s'unit à l'angle antéro-inférieur du pariétal, puis à la grande aile du sphénoïde postérieur, au palatin postérieur, enfin au palatin antérieur ; entre les deux points par lesquels elle touche à la grande aile du sphénoïde et au palatin postérieur, son bord postérieur présente une assez grande échancrure qui forme la limite supérieure de la fente sphénoïdale.

Les *ailes d'Ingrassias* sont, suivant l'usage, percées d'un trou vers leur milieu pour le passage du nerf optique. Ce trou est fort petit eu égard au grand volume de la tête. Leur face externe est légèrement concave et fait partie de la voûte supérieure de l'orbite.

Les *frontaux* complètent l'arc supérieur de la vertèbre qui nous occupe. C'est surtout à propos de ces os qu'on peut regretter l'extrême pauvreté de la parole humaine. Comment en effet exprimer avec une précision suffisante leurs courbures si variées et ces modifications si curieuses par suite desquelles ils peuvent envelopper à la fois un organe *intérieur*, le cerveau, et l'appareil extérieur de la vision. Aussi, renonçant à une clarté impossible, me bornerai-je à indiquer sommairement les particularités les plus remarquables de la forme.

L'arc frontal est, dans l'Hippopotame, beaucoup moins développé que l'arc pariétal, au contraire de ce qui a lieu dans les Cochons, les Ruminants et les Chevaux. Ainsi, la longueur des pariétaux étant de 55 millimètres, celle des frontaux, dans l'un des jeunes individus que nous examinons, est de 38 millimètres seulement.

La face supérieure de ces *frontaux* est à peu près plane ; elle se termine extérieurement par les crêtes orbitaires relevées d'autant plus que l'animal se rapproche davantage de l'âge adulte. L'extrémité antérieure de ces crêtes se termine sur le bord antérieur de l'orbite, en s'articulant avec le lacrymal ; la postérieure se termine en une apophyse qu'un ligament unit dans le fœtus à une saillie correspondante de l'os malaire. Ce ligament intermédiaire est remplacé dans l'adulte par une traverse osseuse, mais, dans le fœtus que nous avons sous les yeux, il comble un intervalle d'environ 14 millimètres.

La crête orbitaire forme dans son développement un cintre légèrement surbaissé, à partir duquel la face orbitaire du frontal descend par une pente assez rapide jusqu'aux ailes d'Ingrassias qu'elle reçoit dans une profonde échancrure, et par lesquelles elle est en quelque sorte complétée. Elle touche en outre à l'os palatin antérieur. Le plafond de l'orbite ainsi constitué est assez régulièrement concave, et s'éloigne peu, quant à sa courbure, d'une surface conique. La base de ce cône correspond à l'ouverture de l'orbite, son axe s'abaisse vers la fente sphénoïdale. Cette direction oblique et ascendante des orbites était évidemment commandée par le genre de vie de l'animal qui, presque toujours plongé dans les eaux des lacs ou des fleuves d'Afrique, ne voit pas d'en haut la terre des rives, comme les animaux terrestres, mais d'en bas, et peut-être à cet égard comparé à un véritable uranoscope ; de là cette

prodigieuse saillie des yeux qui donne à l'Hippopotame une
ressemblance prodigieuse avec les Crocodiles et certains Batra-
ciens anoures.

La suture qui unit le bord postérieur du coronal aux pariétaux est régulièrement onduleuse et, dans l'ensemble de sa
partie moyenne, un peu convexe en arrière; mais, au niveau
des apophyses orbitaires externes, elle s'incline brusquement
en arrière et se prolonge jusqu'à l'angle antéro-inférieur du
pariétal; puis elle se recourbe avec cet angle et vient se
continuer avec la suture qui unit le coronal aux ailes d'Ingrassias.

Le bord antérieur des frontaux est concave en avant dans sa
partie moyenne qui embrasse en quelque sorte la base des os
nasaux; sur les côtés, au niveau de l'apophyse orbitaire
interne, il s'agence avec les os lacrymaux, passe sur la tubérosité du maxillaire supérieur, et descend jusqu'au palatin
antérieur.

Le bord inférieur, enfin, s'articule avec ce dernier os, en
arrière duquel il présente une grande échancrure dont nous
avons parlé et qui reçoit les petites ailes du sphénoïde.

La vertèbre sphéno-frontale a pour arc inférieur les deux
palatins antérieurs. Ces os, très-larges, très-robustes, et très-
différents de ceux des Ruminants et des Chevaux, confinent
d'une part aux os palatins postérieurs, et aux maxillaires
d'autre part. Le bord postérieur de leur partie palatine est
concave; l'antérieur, au contraire, est très-convexe et s'avance
assez loin dans l'aire du palais.

D. — QUATRIÈME VERTÈBRE, OU VERTÈBRE ETHMO-NASALE.

Il me serait difficile de donner ici une idée suffisante de la vertèbre nasale, les crânes des sujets que j'ai examinés n'ayant point été décomposés, et leur ossification d'ailleurs n'étant point complète. Je ferai remarquer seulement que son corps, ainsi que cela a lieu dans la plupart des animaux mammifères, est presque en entier englobé par le frontal, en sorte qu'il n'y a point d'*os planum*. Ce corps n'est rien autre chose que l'ethmoïde, que nous jugerons fort réduit, en ayant égard à la brièveté de la loge où il est pour ainsi dire encastré.

Les *nasaux* qui constituent évidemment l'arc supérieur de cette vertèbre, et forment avec le frontal une série régulière, sont très-longs et recouvrent pour ainsi dire le *dos* de la partie faciale de la tête. Dans le squelette de fœtus qui a servi de type à nos mesures, tandis que la longueur des frontaux n'était que de 38 millimètres, les nasaux mesuraient 80 millimètres, et cette différence énorme est encore exagérée dans l'animal adulte.

L'arc inférieur, formé selon nous par le vomer et les inter-maxillaires, a un développement proportionnel à celui de l'arc supérieur. Le vomer se prolonge en arrière par une extrémité bifide jusqu'au-dessous du corps de la vertèbre sphéno-frontale. Par son autre extrémité, il s'avance fort loin au-dessus de la queue des intermaxillaires. Sa concavité loge une cloison épaisse, mais ses côtés ne présentent point d'ailes latérales, propres à envelopper les tubes qui forment la base de l'organe de Jacobson. Ces tubes sont logés exclusivement dans des gouttières des os maxillaires supérieurs.

Les *os incisifs*, attachés à l'extrémité antérieure du vomer, sont volumineux, écartés l'un de l'autre, et sensiblement divergents ; leur racine palatine est épaisse mais très-courte ; leur apophyse montante est également peu élevée ; elle atteint, il est vrai, jusqu'au dernier tiers des nasaux, mais ne remonte pas au delà. Ces branches montantes forment les parties inférieures et latérales du pourtour de l'orifice antérieur des fosses nasales, et il est certainement remarquable que cette vertèbre ethmo-nasale soit ainsi employée à commencer et à terminer la cavité nasale de la face (1).

(1) Si nous sommes nécessairement amené à considérer le vomer comme constituant l'arc inférieur de la vertèbre ethmoïdale, peut-être serait-il également légitime de voir, dans les intermaxillaires, l'arc inférieur d'une dernière vertèbre dont le corps pourrait être représenté par la lame cartilagineuse de la cloison à laquelle il ne serait peut-être pas impossible de rattacher les cornets inférieurs, dont l'analogie avec les masses latérales de l'ethmoïde est évidente ; ces cornets, dans cette hypothèse, seraient des parties détachées du corps d'une cinquième vertèbre ; des recherches que mon ami, le docteur Curie, poursuit depuis quelque temps sur le développement de l'ethmoïde et des cavités nasales, semblent donner beaucoup de probabilité à cette manière de voir. Ainsi, nous admettons à la rigueur cinq vertèbres céphaliques, M. Curie, de son côté, en admet six, en considérant, il est vrai, le maxillaire supérieur comme un arc costal. Nous avouons ne pas partager cette opinion ; le maxillaire supérieur semble, il est vrai, former avec l'intermaxillaire et la palatine une série régulière ; mais ce n'est là qu'une apparence : l'étude du développement des mâchoires, comme M. Coste le fait très bien remarquer, et celle des monstruosités de la face, ne sont pas favorables à cette manière de voir ; il nous a donc semblé plus légitime de rattacher le maxillaire supérieur, ainsi que l'inférieur et ses annexes, à la série des pièces surajoutées à la colonne céphalique, et dans lesquelles il nous a semblé impossible de ne pas reconnaître, comme le voulait *Oken*, des membres de la tête.

Remarques sur les trous de conjugaison du crâne. — Les trois trous de conjugaison du crâne de l'Hippopotame présentent les particularités suivantes :

Le postérieur, compris entre l'occipital et le sphénoïde postérieur, est d'une grandeur remarquable ; ses limites sont : en dedans, le basilaire occipital et le basilaire sphéno-pariétal ; en avant, la grande aile du sphénoïde ; en haut, le pariétal ; en arrière l'occipital latéral.

Les parties supérieures de ce grand vide sont recouvertes par le temporal, mais dans une très-faible étendue ; les parties inférieures logent le mastoïdo-rupéal, mais cet os en occupe seulement le centre, en sorte qu'un espace vide le circonscrit, disposition que Cuvier et Blainville ont fort à propos signalée. La partie de cet espace qui est au-devant du rocher, est ce qu'on appelle le trou déchiré antérieur, celle qui est en arrière est le trou déchiré postérieur ; ces deux trous seraient séparés l'un de l'autre si le rocher, dans l'Hippopotame, touchait par son sommet au corps des vertèbres crâniennes ; mais il n'en est pas ainsi.

Le trou déchiré postérieur est divisé en trois ouvertures secondaires par deux colonnes émanées de l'occipital latéral ; celle de ces ouvertures qui est la plus rapprochée du condyle n'est rien autre chose que le trou condylien ; cette observation démontre immédiatement que ce trou n'est qu'un démembrement du trou déchiré postérieur. Le trou déchiré antérieur présente une autre particularité intéressante, il est confondu avec le trou ovale dont aucun point ne le sépare ; nous en tirons cette conséquence, que ce trou n'est qu'un démembrement du trou déchiré antérieur et par conséquent du trou de conjugaison postérieur du crâne. Ces remarques ne sont pas sans importance pour la discussion relative au nombre des paires nerveuses du crâne (1).

Le trou de conjugaison moyen comprend à la fois le trou optique et la fente sphénoïdale; nous avons déjà signalé, après Cuvier, la forme presque régulièrement circulaire de cette ouverture; elle a, dans le Cochon, une disposition analogue; nous avons dit également que le trou optique est fort petit dans l'Hippopotame.

Le trou de conjugaison antérieur est évidemment représenté par la lame criblée; mais il ne m'a pas été donné de l'étudier assez complétement pour pouvoir le décrire.

II. — Des mâchoires dans le fœtus.

Nous considérons, avec Oken et Coste les mâchoires comme des membres de la tête; ce n'est point par le goût des choses extraordinaires que nous nous laissons guider en ceci; toutes les vertèbres crâniennes présentant des parties analogues aux masses latérales et des appendices costaux, les pièces plus ou moins mobiles, qui sont surajoutées à ces parties et ne peuvent être rattachées en conséquence au système de l'axe vertébral, seront à bon droit considérées comme des membres.

---

(1) C'est à tort que Cuvier rattachait le trou rond lui-même au trou déchiré postérieur; mais Blainville, qui le critique à cet égard, ne commet pas une erreur moins grande quand il rattache le trou ovale à ce qu'il appelle le *trou* de la cinquième paire, c'est-à-dire à la *fente sphénoïdale*. (*Ostéographie*, g. *Hippopotame*, p. 15.)

Ces membres sont-ils des bras ou des jambes? Ni l'un ni l'autre. La main n'est pas le pied; que dis-je, la main et le pied d'un animal ne sont pas la main ou le pied d'un autre animal. En effet, des choses homologues ne sont pas nécessairement semblables ; à plus forte raison ne devra-t-on pas chercher des similitudes absolues entre deux choses qui ne sont qu'analogues, comme le sont les membres du tronc et ceux de la tête. Aussi ne dirons-nous pas, en parlant des mâchoires, la jambe ou le bras de la tête, des expressions de cette nature sont le résultat d'exagérations naturelles aux systèmes naissants; nous ne chercherons pas davantage à retrouver, dans ces membres de la tête, toutes les pièces que l'analyse anatomique découvre dans ceux du tronc ; une pareille prétention, disons-le franchement, serait puérile ; vaudrait-il autant essayer de découvrir dans le bassin d'un Dugong, d'un Cétacé, que dis-je, dans les appendices génitaux d'un Python mâle, toutes les parties qui composent le membre postérieur de l'homme, ou même de démontrer, dans la main de celui-ci, toutes les pièces osseuses que l'on rencontre dans la nageoire pectorale de certains Rorquals et de quelques Dauphins.

Ceci posé, et sans avoir égard au nombre des pièces osseuses qui les composent, nous verrons dans la mâchoire supérieure de l'Hippopotame une paire de membres immobiles, et, dans la mâchoire inférieure, une seconde paire de membres en partie mobiles. Si ces déterminations soulevaient quelques doutes, on ne contestera pas du moins la clarté que ces considérations jettent sur les méthodes de description de la tête, quelque incertaines qu'on puisse les supposer au premier abord.

Mâchoire supérieure. — Elle comprend trois os, savoir : 1° l'*unguis* ou lacrymal; 2° le *malaire* ou zygomatique; 3° le *maxillaire supérieur*.

L'os *unguis*, compris entre l'os malaire et les apophyses orbitaires du frontal, n'est visible que du côté de la face et du côté de l'orbite; cette partie visible est fort étroite; elle se compose de deux faces très-inclinées l'une sur l'autre et séparées par une arête saillante qui se continue avec les crêtes orbitaires du frontal et du malaire et fait partie du cadre de l'orbite. L'une de ces deux faces, l'antérieure, est irrégulièrement pentagonale et comprise entre le frontal, le maxillaire supérieur, le nasal et l'os malaire; le cinquième côté est formé par l'arête dont j'ai parlé. L'autre face, la postérieure, fait partie de l'orbite; elle a quatre côtés: l'antérieur est formé par la même arête; le supérieur s'articule avec le frontal, l'inférieur avec l'os malaire; le postérieur est libre et touche à peine en quelques points à la tubérosité de l'os maxillaire. Ce que nous venons de dire fait aisément comprendre que ce dernier os, ainsi que dans les Ruminants, les Cochons et le Cheval, ne prend aucune part à la formation de l'orbite. Dans l'Hippopotame, du moins dans les fœtus que j'ai sous les yeux, l'unguis ne présente sur sa face orbitaire aucun orifice qu'on puisse rapporter aux conduits lacrymaux. Cuvier avait déjà fait la remarque que ce canal est fort reculé. Il l'est à tel point, qu'il passe en effet en arrière de l'unguis, entre cet os et la tubérosité de l'os maxillaire : cette disposition est évidemment une exagération de ce que l'on voit dans le Cochon, où l'ouverture du conduit lacrymal occupe le centre même de la face orbitaire de cet os. Il est fort différent de ce que l'on voit dans le Cheval, où ce canal se rapproche du bord de l'orbite, et dans les Ruminants, chez lesquels il y a deux petits trous lacrymaux sur l'arête même qui sépare la face orbitaire de l'unguis de sa face antérieure (1).

L'os malaire est assez robuste. Il se détache de la face, se porte un peu en dehors, puis se recourbe en arrière, et s'unit, par une extrémité taillée en biseau, avec la pointe de l'apophyse zygomatique.

Sa base, taillée en coin, s'incruste en quelque sorte entre l'unguis et le maxillaire supérieur. Il décrit, dans son développement, une courbe assez élégante, et forme à l'ordinaire l'arc inférieur du cadre de l'orbite. Son bord inférieur s'articule, en avant et dans les deux tiers de sa longueur, à l'os maxillaire ; une crête fort accusée divise longitudinalement sa face externe ; elle donne attache au muscle masséter ; sa face orbitaire forme en se développant une courbe régulière ; le bord supérieur se relève derrière l'orbite en une apophyse peu sail-

---

(1) Si nous exceptons les Caméliens, qui diffèrent à tant d'autres égards des Ruminants proprement dits ; chez eux, le trou lacrymal n'est point percé sur l'arête du cadre orbitaire, mais un peu en arrière sur la face orbitaire de l'unguis. Les Cochons proprement dits se rapprochent davantage des vrais Ruminants, et il en est de même des Tapirs, chez lesquels les deux trous lacrymaux, percés sur l'arête du cadre orbitaire, sont séparés l'un de l'autre par un petit tubercule.

lante dans le fœtus, mais qui chez l'adulte s'élève jusqu'au frontal, et forme la partie postérieure du cadre de l'orbite. Cette partie est très-différemment constituée dans les divers animaux herbivores. Ici elle vient de l'os malaire; dans le Cheval elle émane exclusivement du frontal, et vient aboutir non au malaire, mais à l'extrémité de l'apophyse zygomatique du temporal; dans les Ruminants et en particulier dans les Cerfs, elle est constituée par deux prolongements osseux nés en sens inverse l'un de l'autre du frontal et du malaire à la fois. J'insiste à dessein sur ces variations, parce qu'elles ont en anatomie philosophique une assez grande importance; elles font voir en effet combien la nature, si attentive à conserver sans aucune altération les connexions essentielles et typiques des organes, est au contraire capricieuse et variable quant aux connexions accidentelles qu'elle fait naître entre eux.

Le *maxillaire supérieur*, dont nous allons parler maintenant, a une grande étendue. Il est fortement excavé au-dessous et en avant des orbites, et cette excavation est rendue plus apparente encore par la grande saillie que fait sur les côtés de la face son extrémité antérieure dans laquelle est creusé l'alvéole déjà très-divergent de la canine de lait. Cette saillie est séparée de l'os incisif par un sillon qui se convertit, chez l'adulte, en une gouttière profonde où se loge l'énorme canine du maxillaire inférieur; derrière l'alvéole de cette dent est un trou sous-orbitaire unique.

Les limites du maxillaire sont fort aisées à définir. Son bord supérieur est rectiligne et s'articule avec l'os nasal; le bord

postérieur est concave, et sa concavité embrasse en quelque
sorte l'os unguis et la base de l'os malaire, et se termine en
arrière par une grosse tubérosité qui loge le germe des dernières molaires ; le bord antérieur est de même un peu concave et s'articule avec l'os incisif.

Le *palais*, constitué par les lames horizontales des deux maxillaires unies par une symphyse médiane, présente la forme d'un
rectangle très-étroit et fort allongé ; son bord postérieur concave s'articule avec les palatins proprement dits ; l'antérieur
présente une échancrure profonde et relativement assez étroite,
où sont reçues les branches palatines des os incisifs ; plus en
dehors il offre de chaque côté une sorte de base épaisse sur
laquelle vient s'arc-bouter le corps de l'os incisif correspondant : c'est entre le corps de ce dernier os et sa branche palatine qu'est située de chaque côté l'ouverture connue sous le
nom de *trou incisif*; elle est oblongue et complétée en arrière
par le bord antérieur du palais. Derrière elle se trouve un
trou ou plutôt l'orifice fort dilaté d'un canal profond qui est en
série régulière avec une suite de petites perforations dont la
chaîne est sensiblement parallèle à la muraille alvéolaire dont
elle suit toute la longueur.

Tels sont les os qui constituent le crâne et la mâchoire supérieure. Ces os, en se groupant, circonscrivent plusieurs loges
où s'abritent les principaux organes des sens : ainsi de l'union
de l'aile d'Ingrassias, du frontal, de l'unguis, du malaire, et
du maxillaire supérieur, résulte, de chaque côté de la tête,
l'orbite où l'œil est enfermé; les palatins, les maxillaires, les

nasaux et les incisifs circonscrivent les vestibules olfactifs des voies respiratoires. Ces loges sont remarquables dans l'Hippopotame du Nil, du Cap, de Natal et du Sénégal, les unes par leur direction, les secondes par leur étendue. Les orbites, en effet, sont caractérisées par leur obliquité, par la grande saillie de leurs orifices, qui s'élèvent au-dessus des parties médianes du frontal; quant aux fosses nasales, elles ont une longueur singulière que la forme et la disposition des parties molles exagèrent, ainsi que nous l'expliquerons plus tard (1).

De la mâchoire inférieure. — La chaîne d'os qui constitue le système de la mâchoire inférieure comprend, dans les Mammifères, trois os distincts, savoir :

1° Le *temporal* ou squameux; 2° la *caisse* ou os du tympan; 3° enfin le *maxillaire inférieur* proprement dit.

Cette composition est en général la même dans les Mammifères et dans les Ovipares pulmonés, à cela près que chez ces derniers le maxillaire inférieur est évidemment composé de plusieurs pièces distinctes, tandis que dans les Mammifères on n'y peut distinguer qu'une seule pièce osseuse. Mais on observe des différences plus marquées dans la manière dont se groupent les principales parties composantes : ainsi dans les Oiseaux et les Reptiles, la caisse est franchement interposée entre le temporal et la mâchoire, tandis que dans les Mammifères la caisse

---

(1) Ces propositions ne sont pas applicables au petit Hippopotame de Libéria : chez lui, en effet, l'orbite n'a point cette saillie et diffère très-peu des formes qu'il présente dans le Cochon. La face est aussi beaucoup plus courte ; ajoutons que les fosses olfactives sont relativement assez grandes. Tout semble indiquer que cette espèce est moins aquatique que la grande, et surtout moins exclusivement herbivore.

est pour ainsi dire luxée et rejetée en arrière, en sorte que le maxillaire s'articule directement avec le temporal sous la racine de l'apophyse zygomatique. Ces différences prouvent assez que le principe des connexions, si fécond en conséquences heureuses quand il est employé dans la détermination des pièces osseuses, n'a cependant pas une valeur aussi absolue qu'on pourrait au premier abord l'imaginer.

Je passe à la description de ces trois pièces dans l'Hippopotame.

1° Le *squameux*, dans cet animal, est intimement confondu dès avant la naissance avec l'os mastoïdien ou plutôt mastorupéal (1) ; très-massif dans sa partie centrale, sa partie écailleuse proprement dite est au contraire fort étroite (2). Elle contribue à peine à l'ampliation du crâne. Blainville nous apprend qu'il se fonda surtout sur cette extrême réduction de la portion écailleuse du squameux dans l'Hippopotame, lorsqu'il prit le parti de séparer complétement le temporal de la

---

(1) Cette confusion n'implique aucune identité: séparé dans les Ruminants, dans le Cheval, et dans la plupart des Mammifères naissants, sous la forme d'un os distinct, le rupéo-mastoïdien, ainsi que je l'expliquerai plus bas, n'appartient point à la chaîne maxillaire, mais à celle des osselets de l'hyoïde; voilà pourquoi nous ne le décrirons point dans ce paragraphe, mais dans le suivant, où nous traiterons de l'os hyoïde et de ses connexions avec l'organe auditif.

(2) La petitesse de cette partie, dans l'Hippopotame, peut être opposée à sa grandeur extrême dans le Chameau. Dans le Cochon, son développement est beaucoup plus accusé. On y voit, en effet, l'os squameux se prolonger jusqu'au frontal en séparant l'angle inférieur du pariétal du sommet de la grande aile du sphénoïde postérieur. Dans l'Hippopotame du Nil, au contraire, l'angle inféro-antérieur du pariétal conserve ses relations avec la grande aile du sphénoïde; et il en est de même dans le petit Hippopotame de Libéria.

classe des os qui appartiennent en propre à la série des vertèbres crâniennes.

La forme générale de cette partie est à peu de chose près
celle d'un croissant; la convexité du croissant correspond à
une grande échancrure du pariétal; sa corne antérieure, très-
incurvée, vient s'appliquer au côté externe de l'apophyse transverse du sphénoïde, c'est-à-dire de l'apophyse ptérygoïde
externe, et lui sert de contre-fort extérieur. La corne postérieure est à peine recourbée; elle se termine au-dessus de la
base de l'apophyse zygomatique, vers l'extrémité supérieure
de la région mastoïdienne.

C'est du noyau central autour duquel se développe la portion écailleuse du temporal que naît l'apophyse zygomatique.
La base de cette apophyse est très-large; elle se détache horizontalement, puis se recourbe en avant, et se termine par une
extrémité en biseau qui recouvre la pointe postérieure de l'os
malaire en arrière de l'apophyse orbitaire.

La face inférieure de la base est remarquable, elle est divisée
en deux fosses distinctes par une crête presque verticale. La
fossette antérieure est peu concave; elle est un peu oblique en
avant et en dehors, et sa périphérie est à peu près quadrilatère; elle forme la facette d'articulation avec le condyle du
maxillaire inférieur : c'est, en un mot, la cavité glénoïde. La
fossette postérieure est une loge profonde en manière d'arcade.
Elle enveloppe en quelque sorte le conduit auditif de la caisse
du tympan. Au delà de cette fosse, l'apophyse zygomatique
fait une grande saillie en dehors du crâne, en sorte que les

branches de la mâchoire inférieure qui s'articulent avec elle sur les deux côtés de la tête sont séparées l'une de l'autre par un intervalle beaucoup plus grand que la largeur du crâne proprement dit; en sorte que la largeur de la tête proprement dite dépend surtout de celle de la région maxillaire.

2° La *caisse* est composée de deux parties distinctes : 1° le conduit auditif externe ; 2° le tambour proprement dit. Ces deux parties m'ont paru constituées chacune par un os particulier.

L'os du conduit auditif externe est une lame en forme de cornet qui double la cavité de la loge tympanique du squameux. — Le tambour proprement dit est grand, vésiculaire, mais beaucoup moins régulièrement globuleux que dans les Carnassiers. Assez semblable en général à celui du Cochon, il est toutefois moins pyramidal, moins saillant inférieurement et surtout beaucoup plus large. Il en diffère en outre par une profondeur beaucoup moindre de la gouttière où s'engage la chaîne stylo-hyoïdienne. Cette gouttière est suppléée dans l'Hippopotame par une excavation assez profonde de l'occipital latéral.

3° Les *maxillaires inférieurs* ont l'un et l'autre une branche montante, très-basse à cet âge que nous considérons ici, mais énormément large. Leurs apophyses articulaires sont assez bien dans la forme de celles du Cochon, mais leur largeur est relativement un peu plus grande ; elles ne sont point pédiculées. Les apophyses coronoïdes sont assez hautes. Elles sont d'ailleurs très-minces et semblables à une lame étroite et recourbée.

L'angle de ces maxillaires inférieurs, qui est arrondi dans les Cochons, se dilate ici en une sorte de lobe large et aplati dont le tranchant fait à la partie inférieure du maxillaire une grande saillie, et présente une tendance évidente à se déjeter en dehors. A cet égard, l'Hippopotame ressemble surtout au Pécari. Toutefois les branches horizontales présentent des caractères tout particuliers. Ces branches, d'un volume colossal, marchent parallèlement l'une à l'autre dans cette partie de leur longueur qui porte les dents molaires, mais elles semblent s'écarter et se déjeter en dehors, au niveau des canines inférieures dont les alvéoles très-saillantes laissent entre elles un grand intervalle comblé par un pont transverse que constituent, en s'unissant en une symphyse énorme, les régions incisives des deux os. La grandeur de cette symphyse mesurée d'avant en arrière est telle, que dans une mâchoire de fœtus longue de 150 millimètres, son étendue égalait 60 centimètres, si bien que la perpendiculaire menée de son bord postérieur sur le plan du palais tombait sur le milieu du diamètre antéro-postérieur de cette voûte osseuse.

La largeur de la mâchoire inférieure prise dans son ensemble n'est point partout la même ; l'intervalle qui sépare le bord inférieur des deux branches horizontales est beaucoup plus grand que celui qui sépare les séries parallèles formées par les alvéoles des dents molaires. Ainsi, fort écartées par leur bord inférieur, les deux branches horizontales le sont beaucoup moins à leur bord supérieur ; le plancher de la bouche et la langue elle-même sont en conséquence relativement assez étroits.

Une disposition analogue est observée dans les parties osseuses qui constituent l'ensemble de la mâchoire supérieure : les deux séries des dents molaires y sont parallèles et rapprochées l'une de l'autre ; mais on observe un assez grand écartement entre les alvéoles des canines supérieures, et cet écartement loge deux os intermaxillaires très-courts, il est vrai, mais très-larges dans leur ensemble.

Les faces externes des maxillaires inférieurs présentent de chaque côté plusieurs orifices de conduits creusés dans l'épaisseur de l'os, savoir : un orifice vers le tiers antérieur de la région des dents molaires, deux sur l'enveloppe de la canine sur le côté, l'une au-dessus de l'autre, et deux autres en avant ; enfin, sur chaque côté de la symphyse, un grand orifice mentonnier terminant le canal dentaire.

La face interne des deux maxillaires inférieurs est bombée et pour ainsi dire soulevée dans le fœtus par la série des germes des dents molaires. Derrière cette partie saillante, on observe une dépression sur la région angulaire, et cette dépression s'étend sur la branche montante jusqu'à la racine du condyle. L'ouverture postérieure du canal dentaire est large, et limitée antérieurement par le bord de la lame osseuse qui flanque intérieurement la gouttière dentaire et joue en réalité le rôle d'un os operculaire.

La face interne ou buccale de la région symphysaire est large et légèrement concave dans le sens transversal ; la symphyse proprement dite ne présente de ce côté aucune crête saillante, mais, vers son bord postérieur, on observe une épine osseuse à large base, à la formation de laquelle prennent part les deux maxillaires.

La manière toute particulière dont les régions incisives des deux maxillaires inférieurs forment un pont transverse, unissant en avant les deux branches parallèles constituées par leurs régions molaires, distingue au premier coup d'œil les Hippopotames d'avec les Cochons et les Pécaris ; chez ces derniers, en effet, la symphyse présente les caractères communs aux Ruminants et aux Pachydermes tétradactyles terrestres : les Entélodons formaient à cet égard une véritable transition entre ces deux types.

De l'os rupéo-mastoïdien (1).—Le temporal et le cadre du tympan ne sont pas les seules pièces osseuses qui occupent le vaste intervalle compris entre le sphénoïde postérieur et la vertèbre occipitale ; en arrière de la *chaîne maxillaire*, se trouve la *chaîne hyoïdienne :* or, ce que le temporal écailleux est à la première chaîne, le rupéo-mastoïdien l'est à la seconde ; son extrémité mastoïdienne est à peu de chose près atrophiée dans l'Hippopotame et n'apparaît point comme pièce distincte à la périphérie du crâne entre le rupéo-mastoïdien et l'occipital. L'extrémité rupéale est de son côté fort petite. Elle enveloppe le labyrinthe auditif, fait commun à tous les animaux mammifères. Je ne puis m'empêcher de faire remarquer ici l'extrême importance philosophique de cette relation. Cette liaison de

(1) Ces idées ont été développées de nouveau, mais avec quelques modifications, par M. Gratiolet, dans ses *Recherches sur l'anatomie du Troglodytes Aubryi* (*Nouv. Arch. du Mus.*, t. II, 1866).

l'organe essentiel de la faculté auditive avec la chaîne de l'hyoïde, c'est-à-dire avec un système qu'on peut à juste titre considérer comme le squelette des organes vocaux, n'est certainement pas l'effet d'un simple hasard. Elle est un nouvel exemple de ces harmonies admirables qu'une anatomie scientifique nous révèle, et qui sont pour ainsi dire la trace lumineuse d'une intelligence infinie.

Du système sternal de la tête ou de l'os hyoïde. — Ce système se compose de l'os hyoïde proprement dit, représentant la sternèbre, et des pièces latérales, représentant les côtes et leurs cartilages.

Dans le fœtus d'Hippopotame du Nil que nous avons sous les yeux, l'os hyoïde est une pièce large et plate, assez épaisse (4 à 5 millimètres), représentant un triangle équilatéral dont les angles sont émoussés et les côtés légèrement convexes ; un des côtés de ce triangle regarde en haut et les autres latéralement ; par conséquent, il y a un angle inférieur et deux angles latéraux. Sur les angles supérieurs ou latéraux s'articulent les cornes thyroïdiennes longues et épaisses, dirigées presque verticalement en haut, et reliées par des cartilages aux cornes antérieures du cartilage thyroïde. Sur la face antérieure, près du bord supérieur et un peu en dedans des angles latéraux, s'articulent les cornes antérieures ou styloïdiennes. Celles-ci se composent chacune de trois pièces osseuses reliées par des cartilages. La première pièce, plus courte que les deux suivantes, se porte directement en avant ; la seconde presque verticalement en haut, et la troisième un peu en arrière ;

cette dernière est rattachée par un cartilage à l'os rupéo-mastoïdien.

La troisième pièce, qui est la plus longue, est aplatie dans sa partie supérieure, qui est en rapport, ainsi que nous le verrons, avec l'artère carotide externe.

Nous parlerons, dans un autre chapitre, de la chaîne des osselets de l'ouïe.

DES MODIFICATIONS QUE SUBIT LA TÈTE DE L'ANIMAL EN PASSANT AUX CONDITIONS DE L'AGE ADULTE.

Déjà, au moment de la naissance, des modifications importantes se sont produites dans la forme du crâne. La face s'est accrue dans son ensemble; les ailes des apophyses jugulaires, les orbites, les apophyses zygomatiques et l'os malaire ont acquis une plus grande saillie; les fosses temporales se sont sensiblement dilatées, les os intermaxillaires ont acquis un plus grand volume; l'os lacrymal occupe déjà un espace moindre dans la ceinture de l'orbite; enfin, les dernières traces des os épactaux ont définitivement disparu, par suite d'une soudure complète de ces os aux pariétaux. Ces modifications, sans avoir fait complétement disparaître la physionomie de l'état fœtal, indiquent déjà une tendance évidente aux formes de l'âge adulte.

La tubérosité molaire du maxillaire supérieur présente, au moment de la naissance, un développement excessif; elle se prolonge en arrière au-dessous de l'orbite, au point de toucher en quelque sorte la digitation antérieure de la grande aile du sphénoïde; elle s'étend de la sorte au delà du bord postérieur de la voûte du palais. La portion de cette voûte qui est constituée par les lames palatales des palatins antérieurs se prolonge en pointe entre les tubérosités molaires et se termine au niveau de l'extrémité postérieure de la troisième molaire de lait. Cette troisième molaire est logée à cet âge dans le maxillaire au-dessous du point où il s'articule avec l'os malaire. Le germe de la quatrième molaire de lait et celui de la première molaire adulte sont logés dans cette partie de la tubérosité maxillaire qui se prolonge sous l'orbite. J'indique ces relations avec une précision qui paraîtra peut-être fastidieuse, parce qu'elles se modifieront au fur et à mesure des changements qui se passeront par la suite.

DES CHANGEMENTS ULTÉRIEURS QUE SUBISSENT LES FORMES DU CRANE, ET DES FORMES DE L'AGE ADULTE EN PARTICULIER.

Ces changements sont fort importants, surtout en ce qui concerne les relations des séries dentaires avec la tête.

Pour énoncer avec plus de précision les différentes modifications qui changent graduellement la physionomie de la tête, nous indiquerons en premier lieu celles qui influent sur les proportions réciproques de ses différentes parties et qui affectent la forme générale; nous étudierons, en second lieu, les altérations que subissent la forme et les relations de ses principales parties composantes.

Modifications d'ensemble. — Un premier changement frappe au premier abord les yeux. La région faciale s'allonge de plus en plus. Engagée d'abord sur le crâne, la mâchoire supérieure, en se développant, se dégage toujours davantage. Il en résulte une conséquence naturelle : le crâne, chez l'animal adulte, est, eu égard à la région faciale, beaucoup plus court que dans l'animal naissant.

Pendant que cette modification s'accomplit, d'autres changements affectent les proportions de la tête suivant sa largeur. Ainsi :

1° La face occipitale du crâne s'est singulièrement élargie. Cet élargissement est dû surtout à la dilatation des crêtes en forme d'ailes qui naissent des apophyses jugulaires, et au développement en tous sens des crêtes occipitales. Ces modifications, fort accusées dans l'*Hippopotamus amphibius*, le sont davantage encore dans une espèce fossile analogue, l'*Hippopotamus major*.

2° Les arcades zygomatiques, assez peu écartées du crâne dans l'animal nouveau-né, s'étalent à partir de leur racine dans l'animal adulte, et décrivent horizontalement une courbe très-saillante. Ainsi, d'une arcade zygomatique à l'autre, la largeur de la tête a reçu un accroissement sensible.

3° Les orbites contribuent de leur côté à cet élargissement, les lames osseuses qui en constituent la paroi s'étant prolongées en divergeant, tout en se relevant de plus en plus. Toutefois la dilatation des lames frontales au-dessus des orbites n'égalant pas celle des os malaires situés au-dessous, il en résulte une obliquité prononcée du plan des ouvertures orbitaires qui regardent manifestement en haut. Cette particularité coïncide d'une manière toute naturelle avec la disposition des globes oculaires.

4° Les parties antérieures de la région maxillaire offrent un élargissement analogue. Les intermaxillaires, en écartant les maxillaires qui enveloppent à leur tour des canines divergentes d'un volume énorme, donnent à cette partie de la face une largeur difforme.

Ainsi l'élargissement porte simultanément sur la région occipitale, sur la région zygomatique, sur la région orbitaire, et sur l'extrémité antérieure de la région maxillaire ; mais le crâne, en avant des orbites, et la face, immédiatement au devant de la dilatation des os malaires, ne participent point à cet élargissement de la tête ; elle paraît, pour ainsi dire, étranglée entre ces deux régions. Cette circonstance, qui donne à la tête de l'adulte une physionomie bizarre, était à peine indiquée dans le fœtus et même dans l'animal naissant.

5° Des modifications parallèles altèrent la forme de la mâchoire inférieure. Les ailes recourbées en avant qui terminent ses angles ont acquis un plus grand développement ; leur divergence s'est accrue, et, grâce à ces modifications, la mâchoire s'est énormément élargie en ce point. Elle s'élargit également au niveau des canines, dont les alvéoles divergentes acquièrent une saillie inusitée. Enfin, il résulte de l'obliquité toujours croissante à partir de la naissance du plan de ses branches, que leurs bords alvéolaires semblent converger de

plus en plus, tandis que leurs bords inférieurs s'écartent toujours davantage.

Modifications de détail. — Examinons maintenant avec plus
de détail les changements que le développement imprime à la
forme des principales parties constituantes.

Nous avons déjà indiqué le développement excessif des
crêtes occipitales; leur grandeur est proportionnelle à la force
musculaire que doit déployer l'animal pour mouvoir une tête
d'un poids énorme. Elles se prolongent d'une part, en se dilatant à la manière d'une apophyse transverse, sur les côtés des
apophyses jugulaires de l'occipital, et d'autre part en se continuant sur le bord supérieur des apophyses zygomatiques, où
elles constituent un contre-fort saillant qui forme la paroi
externe de la gouttière postérieure ou *coronoïdienne* de la fosse
temporale. L'ouverture du conduit auditif, fort étroit et fortement dirigé en haut, occupe le sommet de l'angle compris
entre ces deux prolongements des crêtes occipitales; des
rugosités osseuses l'entourent de toutes parts.

La fosse temporale surtout a acquis des formes très-différentes de celles du jeune âge. L'apophyse zygomatique, qui,
alors, se portait presque immédiatement en avant, se dilate à
sa racine en une aile transversale très-haute et fort épaisse;
après quoi elle se recourbe brusquement et presque à angle
droit, pour s'articuler avec l'os malaire par un prolongement
aigu qui vient se terminer à la base de l'épine postorbitaire;
ajoutez à cela l'énorme dilatation transversale de cet os, et
celle des lames orbitaires du frontal, et il sera facile de com-

prendre comment l'ouverture de la fosse temporale, énormément agrandie, acquiert, chez l'Hippopotame adulte, la forme
d'un quadrilatère très-approchant d'un carré. Sa largeur, en
effet, égale sa longueur, et ses côtés opposés sont sensiblement
parallèles. L'aire de ce carré l'emporte singulièrement sur
celle de l'orbite, et ce changement est d'autant plus remarquable, que l'inverse avait lieu chez l'animal naissant.

Les parois temporales du crâne ont subi des modifications
non moins remarquables. Non-seulement toute trace de sillon,
comparable aux bosses pariétales, a complétement disparu sur
ces parois, mais chacune d'elles semble au contraire creusée
de haut en bas en une large gouttière que limitent en arrière
le prolongement de la crête occipitale, se continuant sur la
base de l'apophyse zygomatique, en haut et en avant la crête
sagittale, devenue très-saillante et se bifurquant à la partie
supérieure du frontal pour se prolonger de chaque côté sur les
ailes orbitaires de cet os, jusqu'en un point de ces ailes que
l'on peut considérer comme représentant une apophyse orbitaire externe.

Ces différentes crêtes forment évidemment la limite des
attaches du muscle temporal, et la gouttière postérieure qu'embrasse la courbure de l'apophyse zygomatique à sa racine, et
que nous avons désignée sous le nom de coronoïdienne, est
destinée à loger un faisceau distinct du muscle temporal, qui
agit sur l'apophyse coronoïde, et qu'on peut à bon droit appeler
muscle coronoïdien. Toutefois la disposition générale des surfaces osseuses, bien que très-accusée, est beaucoup moins

favorable à l'action de ce muscle dans l'Hippopotame que dans les animaux carnassiers. Les modifications intrinsèques du frontal sont également très-accusées. La saillie des voûtes orbitaires est telle chez l'animal adulte, qu'au lieu de former, comme dans l'animal nouveau-né, une bosse arrondie vers son milieu, l'os présente, en ce point et dans l'intervalle des deux branches de bifurcation de la crête sagittale, une dépression assez accusée pour laisser en saillie la racine des os nasaux.

Le frontal présente encore une autre particularité fort caractéristique. On voit en effet le bord postérieur de ses lames orbitaires se recourber élégamment, et se continuer en une crête mince et à tranche régulière avec des lames semblables émanées du pariétal et de l'os squameux. L'ensemble de cette crête décrit des ondulations élégantes, et forme sur les côtés du crâne une ligne de démarcation très-précise entre la fosse temporale proprement dite et la cavité orbitaire. Cette disposition, fort apparente dans l'*Hippopotamus amphibius*, l'est beaucoup moins dans l'Hippopotame de Libéria, et se trouve à peine indiquée dans les Cochons et les Pécaris. L'ouverture de l'orbite, à peu près elliptique dans l'animal naissant, se rapproche sensiblement dans l'adulte de la forme circulaire. Son arc supérieur, toutefois, est d'un rayon un peu plus grand que son arc inférieur.

Une modification plus importante s'est produite dans la composition de ses bords. L'os lacrymal en faisait partie dans le fœtus et chez l'animal nouveau-né, mais, chez l'adulte, le frontal et l'os malaire, en se dilatant, l'ont dépassé, et, se réunissant sur le bord de l'orbite, le circonscrivent et l'en séparent définitivement. Ajoutons que l'os lacrymal présente lui-même une particularité intéressante en se dilatant au-dessus de la tubérosité maxillaire en une masse spongieuse très-fragile, dont les cellulosités sont en communication avec celles des fosses nasales.

Les modifications que présente l'extrémité antérieure de la face ont déjà été en grande partie indiquées; la dilatation des maxillaires, la divergence monstrueuse des alvéoles qui logent les dents canines supérieures, la saillie singulière du tubercule qui en surmonte l'orifice, frappent au premier abord les yeux. Nous ne nous y arrêterons pas; mais nous insisterons ici sur certaines particularités qui distinguent l'*Hippopotamus amphibius*, et de l'*Hippopotamus major*, et de la petite espèce de Libéria.

Nous avons dit, il y a un instant, qu'au niveau des dents canines, les os maxillaires étaient singulièrement écartés l'un de l'autre par les os incisifs. Cet écartement est dû en partie au volume de ces os, dont la partie antérieure est grande et massive; mais une autre cause y concourt encore. Ces os incisifs sont eux-mêmes écartés l'un de l'autre et séparés par une fissure médiane. La bizarrerie de leur forme oblige de les considérer à part. Il nous sera plus facile ensuite d'établir les comparaisons nécessaires.

Cette partie de l'os incisif, que l'on peut désigner sous le nom de queue ou de branche palatine, est massive et assez

courte. Elle se termine en s'articulant avec l'os maxillaire.
A sa partie supérieure, on observe une sorte d'entaille verticale par laquelle cette branche s'articule avec le vomer. Elle
est distinguée en arrière du corps de l'os par une échancrure
qui concourt, suivant une règle habituelle, à la formation du
trou de Sténon.

La branche faciale de l'os incisif est large, mais assez courte,
et se termine en pointe vers la partie moyenne de la face,
entre le nasal et le maxillaire supérieur. Cette branche, née
des parties latérales de l'*incisif*, présente des courbures à la
faveur desquelles elle concourt à circonscrire l'orifice énormément dilaté des fosses nasales.

Le corps proprement dit est une masse presque informe,
rugueuse à sa surface et nettement détachée de l'alvéole de la
dent canine, alvéole au devant et au-dessus duquel elle fait
une grande saillie. La branche palatine s'en détache nettement
à sa racine. Des trous, des canaux nerveux et vasculaires, des
rugosités osseuses, rendent la surface de ce corps extrêmement
inégale.

Dans le plus grand nombre des animaux, les deux os incisifs
se touchent à la fois par leurs hanches et par leurs corps, et
leur symphyse se prolonge à la partie antérieure de la face,
au-dessous de l'orifice des fosses nasales. Il n'en est pas ainsi
dans l'*Hippopotamus amphibius :* les branches palatines se touchent dans leur moitié postérieure seulement ; au devant, elles
s'écartent l'une de l'autre, et il en résulte une scissure médiane.

Ce n'est pas tout, l'écartement des os incisifs au niveau de leur corps est plus considérable encore. Cet écartement égale en dimensions le diamètre transversal de l'orifice extérieur des fosses nasales. Il en résulte une vaste échancrure que limitent des deux parts les alvéoles extrêmement saillants des incisives médianes. Cette échancrure, vers le milieu de laquelle s'ouvre la fissure qui sépare les branches palatines, est tout à fait caractéristique.

Elle est en effet très-profonde dans l'*Hippopotamus amphibius;* mais dans l'*Hippopotamus major*, où la saillie des corps des intermaxillaires est beaucoup moindre, cette profondeur est presque nulle, et l'échancrure est à peine apparente, bien que l'écartement des incisives médianes soit encore extrêmement prononcé.

Les choses diffèrent encore plus dans l'*Hippopotamus Liberiensis*. En effet, les racines palatines des intermaxillaires y sont réunies dans toute leur longueur, et la grande échancrure est presque entièrement effacée.

L'ouverture antérieure des fosses nasales qui circonscrivent les os intermaxillaires et les os nasaux, est beaucoup plus dilatée que leur ouverture postérieure. Elle est de forme à peu près circulaire, un assez grand intervalle les sépare du bord alvéolaire.

Les dents incisives sont exclusivement logées dans le corps de l'os intermaxillaire. Elles sont au nombre de quatre, deux de chaque côté; elles sont fort distantes les unes des autres, et disposées de telle façon que l'incisive latérale est située derrière l'incisive médiane, dans une direction à peu près parallèle à la ligne médiane du palais. L'alvéole de l'incisive externe est séparé de celui de la canine par un intervalle beaucoup plus grand dans l'*Hippopotamus amphibius* que dans l'*Hippopotamus major*.

Les relations des dents incisives supérieures sont un peu différentes dans l'Hippopotame de Libéria. Elles sont également au nombre de deux de chaque côté; mais, au lieu d'être situées l'une derrière l'autre, elles sont implantées dans une ligne idéale en forme d'arc, dont les branches se relèvent d'une manière très-régulière à la série des dents molaires. Cette différence entre la tête des deux espèces n'est pas la seule, mais elle méritait d'être signalée.

DE LA DENTITION DE L'HIPPOPOTAME.

Jetons maintenant, pour compléter cet aperçu, un coup d'œil sur la dentition du jeune âge et sur celle de l'âge adulte.

De la dentition de lait. — Cuvier et Blainville sont en désaccord sur la dentition de lait, et par conséquent sur l'interprétation de la formule dentaire de l'Hippopotame.

Suivant Cuvier (1), l'Hippopotame a, à chaque mâchoire et de chaque côté, quatre dents de lait, dont trois seulement sont remplacées. La seconde dentition faisant éclore trois dents de

____

(1) *Ossem. foss.*, 3ᵉ édit., t. Iᵉʳ, p. 267.

plus sur chaque moitié de mâchoire, l'adulte a en tout vingt-quatre molaires ; il accepte donc en tous points la formule donnée par Daubenton (1).

Suivant Blainville, il n'y a sur chaque mâchoire, de chaque côté, que trois dents de lait qui sont toutes remplacées. A ces trois dents de remplacement la seconde dentition en ajoute quatre qui n'étaient point représentées dans la première. L'Hippopotame a donc, suivant lui, vingt-huit molaires en tout, savoir, sept aux deux côtés de chaque mâchoire (2).

M. Owen compte également sept molaires, mais il les groupe autrement. Il admet en effet quatre prémolaires remplaçant quatre molaires de lait, et trois vraies molaires (3), formule dentaire qu'il considère comme typique dans les Mammifères monodelphes (4).

En décrivant à notre tour les faits, nous donnerons la raison de ces divergences, qu'expliquent certaines irrégularités dans l'ordre d'apparition des dents.

Il y a en réalité sept molaires dans l'Hippopotame adulte, dont la première est caduque, ainsi que le veulent Blainville et M. Owen. Il n'est pas moins certain que sur ces sept molaires, quatre remplacent des dents de lait. Cuvier avait cru à tort que la première molaire de lait tombait sans être remplacée.

Mais les quatre molaires de lait n'apparaissent pas toutes en même temps, et il en est de même des vraies molaires.

(1) *Hist. nat.*, édit. princeps, in-4°, t. XII, p. 59.
(2) *Ostéographie*.
(3) *Odontography*.
(4) *Sur les caractères et les principes de division de la classe des Mammifères*, 1857.

Au moment de la naissance, il y a à chaque mâchoire trois molaires de lait prêtes à éclore, et qui percent presque aussitôt la gencive ; la première et la seconde sont *simples* et coniques, la troisième est *compliquée*. Cette troisième dent est très-robuste et naît, à la mâchoire supérieure, sous cette masse de l'os maxillaire qui s'articule avec le jugal.

Outre ces trois dents dont l'apparition est simultanée, la tubérosité maxillaire, qui est fort saillante, ainsi que nous l'avons déjà expliqué, contient, derrière la troisième molaire de lait, deux germes plus tardifs. L'antérieur est celui de la quatrième molaire de lait, le postérieur est celui de la première vraie molaire.

Au bout d'un certain temps, et dès avant la chute des trois premières molaires de lait, ces deux dents éclosent presque simultanément. Ainsi la première vraie molaire est, pour ainsi dire, contemporaine de la dentition de lait; elle fonctionne avec les dents qui la composent, et s'use en même temps qu'elles.

Cette usure est déjà fort accusée quand le germe de la deuxième vraie molaire, grandissant peu à peu, fait à son tour éruption. C'est à partir de cette époque que les quatre molaires de lait sont, d'avant en arrière, successivement remplacées, et que la troisième vraie molaire apparaît et fonctionne à son tour, juste au moment où la quatrième fausse molaire remplace la quatrième molaire de lait (1).

____

(1) Cuvier, *Ossem. foss.*, 3ᵉ édit., 1865, t. Iᵉʳ, 1ʳᵉ partie, p. 288.

Il résulte de cet ordre de succession, au premier abord irrégulier, qu'il y a un moment de la vie de l'animal où les fausses molaires et les deux molaires postérieures, ayant leurs sommets encore intacts, forment deux groupes séparés par une première molaire usée jusqu'au collet de sa couronne. Cette dent, en effet, a fonctionné longtemps avant les autres avec les premières molaires de lait; elle s'est usée avec elles, et cette usure est frappante au moment où entrent en fonction les autres molaires encore intactes. Cette irrégularité apparente est donc suffisamment justifiée. Son but évident est d'assurer la continuité de la mastication pendant la phase du renouvellement des premières dents et de l'éclosion des vraies molaires (1).

Quoi qu'il en soit, les faits sur lesquels nous venons d'insister permettent d'expliquer la divergence qui existe, au sujet de la dentition de l'Hippopotame, entre Cuvier et Blainville. Cuvier comptait trois molaires de remplacement en arrière de la première molaire de lait, qu'il considérait à tort comme n'étant point remplacée, et il en concluait qu'il y a en effet quatre molaires de lait; Blainville, au contraire, ayant vu dans les jeunes animaux les trois premières molaires de lait apparaître simultanément et percer la gencive longtemps avant la

____

(1) Les choses se passent de la même manière dans les Tapirs, les *Equus* et tous les Ruminants. Mais la première molaire n'est pas usée au même degré, ce qui semble prouver que les phénomènes de dentition s'accomplissent dans un temps beaucoup plus court. Quant aux Rhinocéros, les choses ont lieu chez eux comme dans les Hippopotames. (Cf. Blainville, *Ostéographie*, g. *Hipp.*, p. 33. Paris, 1847.)

quatrième molaire de lait, avait attribué celle-ci à la série de la deuxième dentition, sous le nom de dent principale.

La formule dentaire typique des Monodelphes, telle que l'ont formulée MM. Waterhouse et R. Owen, demeuré donc intacte. Une série de sept dents molaires adultes comprend toujours dans ces animaux quatre dents de remplacement. Il en est ainsi pour l'Hippopotame, dont la dentition peut être comparée, avec la plus grande exactitude, à celle des Cochons.

Après ces considérations générales, il me semble fort à propos de décrire en détail les dents de lait et les dents de la seconde dentition. Je crois permis, dans l'intérêt des déterminations ostéologiques, de traiter cette question avec quelque étendue, et ce sera le sujet de l'article suivant.

DES MOLAIRES DE LAIT.

1° Mâchoire supérieure.

Il y a, avons-nous dit, quatre dents molaires de lait. Les deux premières ont une couronne à un seul sommet. L'antérieure, isolée entre la canine qui la précède et la deuxième molaire qui la suit, est à peu près à égale distance de l'une et de l'autre. Elle est conique à son sommet, mais sensiblement comprimée à sa base. Il en résulte qu'elle a deux faces, l'une interne, l'autre externe, distinguées l'une de l'autre par un filet saillant, en avant et en arrière de la dent.

Je suis fort incertain sur le nombre des racines de cette dent, chez l'*Hippopotamus amphibius*, ses racines n'étant point formées encore dans les jeunes individus que j'ai pu étudier; toutefois, dans un Hippopotame de Libéria un peu plus âgé, mais ayant encore ses molaires de lait, cette dent avait certainement deux racines; or, la dent qui la remplace dans l'animal adulte n'en a qu'une seule. Cette observation justifie, pour cette espèce, la critique que Blainville a faite de Cuvier sur ce point, car il est bien difficile de croire que la première molaire de lait étant remplacée dans l'Hippopotame de Libéria, il n'en soit pas de même dans l'*Hippopotamus amphibius*. La deuxième molaire de lait est également unicuspidée; sa couronne, à vrai dire, n'est pas un cône, mais une pyramide à base carrée. La face antérieure et la face externe de cette pyramide sont légèrement convexes, et séparées l'une de l'autre par une petite arête; sa face postérieure et sa face interne sont à leur tour distinguées par une arête plus saillante; elles sont planes, mais parcourues l'une et l'autre par un sillon longitudinal. Cette dent, biradiculée dans l'Hippopotame de Libéria, l'est probablement aussi dans l'*Hippopotamus amphibius*. La troisième molaire de lait est plus compliquée. Elle a trois racines, l'une antérieure, les deux autres postérieures et situées l'une à côté de l'autre. La racine antérieure sert de base à deux cônes situés l'un derrière l'autre, et dont le postérieur est le plus grand. Aux deux racines postérieures, situées transversalement l'une à côté de l'autre, correspondent deux cônes pareillement disposés.

De ces quatre sommets, le premier est le plus petit, sa face interne est légèrement aplatie. Le second, placé directement derrière le premier, est le plus grand de tous. C'est une pyramide à base rhomboïdale oblique. Les faces antérieures de la pyramide se réunissent sous un angle très-aigu. Il en est de même de ses faces postérieures. Ces quatre faces sont longitudinalement évidées et creusées en gouttière. L'obliquité du grand axe du rhombe, qui forme la base de la pyramide, est telle que son extrémité antérieure correspond au côté interne du sommet antérieur, son extrémité postérieure touchant au côté externe de la pyramide postérieure externe.

Les deux pyramides postérieures sont de forme un peu différente. L'interne a sa base triangulaire, et ses trois faces latérales sont à peu près équivalentes. L'externe dépasse sensiblement en arrière la pyramide interne, et sa base a trois côtés inégaux dont l'interne et l'antérieur sont plus grands. La face antérieure de cette pyramide externe est parcourue, de son sommet à sa base, par un pli longitudinal sillonné de rainures très-accusées.

Cette troisième dent est de même forme quant aux traits généraux dans l'Hippopotame de Libéria, mais les pyramides de sa couronne se rapprochent davantage, dans cette espèce, de la forme conique.

La *quatrième molaire* a une forme très-semblable à celle des molaires de l'âge adulte. Sa couronne porte quatre pyramides distinctes. Les pyramides étaient encore incomplétement réunies à leur base dans les jeunes individus d'*Hippopotamus amphibius* que nous avons étudiés. Je vais toutefois décrire ce que j'en ai vu.

Quatrième molaire de lait. — Il s'agit ici d'une dent dont la forme est encore plus compliquée. Son éruption est certainement postérieure de beaucoup à celle des trois premières molaires.

La couronne, au moment de la naissance, est encore fort imparfaite; toutefois on distingue les quatre sommets qui la terminent. Ces sommets sont groupés transversalement deux à deux. Les deux sommets antérieurs sont déjà réunis à leur base, et il en est de même des deux sommets postérieurs, mais les deux groupes sont encore indépendants l'un de l'autre. Quoi qu'il en soit, la couronne est terminée tantôt en avant, tantôt en arrière par un talon rudimentaire.

Les deux pyramides qui occupent le côté externe de la dent sont de forme beaucoup plus compliquée que les deux pyramides internes. L'antérieure externe a sa surface divisée, du sommet à la base, par des sillons larges et profonds, en plusieurs côtés fort saillants. La postérieure a une base triangulaire; des sillons longitudinaux divisent dans leur longueur ses faces latérales externes. La face interne, à la place de ce sillon, présente une petite crête longitudinale.

Les deux pyramides internes offrent en somme plus de simplicité : ainsi, l'antérieure offre, à peu de chose près, la même constitution que la pyramide postérieure interne, mais ses formes sont plus robustes. Il en est de même de la pyramide postérieure interne qui divise ses faces latérales internes.

En somme, l'usure de cette dent doit faire apparaître, sur ses cônes internes et sur le postérieur externe, cette figure de trèfle qui est le caractère de plusieurs espèces des genres *Tetrapotodon* et *Hexaprotodon*. L'usure du cône antérieur fait apparaître sans doute une forme étoilée.

2° Mâchoire inférieure (*molaires de lait*).

Première molaire de lait. — Sa direction est légèrement oblique et sa pointe s'incline en avant : elle a la forme d'un cône comprimé. Elle sort du canal de la mâchoire à peu près à égale distance de la canine et de la deuxième molaire de lait, de chacune desquelles elle est séparée par un assez grand intervalle. C'est là une répétition de ce que nous avons déjà observé à la mâchoire supérieure.

Deuxième molaire de lait. — Cette dent, comme la première, est exclusivement représentée chez le nouveau-né par sa couronne, qui est de forme conique. Je ne puis rien affirmer du nombre de ses racines dans l'*Hippopotamus amphibius*.

Troisième molaire de lait. — Cette dent offre déjà, comme la troisième molaire d'en haut, un degré de complication assez avancé. Sa couronne est hérissée de trois grands cônes ou pyramides, l'une antérieure, isolée, et deux autres derrière celle-ci, situées l'une à côté de l'autre, en travers de la dent.

Ajoutons à ces trois cônes un talon relevé en une crête dentelée, qui se complique parfois d'une petite pyramide accessoire.

De ces trois sommets, l'antérieur est le plus grand. C'est une pyramide à base triangulaire, dont les trois faces latérales, légèrement convexes, sont séparées l'une de l'autre par des

crêtes saillantes. Ces faces sont parcourues par des côtes longitudinales, surtout masquées à la face postérieure, mais dont
la disposition n'a rien de bien constant.

Les deux sommets jumeaux situés derrière le précédent ont
une forme qui se rapproche de la pyramide, mais qui n'offre
ni assez de précision, ni assez de constance pour être décrite
avec avantage. Parfois le sommet externe est divisé en deux
pyramides plus petites. Le talon qui les flanque en arrière peut
être comparé à une crête dont le bord serait garni d'une série
de petites dentelures à sommets émoussés, et si régulières,
qu'on dirait une rangée de petites perles.

Quatrième molaire de lait. — Cette dent, trois jours après la
naissance, est beaucoup plus avancée en développement que sa
correspondante de la mâchoire supérieure. Les cônes composants étant déjà réunis à leur base, la couronne est déjà constituée. Cette dent est à la fois plus étroite et plus allongée
que celle qui lui correspond à la mâchoire supérieure. Elle
porte quatre cônes principaux flanqués en avant d'un talon
antérieur très-distinct et fort saillant (1).

Les deux groupes formés par l'adossement deux à deux des
quatre principaux sommets composants sont séparés l'un de
l'autre jusqu'à leur base ; mais, dans chaque groupe, la séparation n'est bien distincte que vers le sommet.

Des deux sommets externes, l'antérieur est nettement conique et parcouru, de son sommet à sa base, par des sillons

(1) Ce talon est évidemment bicuspidé dans l'Hippopotame de Libéria. (Morton,
Hippopotamus Liberiensis.)

qui en divisent la surface en colonnes très-distinctes ; le postérieur est une pyramide à base rectangulaire très-sensiblement
comprimée. Sa face externe est parcourue dans sa longueur
par une côte saillante ; sa face antérieure et la postérieure
sont l'une et l'autre divisées par un sillon étroit et large.

Les deux sommets internes sont modelés, à peu de chose
près, sur le même plan que le précédent. Le postérieur lui
est presque absolument semblable ; l'antérieur a une base
triangulaire et sa face antérieure est évidée par un large sillon.
Le grand talon que la dent porte en avant en est une émana-
tion directe. A sa base est le rudiment d'un collet à bords
tuberculeux.

Telles sont les molaires de lait dans le jeune *Hippopotamus
amphibius ;* pour compléter ce que nous avons à dire sur la dentition de lait, il suffira de quelques remarques sur les canines
et sur les incisives.

CANINES ET INCISIVES DE LAIT.

Je n'ai trouvé ni dans le fœtus, ni dans le nouveau-né, les
germes des six incisives dont parle Blainville ; peut-être fau-
drait-il les rechercher sur des fœtus plus jeunes encore.
L'extrême analogie de formes qui rapproche les Tétraprotodons vivants et les Hexaprotodons fossiles me fait penser, malgré mes observations négatives, que l'assertion de mon illustre
maître est fondée (1).

(1) Je considère l'*Hippopotamus Liberiensis* comme beaucoup plus éloigné des
Hippopotames vulgaires que ceux-ci ne le sont des Hexaprotodons fossiles, et mon

A la naissance, de même que dans l'adulte, il n'y a que quatre incisives à chaque mâchoire; elles sont fort écartées les unes des autres. Nous les décrirons d'une manière rapide, ainsi que les dents canines.

Mâchoire supérieure.

Il y a deux incisives médianes, coniques, séparées l'une de l'autre par un grand intervalle, et presque verticales.

Les deux incisives latérales sont placées derrière les précédentes, à un centimètre environ de distance. Comme les précédentes, elles sont coniques et verticales. — Ces dents sont en série avec les dents molaires, tandis que les canines sont fort en dehors de cette série. Les incisives antérieures l'emportent par le volume sur les incisives postérieures.

sentiment diffère beaucoup à cet égard de celui de Morton et de M. Falconer. Ce dernier savant déclare que la présence de deux incisives seulement à la mâchoire inférieure de ce curieux animal n'autorise pas à le séparer des *Tetraprotodon*, et il semble en cela considérer la mâchoire supérieure comme beaucoup plus caractéristique que l'inférieure. Je suis sur ce point d'un avis absolument opposé. Des recherches fort étendues m'ont depuis longtemps amené à cette conclusion, que la mâchoire inférieure est, dans la caractéristique des genres, beaucoup plus importante que la supérieure, ce qui est d'accord avec la théorie, parce que la mâchoire inférieure, par sa mobilité, est le membre par excellence de la tête. D'après cela, l'*Hippopotamus Liberiensis* n'est point un *Tetraprotodon*, à quelque point de vue que ce soit; il prépare évidemment certaines transitions, et nous regrettons vivement de ne pouvoir nous conformer à la méthode de M. Falconer, et lui donner le nom générique de *Diprotodon*. Malheureusement ce nom, qui lui conviendrait si bien, est déjà pris, M. Owen l'ayant donné à un grand animal fossile d'Australie, qui n'a rien de commun avec les Hippopotames. Ainsi on continue à donner au hasard des noms analogues à des choses différentes, et le chaos de la nomenclature augmente tous les jours. Quoi qu'il en soit, pour me rapprocher autant que possible de la nomenclature de M. Falconer, je propose pour l'*Hippopotamus Liberiensis* (Morton) le nom générique de *Ditomeodon Liberiensis*.

Canines. — Situées en dehors de la série continue des canines et des incisives, ces dents sont, comme ces dernières, de forme conique ; mais elles sont beaucoup plus volumineuses et présentent l'indice d'un sillon sur leur face postérieure ; elles sont obliques et divergent légèrement.

Mâchoire inférieure.

Les canines et les quatre incisives, fort écartées les unes des autres, sont implantées sur une même ligne transversale. L'incisive externe est située dans le prolongement de la ligne d'insertion des dents molaires. La canine, au contraire, fait saillie fort en dehors de cette ligne.

Incisives internes. — A couronne et à racine conique. La face antérieure de la couronne est séparée de la postérieure sur les deux côtés de la dent, par deux petits traits saillants.

Incisives externes. — D'un volume à peu près égal à celui des incisives internes, à racine un peu plus massive. Couronne fort semblable à celle des incisives internes, mais avec une sorte d'arête carénée sur sa face postérieure.

Ces quatre dents sont fort obliques, et pour ainsi dire couchées.

Canines. — Coniques à racine courbe. La face antérieure de la couronne est convexe. Elle est séparée de la postérieure par deux arêtes saillantes. Il y a deux facettes sur la face postérieure, l'interne convexe, l'externe plane et dépourvue d'émail. Il n'y a sur cette face aucun indice de l'existence d'un sillon.

DE LA DEUXIÈME DENTITION.

Les quatre molaires de la première dentition sont chassées et remplacées chez l'adulte par quatre fausses molaires de forme très-différente, auxquelles s'ajoutent en arrière trois molaires nouvelles, qui apparaissent pour la première fois et ne remplacent point les dents de lait.

1° Mâchoire supérieure.

La première molaire de lait est remplacée par une fausse molaire uniradiculée, à couronne conique et simple, et dont la chute est si précoce, que, dans l'âge adulte, il n'en reste le plus souvent aucune trace. Cette circonstance explique comment Daubenton n'attribue que six molaires à l'Hippopotame adulte, et comment Cuvier avait pris cette première fausse molaire pour une molaire de lait, laquelle, suivant lui, n'était point remplacée. Cette chute si précoce dans les Tétraprotodons en général, et même dans les Hexaprotodons, ne l'est certainement pas autant dans l'Hippopotame de Libéria. Dans le plus vieil individu de cette espèce décrit par Morton, la série des fausses molaires était complète, et la même chose a lieu dans une tête de très-vieil individu appartenant à la collection du Muséum d'histoire naturelle de Paris. La persistance de cette dent est donc un des caractères de ce genre, dont la distinction est si évidente à d'autres titres.

Cette dent, lorsqu'elle existe dans l'*Hippopotamus amphibius,* est située entre la deuxième fausse molaire et la canine, vers le milieu de l'intervalle énorme qui sépare ces deux dents. Elle n'a jamais qu'une seule racine, ce qui indique bien une dent de seconde dentition, puisque la première molaire de lait, au moins dans l'*Hippopotamus Liberiensis*, est manifestement biradiculée.

Les trois fausses molaires qui suivent ont une physionomie commune dans tous les Tétraprotodons vivants, et la base de leur couronne est d'autant plus grande qu'on se rapproche de la dernière, qui est incontestablement, non la plus saillante, mais la plus massive. Ce fait distingue fort bien l'*Hippopotamus amphibius* de l'*Hippopotamus major* et de l'*Hippopotamus pælœindicus* Falc., chez lesquels la quatrième fausse molaire, abstraction faite de la première, est la plus petite de toutes, ce qu'on observe également dans l'*Hippopotamus Liberiensis*.

Ceci posé, rien n'est plus variable que la forme des fausses molaires dans les différents individus d'une même espèce. Les deux dernières fausses molaires ont certainement une tendance marquée à une complication plus grande dans l'*Hippopotamus amphibius*, et l'on y distingue souvent trois sommets pyramidaux ; mais les variétés sont telles en cela, qu'il faut renoncer à en donner quelque description précise.

La deuxième fausse molaire a le plus souvent deux racines, mais ce nombre n'est pas absolu, et l'on en compte quelquefois trois et même quatre. Sa couronne est comprimée et terminée par un sommet robuste presque transversal, dont la saillie est très-accusée. Cette dent est remarquable en ce qu'elle est située constamment à une certaine distance de la troisième fausse molaire. Ces caractères sont également accusés dans l'*Hippopotamus major*.

La troisième fausse molaire, située, comme nous venons de le dire, à une certaine distance de la deuxième, a le plus souvent trois racines, l'une antérieure et deux postérieures, situées en travers l'une à côté de l'autre. Sa couronne est remarquable par un bourrelet saillant qui en circonscrit la base. Dans un Hippopotame du Sénégal que j'ai sous les yeux, elle se termine par trois sommets coniques, savoir : deux plus considérables reposant sur la racine antérieure et sur la racine postérieure externe ; enfin un troisième cône beaucoup plus petit, qui correspond à la racine postérieure interne. Mais cette disposition, très-accusée dans ce spécimen des deux côtés de la mâchoire, n'est pas reproduite dans d'autres individus de même espèce et de même provenance.

Les mêmes remarques sont applicables à la quatrième fausse molaire dans ce même individu de l'Hippopotame du Sénégal auquel je viens de faire allusion. Cette dent a trois fortes racines parfaitement distinctes, savoir : une racine antérieure, c'est la plus considérable des trois, et deux racines postérieures, dont l'interne, large et aplatie, est divisée à son sommet en deux radicules secondaires.

La couronne est terminée par trois sommets pyramidaux. La plus considérable de ces pyramides repose sur la racine antérieure. Ses faces, irrégulièrement ondulées, présentent des traces de sillons longitudinaux. L'usure de cette pyramide a donné lieu à la formation d'une surface quadrilatère à peu près rhomboïdale.

La pyramide postérieure interne est plus petite et fortement comprimée; elle est pour ainsi dire appliquée à la face postérieure de la pyramide antérieure.

La pyramide postérieure externe, plus développée que la précédente, est quadrilatère, et située de telle sorte, eu égard à la pyramide antérieure, que les diagonales des quadrilatères que l'usure de ces pyramides fait apparaître se trouvent sur une même ligne droite.

Ces trois sommets sont circonscrits à la base de la couronne par un collet profondément déchiqueté, fort développé en avant, en arrière et au côté interne de la dent, mais qui manque complétement à son côté externe.

Nous avons décrit fort en détail cette composition, bien qu'elle ne se reproduise pas de la même manière dans tous les individus de l'espèce, parce qu'elle est une preuve du degré de complication auquel peut atteindre la dernière fausse molaire dans l'*Hippopotamus amphibius*, tandis que dans l'*Hippopotamus major* et l'*Hippopotamus palœindicus* elle présente une petitesse et une simplicité tout à fait caractéristiques.

Des vraies molaires (mâchoire supérieure).

Rien, on le sait, n'a précédé ces dents. Elles apparaissent quand l'enfance finit pour faire place à la puberté. Les dents de lait, dont la fonction est éphémère, étaient revêtues d'un émail peu épais; ici l'émail acquiert une épaisseur plus grande;

la nature réalise en elles les conditions d'une durée plus longue : on devine, en les comparant avec les dents de lait, qu'elles doivent servir l'animal jusqu'au terme de sa vieillesse.

La raison de leur grand volume relatif peut être aisément donnée : elles appartiennent à un âge où la taille atteint ses dimensions extrêmes, où, la masse du corps augmentant, la puissance de ces meules qui broient les corps qui l'alimentent doit grandir nécessairement d'une manière proportionnelle.

Ces dents, que rien n'a précédées et que rien ne remplacera, sont au nombre de douze en totalité. Il y en a six à chaque mâchoire, trois de chaque côté. Elles ont été plusieurs fois décrites depuis Daubenton. En abordant à notre tour cette description, notre but est surtout d'aider à des comparaisons plus précises et propres à éclairer l'histoire du genre *Hippopotamus*. Nous décrirons dans cet article celles de la mâchoire supérieure.

1° La *première molaire* a quatre racines. Elle apparaît de si bonne heure, qu'au moment où la dernière molaire entre en fonction, elle est déjà usée jusqu'à la base de sa couronne.

Cette couronne, fort compliquée, est à peu près carrée, et porte quatre cônes composants. Ces cônes correspondent au centre de la couronne. Il y a en outre deux murailles verticales revêtues d'émail, l'une en avant, l'autre en arrière de la dent, et ces deux murailles sont reliées au côté externe de la dent par un bourrelet d'émail dont les flexuosités suivent les contours et les séparations de la base des cônes extrêmes.

2° La *deuxième molaire* a également quatre puissantes racines, et sa couronne est pareillement carrée; c'est la plus massive des trois molaires.

Sa couronne est essentiellement constituée par quatre pyramides à base triangulaire, mais dont les arêtes sont émoussées et arrondies. Elles sont groupées transversalement deux à deux de manière à s'appliquer, dans chaque groupe, l'une à l'autre par leurs faces correspondantes. De profonds sillons divisent de la base au sommet leurs faces libres, si bien qu'à mesure que la dent a servi, l'usure de ses cônes composants donne lieu à des figures en forme de trèfles circonscrites par une couche épaisse d'émail. Ce fait a été noté par tous les anatomistes.

A la base des quatre pyramides, la couronne est circonscrite par un bourrelet qui se relève en une muraille verticale, en avant et en arrière de la dent; ce bourrelet n'existe pas seulement à sa face externe, mais encore à sa face interne, ce qui permet de la distinguer au premier coup d'œil de la première.

3° La *troisième molaire*, comme les précédentes, a quatre puissantes racines, les postérieures surtout, qui sont longues et comprimées. La couronne est quadrilatère à sa base, mais elle n'est pas absolument carrée, son côté postérieur n'égalant point l'antérieur. Quatre cônes groupés transversalement deux à deux la surmontent, et sont fort analogues à ceux de la deuxième molaire. Toutefois il y a plus d'inégalité entre les cônes postérieurs et les cônes antérieurs, et leurs sommets convergent davantage. Le bourrelet qui circonscrit la couronne à sa base ne se relève en avant et en arrière de la dent qu'en contre-forts rudimentaires ; il est à peu près anéanti sur sa face externe, et n'a sur la face interne qu'un développement médiocre. Ces caractères différencient clairement la troisième molaire de la molaire précédente.

L'examen de ces dents, quelque analogie que présentent d'ailleurs les deux espèces, permet de distinguer aisément l'*Hippopotamus amphibius* de l'*Hippopotamus major*.

Chez ce dernier, en effet, la première molaire est relativement plus petite ; la seconde est comprimée en arrière, tandis qu'elle est carrée dans l'*Hippopotamus amphibius*; enfin, dans ce dernier, les pyramides postérieures de la troisième molaire étaient sensiblement équivalentes ; dans l'*Hippopotamus major*, au contraire, ces deux pyramides sont fort inégales, l'interne l'emportant sur l'externe, et son arête postérieure s'étendant et se recourbant de manière à envelopper en quelque sorte l'arête postérieure de celle-ci. Ce caractère, fût-il isolé, ne permettrait pas le plus léger doute sur la légitimité de la distinction de ces deux espèces.

Les dents molaires de l'Hippopotame de Libéria se distinguent de celles des *Tétraprotodons* en général par une physionomie spéciale. Le type général de composition est le même, mais l'usure des pyramides donne lieu à une figure courbe presque semi-lunaire, qui ne rappelle en rien les *trèfles* des Tétraprotodons. En outre, les bourrelets basilaires sont infiniment moins accusés.

2° Mâchoire inférieure.

1° *Fausses molaires.* — De même qu'à la mâchoire supérieure, la première molaire de lait est remplacée par une fausse molaire uniradiculée et prématurément caduque. Cette dent, qui manque le plus souvent dans l'*Hippopotamus amphibius*, est située à égale distance de la canine et de la deuxième fausse molaire que sépare, comme chacun le sait, un assez grand intervalle. Cette dent persiste chez l'adulte dans l'Hippopotame (*Ditomeodon Liberiensis*).

Cette deuxième fausse molaire a deux racines. Sa couronne, très-comprimée, est surmontée par un sommet aigu et fort saillant. Cette dent est séparée de la troisième molaire par un intervalle assez grand.

La troisième fausse molaire a également deux racines dont la postérieure est double.

La couronne de cette dent est sensiblement comprimée.

La quatrième fausse molaire a une couronne également très-comprimée. Elle a trois racines, dont la première, l'antérieure, est longue et indépendante jusqu'à sa base. Les deux autres, situées en arrière de la première, l'une à côté de l'autre, sont le plus souvent réunies à leur base.

La couronne, de forme très-allongée, est surmontée par un sommet principal que flanque en arrière un cône accessoire. Un collet saillant les entoure tous deux à leur base, et se relève en murailles verticales en avant de la pyramide antérieure et en arrière du cône postérieur.

La pyramïde antérieure, qui est la plus grande, a une base quadrilatère, mais ses flancs sont infléchis ou évidés de telle façon vers le sommet, que l'usure de la dent y fait souvent apparaître une étoile quadrilobée, dont les lobes sont inégaux deux à deux. Les plus petits occupent les deux extrémités du diamètre antéro-postérieur de la dent; les plus grands se correspondent transversalement.

Le sommet postérieur est assez régulièrement conique. La troisième et la quatrième fausse molaire sont de la sorte beaucoup moins compliquées que les molaires de lait qu'elles ont remplacées.

Des vraies molaires (*mâchoire inférieure*).

De même qu'à la mâchoire supérieure, ces dents sont au nombre de trois.

La première, ainsi qu'il arrive à la mâchoire supérieure, apparaît et fonctionne longtemps avant les autres. Elle les devance, et en conséquence elle est constamment usée, beaucoup plus que celles qui la suivent; elle est usée même beaucoup plus que la quatrième fausse molaire, qui ne remplace en général, aux deux mâchoires, la quatrième molaire de lait que lorsque la seconde molaire proprement dite est elle-même entrée en fonction, et que la troisième est prête à agir elle-même. C'est là une prévoyance de la nature, par suite de laquelle, pendant le renouvellement des dents, la fonction si nécessaire de la mastication n'est jamais menacée.

Dans l'origine, cette première molaire est certainement couronnée par quatre pyramides et flanquée en avant d'une muraille verticale. Mais quand l'usure a rongé jusqu'à la base ces pyramides et cette muraille, la couronne n'offre plus que deux grandes surfaces planes entourées d'émail situées l'une derrière l'autre, et séparées par un sillon flexueux, séparation qui disparaît à son tour quand l'usure a été poussée à l'extrême.

De ces deux surfaces ou lobes, l'antérieure est en général usée plus profondément que la postérieure. Une sorte d'entaille fait pénétrer un pli d'émail dans ce lobe au côté externe de la couronne.

Souvent, au centre du lobe postérieur, alors que l'antérieur a sa surface complétement usée, on observe un peu en arrière deux petites fossettes limitées chacune par une petite cupule d'émail dont l'ouverture est assez régulièrement circulaire ; ces cupules sont les derniers vestiges du fond des vallées qui séparaient, quand la couronne était encore intacte, ses pyramides postérieures.

La deuxième molaire est grande et forte, elle est beaucoup plus longue que large. Sa couronne est essentiellement composée de quatre pyramides à bases triangulaires, aux arêtes émoussées et aux faces latérales profondément évidées. L'usure de ces pyramides fait apparaître en conséquence ces figures de trèfles si distinctes dans les molaires supérieures, mais plus largement et d'une manière plus irrégulière.

A ces quatre pyramides, il faut ajouter en avant une muraille verticale, épaisse et revêtue d'émail ; en arrière, un talon plus ou moins accusé.

La troisième molaire est plus allongée encore que la deuxième, mais, en revanche, est plus étroite.

Elle s'en distingue par plusieurs caractères faciles à saisir, savoir : 1° par une plus grande gracilité et concentration de ses quatre pyramides fondamentales ; 2° par les figures qui résultent de l'usure de leurs sommets, et qui rappellent beaucoup moins des trèfles que des croissants ; 3° par une muraille antérieure moins forte ; 4° par un talon énorme qui fait environ le tiers de la longueur de la dent.

En résumé, les molaires inférieures peuvent être aisément distinguées des molaires supérieures. La couronne de celles-ci est presque parfaitement carrée ; la couronne des premières est fort allongée et à peu près rectangulaire (1). Ajoutons, car cela est un des caractères tant de l'*Hippopotamus amphibius* que de l'*Hippopotamus pœlœindicus*, et des Hexaprotodons, que dans chaque molaire les quatre pyramides fondamentales sont assez symétriquement disposées, tandis que dans l'*Hippopotamus major*, où les quatre pyramides sont également groupées deux à deux, les axes des groupes sont fort obliques sur la ligne longitudinale qui divise la couronne vers son milieu.

MODIFICATIONS QUE SUBIT LA RELATION DES MACHOIRES AVEC LES MOLAIRES
PENDANT LA PÉRIODE DU RENOUVELLEMENT DES DENTS.

Les faits dont nous allons essayer de donner une idée ont une telle importance générale, qu'on me pardonnera, je l'espère, d'y insister, au moins un instant.

______

(1) Cf. Blainville, *Ostéographie*, g. *Hipp.*, p. 32.

J'en ai vérifié l'exactitude par l'examen attentif d'un grand nombre de têtes d'*Hippopotamus amphibius* et d'*Hippopotamus Liberiensis*, arrivées à divers degrés de développement.

À aucun âge de la vie, ces tubérosités infra-orbitaires des os maxillaires supérieurs, que j'ai indiquées dans le cours de cet ouvrage sous le nom de tubérosités molaires, ne dépassent en arrière une ligne transversale menée perpendiculairement à la suture médio-palatine par le point le plus avancé du bord postérieur du palais. Cette ligne est la limite constante des tubérosités infra-orbitaires.

Pour mieux faire comprendre les détails dans lesquels je vais entrer, je mène, parallèlement à cette ligne limite, une ligne idéale passant par la pointe des lames palatales des os palatins antérieurs.

Ces deux lignes limitent une bande transversale, et cette bande couvre, à la partie postérieure des bords alvéolaires du maxillaire supérieur, un espace où sont compris constamment, de chaque côté de la mâchoire, deux dents molaires, ou du moins deux germes de dents en voie de développement. Ces deux dents ne sont pas toujours les mêmes.

Au moment de la naissance, ces dents sont la quatrième molaire de lait et la première molaire proprement dite.

Plus tard, à l'époque du développement des incisives et des canines, les choses ont changé. L'espace en question contient toujours deux dents, mais ce sont la première et la deuxième molaire.

Vers le commencement de l'âge adulte, nouveau changement; il y a toujours deux dents, mais ces dents sont la deuxième et la troisième molaire.

Ainsi, à cet âge de la vie, la deuxième molaire occupe précisément la place où se trouvait au moment de la naissance la quatrième molaire. Ainsi, point de doute possible, en se développant, la série des molaires chasse successivement en avant la série des prémolaires; que dis-je? chaque molaire nouvelle pousse au lieu même qu'occupait d'abord la dent qui l'a précédée, et à laquelle elle se substitue en quelque sorte en la chassant en avant.

La conservation des dents antérieures suppose donc comme condition indispensable un allongement graduel des os maxillaires; si ces os étaient courts et ne pouvaient loger dans leurs sillons alvéolaires qu'un petit nombre des dents à éclore, les dents antérieures tomberaient successivement au fur et à mesure de l'apparition des dents postérieures.

Ce fait, rendu si sensible par l'étude de la dentition des Hippopotames, est vérifié par un examen attentif de tous les *Herbivores*, et fournit une explication facile de l'anomalie apparente que présentent les Proboscidiens.

DIGRESSION ET REMARQUES SUR L'HIPPOPOTAMUS (DITOMEODON) LIBERIENSIS.

Les caractères distinctifs de cette espèce qu'on doit considérer, à mon avis, comme appartenant à un genre distinct, ont été donnés par le docteur Samuel George Morton (1) d'après deux têtes qu'il avait reçues en 1843 de son ami, le docteur Goheen, médecin de colonisation à Monrovia en Libérie, sur la côte occidentale d'Afrique. Ce savant célèbre la désigna d'abord sous le nom d'*Hippopotamus minor*, mais, ayant appris que ce nom avait été précédemment employé par Cuvier pour une espèce fossile, il changea, dans un second travail (2), l'épithète spécifique de *minor* en celle de *Liberiensis*, désignation qui à tous égards convenait davantage.

Les descriptions du docteur Morton sont telles qu'on pouvait l'attendre d'un si habile zoologiste ; toutefois nous croyons utile d'y revenir ici en quelques mots. Nous trouverons ainsi l'occasion d'insister sur certains points qu'il a négligés, d'en préciser quelques autres, et d'établir quelques comparaisons utiles.

La tête de l'*Hippopotamus Liberiensis* est beaucoup plus petite que celle de l'*Hippopotamus amphibius*. La longueur de celle-ci, mesurée sur un individu adulte, mais de taille médiocre, du bord inférieur du trou occipital à l'extrémité antérieure de la

(1) *Proceedings of the Academy of natural sciences of Philadelphia*, p. 14, vol. II, 1844-1845.
(1) *Additionnal observations on a new living species of Hippopotamus* (in *Journal of the Academy of nat. sc. of Philadelphia*, vol. 1, seconde série, art. xviii, page 234, 1847-1850.

face, était de 60 centimètres. Or cette longueur était de 33 centimètres seulement, dans un *Hippopotamus Liberiensis* fort âgé et qui devait avoir acquis le maximum de sa taille. Il s'agit donc ici d'une différence extrêmement prononcée et qui dépasse la limite des variations de taille possibles à l'état normal dans une même espèce; mais, quelle qu'elle soit, elle n'aurait après tout qu'une valeur spécifique. Celles que nous allons rappeler ou signaler nous semblent, au contraire, indiquer un genre très-distinct et fort différent de celui de l'*Hippopotamus amphibius* et des autres Hippopotames connus.

Les longueurs proportionnelles du palais et du crâne mesurées à la face inférieure de la tête sont à peu de chose près les mêmes dans les deux espèces, mais la position de l'orbite est beaucoup plus avancée dans l'*Hippopotamus Liberiensis*. Ce fait est rendu sensible par l'observation suivante.

Imaginons un plan passant par le bord antérieur des orbites, et perpendiculairement abaissé sur le plan horizontal des bords alvéolaires supérieurs. Ce plan, suivant les espèces, aura des relations très-différentes.

Dans l'*Hippopotamus amphibius*, il passe précisément dans l'intervalle qui sépare la dernière molaire de la pénultième.

Dans l'*Hippopotamus major*, il passe fort en arrière de ce point et laisse au-devant de lui la dernière molaire.

Dans l'*Hippopotamus Liberiensis*, au contraire, il passe plus en avant, et coupe en deux la pénultième molaire, si bien qu'un plan parallèle mené par l'intervalle en question ne touche point au bord antérieur du cercle orbitaire, mais le coupe en

deux moitiés équivalentes. Ainsi, dans cette espèce, l'orbite
s'avance vers la face d'une quantité égale à son demi-diamètre,
et la grandeur des fosses temporales s'accroît d'une quantité
pareille.

En résumé, dans l'*Hippopotamus Liberiensis*, l'orbite est beaucoup plus avancée que dans l'*Hippopotamus amphibius*, et surtout
dans l'*Hippopotamus major*.

Dans ces deux dernières espèces, les orbites, ainsi que nous
l'avons dit plus haut, se dirigent manifestement en haut, et leur
bord supérieur s'élève d'une quantité notable au-dessus du
plan des parties médianes du frontal.

Il n'en est pas ainsi dans l'*Hippopotamus Liberiensis* : « il y a,
dans cette espèce, une convexité uniforme de la partie supérieure du crâne d'une orbite à l'autre et de l'occiput aux os du
nez, tandis que dans l'espèce commune les orbites sont remar-
quablement élevées, en sorte que la surface intermédiaire est
concave » (1). Cette remarque de Morton est fort juste, il s'en
suit que l'orbite s'abaissant davantage dans le domaine de la
face, l'*Hippopotamus Liberiensis* se rapproche beaucoup plus que
l'*Hippopotamus amphibius* des conditions communes réalisées
dans les *Pécaris* et dans les *Cochons*, et cette circonstance semble
indiquer dans cette espèce des mœurs moins aquatiques.

Nous allons essayer d'indiquer d'une manière précise le
degré de cet abaissement.

Un plan horizontal, mené parallèlement aux bords alvéo-

____

(1) Morton, premier Mémoire, 1844.

laires par le bord inférieur du trou *sous-orbitaire*, a les relations suivantes avec l'orbite.

Dans l'*Hippopotamus major*, ce plan partage l'os malaire en deux parties à peu près égales, et passe à peu de chose près par une arête saillante qui divise l'os malaire en deux plans inclinés, l'un supérieur, convexe, regardant en haut, l'autre inférieur, concave, regardant en bas (1).

Dans l'*Hippopotamus amphibius*, il passe franchement au-dessous de l'os jugal ou malaire.

Dans l'*Hippopotamus liberiensis*, il passe précisément par le bord inférieur des orbites, c'est-à-dire immédiatement sur le bord supérieur de l'os malaire.

L'orbite, dans cette espèce, s'est donc rapprochée de ce plan; elle s'est abaissée d'une manière notable, et cet abaissement n'est pas moins sensible quand on interroge les relations de son bord supérieur. Ce bord, dans l'*Hippopotamus Liberiensis*, laisse prédominer la saillie du frontal; il s'élève au contraire au-dessus d'elle dans l'*Hippopotamus amphibius* et dans l'*Hippopotamus major*.

Ainsi, en ce qui touche les relations des orbites, l'*Hippopotamus Liberiensis* diffère, non-seulement du grand Hippopotame vivant, mais encore de tous les *Tétraprotodons* et *Hexaprotodons* fossiles. Cela suffirait pour établir la distinction de ce genre; mais nous pouvons invoquer encore d'autres différences fort importantes et qu'il n'est peut-être pas inutile de rappeler.

La modification qu'a éprouvée la situation des orbites dans l'*Hippopotamus Liberiensis*, en entraîne d'autres dans les formes

____

(1) Ajoutons que ce plan passe par le trou auditif.

de la tête. Non-seulement le front est convexe au lieu de présenter une concavité plus ou moins accusée, mais encore les fosses temporales sont plus amples relativement, et les tubérosités pariétales sont plus nettement accusées. Les branches de la bifurcation sus-orbitaire de la crête sagittale sont plus écartées et elles décrivent une courbe beaucoup plus allongée. Ce n'est pas tout, la forme de l'orbite elle-même est différente : dans l'*Hippopotamus amphibius*, l'arc supérieur de son ouverture l'emportait sur l'inférieure, l'inverse a lieu dans l'*Hippopotamus Liberiensis*; enfin, dans cette espèce, son grand axe est oblique de haut en bas et d'avant en arrière, tandis qu'il est sensiblement vertical dans l'*Hippopotamus amphibius*.

La forme des arcades zygomatiques fournit des caractères encore plus accusés.

Fort dilatées en arrière dans l'*Hippopotamus Liberiensis*, elles s'écartent beaucoup moins l'une de l'autre dans la région faciale, les os malaires ayant beaucoup moins de saillie que dans l'*Hippopotamus amphibius*; à cet égard, l'*Hippopotamus Liberiensis* se rapprocherait davantage de l'*Hippopotamus major*. Mais la forme générale des arcades ne permet aucune assimilation entre ces deux espèces. Elles sont grêles en effet dans la première et presque aussi épaisses que hautes, tandis que, dans la seconde, elles sont à la fois très-hautes et très-minces. Ce n'est pas tout, dans l'*Hippopotamus major*, elles sont rectilignes et forment un coude brusque avec une traverse radiculaire très-rejetée en arrière, tandis que, dans l'*Hippopotamus Liberiensis*, la racine se recourbe vers l'arcade, qui décrit dans son ensemble une courbe fort élégante. L'*Hippopotamus amphibius* diffère donc de l'une et de l'autre par la forme de ses arcades, fort écartées l'une de l'autre au niveau des os malaires, et moins rectilignes dans leur partie moyenne que cela n'a lieu dans l'*Hippopotamus major.*

La face, brusquement étranglée chez l'*Hippopotamus Liberiensis*, au-devant des os malaires, se renfle presque immédiatement de nouveau, les canines divergeant à partir de leurs racines en soulevant leurs grands alvéoles. Cette alternative n'est pas aussi brusque, loin de là, dans l'*Hippopotamus amphibius* dont la face est plus longue, et encore moins dans l'*Hippopotamus major*, où cette longueur de la face est encore plus accusée.

Mais des différences plus grandes encore peuvent être observées dans le mode de terminaison de la mâchoire supérieure dans ces trois espèces.

Nous avons déjà décrit cette terminaison dans l'*Hippopotamus amphibius.* Il nous suffira de rappeler la grande saillie des os incisifs, la grande échancrure qui les sépare, la longueur des *trous de Sténon*, et le singulier mode d'implantation des incisives disposées de telle sorte qu'elles semblent au premier abord éparses sur les intermaxillaires.

Dans l'*Hippopotamus major*, les os intermaxillaires font beaucoup moins de saillie, et l'échancrure qui les sépare en avant, comblée par un prolongement des apophyses palatales de cet os, est beaucoup moins profonde, et, si les incisives médianes sont énormément séparées, les os eux-mêmes, sauf la fissure médiane qui les sépare, semblent en définitive tendre davantage l'un vers l'autre.

L'*Hippopotamus Liberiensis* présente une fusion plus avancée; la fissure est à peine sensible, si même elle n'est complétement oblitérée. Toutefois, les os incisifs sont très-proclives en avant; un intervalle assez grand sépare, à la partie inférieure de la voûte qu'elles constituent, les deux tubérosités où sont implantées les dents incisives; ces dents, d'ailleurs, bien que fort écartées les unes des autres, sont implantées entre les dents canines sur une courbe régulière, en sorte que leur disposition rappelle davantage les conditions normales. Quant aux canines, elles sont, ainsi que leurs alvéoles, fort divergentes, mais ces alvéoles ont moins de hauteur que dans les Tétraprotodons. On sent que l'on a affaire à un type moins anormal.

L'ouverture antérieure des fosses nasales, plus large que haute dans l'*Hippopotamus amphibius*, est très-vaste dans l'Hippopotame de Libéria; mais elle y est beaucoup plus haute que large.

Les trous incisifs sont moins allongés, mais plus ouverts que ceux des Tétraprotodons. Cette remarque est importante parce qu'elle indique un plus grand développement des conduits de Sténon; or, si l'on vient à considérer que ces canaux sont les orifices des *organes de Jacobson*, on présumera avec quelque probabilité que ces organes atteignent, dans cette espèce, un développement relatif plus considérable. Ce fait s'ajouterait à ceux d'après lesquels on peut prévoir que l'*Hippopotamus Liberiensis* est moins aquatique que le vulgaire.

Quelques remarques accessoires compléteront l'exposition

de ces différences. Le développement moindre des prolongements orbitaires du frontal et de l'os malaire dans l'*Hippopotamus Liberiensis*, explique comment, dans cet animal, l'os lacrymal, même dans l'âge adulte, fait partie du bord de l'orbite.

Ainsi un état transitoire, et presque fœtal dans l'*Hippopotamus amphibius*, persiste ici pendant toute la vie. Ajoutons que, dans ce dernier animal, le lacrymal, par son côté interne, touchait au nasal et séparait absolument le frontal d'avec le maxillaire. Il n'en est pas de même dans le *Liberiensis :* un prolongement du frontal s'engage en effet entre le lacrymal et le nasal, et les sépare en s'unissant au maxillaire. L'exposition de ces différences pourra paraître futile et fastidieuse ; mais quand on prétend séparer deux espèces en deux genres distincts, on ne saurait invoquer trop de raisons diverses.

Le maxillaire inférieur présente à son tour quelques particularités d'ailleurs moins importantes. Les bords inférieurs de ses branches horizontales sont moins écartées que dans l'*Hippopotamus amphibius*, eu égard à leurs bords alvéolaires. Les apophyses alaires des bords du maxillaire sont relativement plus longues et plus divergentes. Les alvéoles des canines, bien que fort grandes, sont moins détachées du corps de l'os, et surtout moins divergentes ; ajoutons que la symphyse est à la fois moins longue et plus relevée.

Les branches montantes sont fort semblables à celles du vulgaire, à cette différence près que l'apophyse coronoïde est plus inclinée en avant, et que les condyles sont à la fois moins parallélogrammatiques et plus convexes d'avant en arrière.

DU SYSTÈME DENTAIRE.

La formule dentaire, pour la mâchoire supérieure, est identique dans l'*Hippopotamus Liberiensis* et dans les *Tétraprotodons*, mais elle diffère pour la mâchoire inférieure. l'*Hippopotamus Liberiensis* ayant à cette mâchoire deux incisives seulement au lieu de quatre.

Mâchoire supérieure. — On peut remarquer, *en premier lieu*, dans cette espèce, le parallélisme presque parfait des deux lignes d'insertion des dents molaires ; *en second lieu*, la petitesse de l'intervalle qui sépare l'alvéole de la deuxième fausse molaire, de celle de la canine, en sorte que la première fausse molaire comble à peu de chose près cet intervalle, et se trouve très-rapprochée de ces deux dents, et en particulier de la première ; *en troisième lieu*, le mode d'insertion des dents incisives, qui se rapproche beaucoup plus des conditions habituelles : elles sont en effet implantées sur une ligne courbe régulière qui ne rappelle en rien l'anomalie qu'offre à cet égard l'*Hippopotamus amphibius*. Les incisives médianes sont, il est vrai, fort écartées l'une de l'autre ; mais elles ne sont séparées de l'incisive latérale que par un intervalle médiocre. La distance qui existe entre cette dernière dent et la dent canine est fort considérable ; ce qui tient évidemment à la grande projection des intermaxillaires ; *en quatrième lieu*, enfin, nous indiquerons les proportions relatives des dents incisives. Les médianes sont moins volumineuses que les externes, au contraire de ce qui a lieu dans les *Tétraprotodons*.

Nous allons essayer de décrire individuellement les dents.

a. — Des fausses molaires.

La *première fausse molaire* est uniradiculée ; mais, d'après la forme de son alvéole, on peut conclure que sa racine est à double colonne. Cette dent est relativement plus robuste que dans l'*Hippopotamus amphibius*, et sa chute est certainement plus tardive.

La *deuxième fausse molaire* est, suivant l'usage, la plus saillante des quatre ; elle touche à la troisième fausse molaire, ce qui n'a lieu ni dans l'*Hippopotamus amphibius*, ni dans l'*Hippopotamus major*.

Elle a deux racines : l'une antérieure assez grêle, l'autre postérieure plus large portant des indices de division. La couronne est une pyramide robuste, à base carrée, dont la face interne est fort rugueuse. Il y a en outre en arrière de la dent, à son côté interne, un talon petit, mais nettement accusé. Un collet d'émail entoure la base de la couronne, mais il n'est fort accusé qu'en arrière et en dedans.

La *troisième fausse molaire* est fort semblable à la seconde. Elle en diffère en ce que la base de sa pyramide, au lieu d'être carrée, est en forme de parallélogramme un peu allongé. Son talon fait une assez grande saillie.

La *quatrième fausse molaire* a des caractères spéciaux. Elle a une racine antérieure grêle, et deux racines postéro-internes très-distinctes, bien qu'unies dans toute leur hauteur par une lame intermédiaire. Sa couronne, à peu près circulaire à sa base, porte une petite pyramide à quatre pans sensiblement évidés. Cette dent, à la réserve de la première, est la plus petite d'entre les fausses molaires, et certainement l'une des plus simples, au contraire de ce qui a lieu dans l'*Hippopotamus amphibius*, où cette dent est la plus large parmi les prémolaires et certainement la plus compliquée. L'*Hippopotamus Liberiensis* se rapproche à cet égard de l'*Hippopotamus major*, où la réduction de la quatrième prémolaire est encore plus grande.

b. — Des vraies molaires.

Les molaires, dans l'*Hippopotamus Liberiensis*, ont une physionomie toute spéciale.

La *première* qui, chez l'adulte, est usée jusqu'à la racine, a une couronne presque rigoureusement carrée. Aux quatre angles existent quatre racines assez courtes, un peu déjetées en dehors, mais en somme équivalentes et assez comparables aux quatre pieds d'une table. La base de la couronne est garnie d'un collet qui est surtout saillant en avant et *en dehors* de la dent. Il faut, pour se faire une idée des pyramides qui la terminent, l'examiner alors que les dents de lait fonctionnent encore. On voit alors que la couronne porte quatre pyramides distinctes et groupées deux à deux. De même que dans l'*Hippopotamus amphibius*, elles semblent, dans chaque groupe, se recourber en quelque sorte l'une vers l'autre, de manière à enfermer au centre du groupe une sorte de canal dont la coupe est rhomboïdale. L'usure des cônes fait apparaître, non des trèfles, mais des figures semi-lunaires. La dent a un collet marqué surtout en dedans et en dehors de la couronne.

La *deuxième* molaire a également quatre fortes racines. Sa couronne rectangulaire est un peu plus longue que large. Elle porte quatre pyramides groupées à peu près comme dans l'*Hippopotamus amphibius*, mais de forme un peu différente, en sorte que l'usure y fait apparaître non des trèfles, mais des triangles aux côtés légèrement échancrés. Un collet fort bien défini entoure la base des pyramides. Il est fort apparent sur trois points, en avant et sur les côtés ; mais c'est au *côté interne* qu'il est le plus accusé. Ce collet, dans l'*Hippopotamus Liberiensis*, ne forme point, en avant et en arrière de la dent, ces hautes murailles verticales qui rendent si remarquable cette *deuxième molaire* dans l'*Hippopotamus amphibius;* le seul vestige qui reste de ces murailles est une légère élévation du collet en avant de la couronne.

Troisième et dernière molaire. Celle-ci a moins de volume. Sa base est un quadrilatère qui se rapprocherait fort d'un *carré*, si son côté postérieur n'était un peu plus court que les autres. Elle a quatre racines, quatre pyramides terminales et un collet. Ce collet, très-prononcé en avant de la dent, l'est beaucoup moins en arrière, il s'éteint pour ainsi dire sur les pyramides postérieures qui sont un peu moins développées que les antérieures. L'usure des pyramides fait apparaître des figures semi-lunaires.

Telles sont les molaires supérieures de l'*Hippopotamus Libe-*

riensis ; elles fournissent des caractères précis et distinguent aussi bien ce genre que le pourraient faire les formes extérieures du crâne.

On me pardonnera de résumer ici en quelques mots les caractères qui permettent de distinguer ces dents les unes des autres.

Fausses molaires. — La première fausse molaire est uniradiculée et conique.

Les trois autres fausses molaires ont deux racines au moins et trois racines au plus.

La seconde se termine par une pyramide à base carrée.

La troisième, par une pyramide à base rectangulaire.

La quatrième, par une pyramide à quatre pans, et reposant sur une base de forme à peu près ronde.

Vraies molaires. — Les trois vraies molaires ont chacune quatre racines et sont terminées par quatre pyramides.

La *première* est *carrée.* Son collet est surtout saillant au côté *externe.* — La *seconde* est *rectangulaire.* Le collet est surtout accusé au côté *interne.* — La *troisième* est en forme de *quadrilatère* fort approchant d'un carré, mais plus étroit en arrière qu'en avant. Le collet est surtout accusé à la partie *antérieure* de la dent.

Des dents incisives et canines.

Nous avons déjà indiqué quelle est la disposition générale des dents incisives à la mâchoire supérieure. Nous n'y reviendrons pas. Ces dents sont de forme cylindrique et s'usent dans un plan perpendiculaire à leur axe. Leur racine ouverte est légèrement recourbée, et très-profondément canaliculée. Ces dents appartiennent, comme les incisives des Rongeurs, à la catégorie de celles qui poussent au fur et à mesure de leur usure. Elles m'ont paru à peu près dépourvues d'émail.

Les canines supérieures sont fortes, très-larges surtout, et leur forme est caractéristique. Morton les décrit ainsi : « les canines supérieures, dit-il, ont un pouce environ dans leur plus grand diamètre, et sont remarquables postérieurement par un sillon ou racine profonde qui s'étend environ à la moitié de l'épaisseur de la dent, et donne à sa section transversale et conséquemment à son alvéole, un contour réniforme » (planche XXXIV de son mémoire, figure 3, planche XXXIII, figure 3). Ces dents sont fort usées par le frottement (1). Cette description est trop rapide pour être complétement exacte; nous allons y revenir en peu de mots.

D'une manière générale, la coupe de la dent est trapézoïdale. Elle a donc quatre faces dont la plus étroite est en avant et correspond à la convexité de la dent. Cette face est parcourue dans toute sa longueur par des stries parallèles fort prononcées.

Des deux faces latérales, l'externe est la plus large, elles sont toutes les deux finement striées et parcourues en avant, dans toute leur longueur, par un sillon peu profond. mais trèslarge.

______

(1) *Journ. of the Ac. of Nat. Sc. of Philadelphia.* vol. I, 2ᵉ série, p. 231.

La face postérieure, la plus large des quatre, est parcourue
dans toute son étendue par une vallée profonde et tout à fait
caractéristique. Attribuer à la dent une coupe réniforme est
donc céder avec trop peu de sévérité au désir d'abréger les
descriptions par des comparaisons peu exactes. Cette dent, à
son extrémité libre, est fortement usée en biseau. La couche
d'émail qui la recouvre est presque partout fort mince.

Mâchoire inférieure (dents molaires).

Fausses molaires. — Au nombre de quatre. La *première* est
petite, uniradiculée, avec une couronne aiguë et très-comprimée. Elle est assez rapprochée de la canine.

La *seconde fausse molaire* a deux racines; sa couronne est
forte, comprimée, avec un sommet fort élevé et dominant.

La *troisième* est fort semblable à la seconde, mais fait moins
de saillie. Elle présente l'indice d'un petit collet à la base de sa
couronne.

La *quatrième*, plus petite que les précédentes, est biradiculée.
Sa couronne, sans aucun indice de collet, se compose d'une
forte pyramide à base rhomboïdale, derrière laquelle se trouve
un talon assez accusé. Elle se distingue aisément des autres
fausses molaires, en ce que sa couronne n'est point comprimée
et que ses racines sont plus rapprochées l'une de l'autre.

Vraies molaires. — La *première* est, au premier abord, fort
semblable à la dent correspondante de la mâchoire supérieure,
mais elle est plus petite, et, tandis que la couronne de celle-ci
est à peu près carrée, la sienne est rectangulaire et plus longue

que large. Chez l'adulte, cette couronne est en général usée
jusqu'au collet; mais elle porte au commencement quatre
pyramides groupées en chaîne transversale, deux à deux. Le
groupe antérieur est plus distinct du groupe postérieur qu'à la
mâchoire supérieure; le type d'ailleurs est le même. Il y a l'indice d'une muraille rudimentaire, en avant et en arrière de la
dent, ce qui n'a pas lieu sur la dent correspondante de la mâchoire supérieure.

La *deuxième molaire* est très-forte et d'un tiers environ plus
longue que large. Sa couronne est formée de quatre pyramides
suivant le type habituel, avec un assez fort collet au côté
externe. Ce collet se relève en avant et en arrière de la dent
en une muraille verticale. Ces conditions rappellent à peu de
chose près celles qui sont réalisées dans l'*Hippopotamus amphibius*, mais l'usure des pyramides ne fait point apparaître ces
figures de trèfles qu'elle produit chez ce dernier; des figures
triangulaires à angles irréguliers les remplacent dans l'*Hippopotamus Liberiensis*.

La *troisième molaire* est la plus allongée. Elle a, comme dans
l'*Hippopotamus amphibius*, quatre pyramides principales posées
sur quatre racines, plus un talon énorme à sommet conique,
auquel correspond, dans tous les cas, une cinquième racine
fort distincte; en outre la dent est flanquée en avant par une
muraille verticale. L'usure fait apparaître des triangles sur les
quatre pyramides fondamentales et une figure circulaire, sur
le cône qui termine le talon.

En résumé, ces dents se distinguent des supérieures, dans

le même animal, parce qu'elles sont sensiblement plus longues que larges. La troisième ne peut être confondue avec aucune autre, ni la première non plus. Quant à la seconde, la présence d'une muraille verticale, en avant et en arrière de sa couronne, la distingue aisément de sa correspondante à la mâchoire supérieure.

Elles se distinguent enfin des molaires des Tétraprotodons par l'absence, sur leurs cônes usés, des *trèfles* que tous les naturalistes ont observés chez ces derniers.

Des incisives et des canines à la mâchoire inférieure.

Les incisives, à la mâchoire inférieure, sont au nombre de deux seulement et fort écartées l'une de l'autre; elles ont la forme de fortes tiges arrondies et s'usent en avant par leur face inférieure. Elles sont fort obliques, mais un peu moins couchées que dans l'*Hippopotamus amphibius*.

Les canines en particulier sont très-remarquables; elles sont relativement fort grêles et régulièrement courbées en demi-cercle, du sommet à l'extrémité radiculaire. La forme de la tranche de chaque canine est à peu près celle d'un triangle inéquilatéral et fort allongé, dont les trois angles seraient émoussés. La face interne de la dent est presque plane; l'inférieure est convexe, l'externe est parcourue dans toute sa longueur par une petite gorge peu profonde. Cette dent, en frottant contre la canine supérieure, s'use en un biseau qui s'étend du sommet de la dent jusqu'au bord gingival pour le moins. Cette dent, par sa gracilité, rappelle à certains

30

égards ce qu'on voit dans les Cochons. Une figure en fera mieux apprécier la physionomie qu'une description quelconque.

Je termine ici ce que je me proposais de dire du squelette des *Hippopotames*. On pourrait en dire beaucoup plus long, en insistant sur une comparaison minutieuse des espèces vivantes et fossiles. Mais j'ai cru pouvoir me borner ici à ce qui concerne les espèces vivantes, considérées comme type par excellence de toutes les études qu'on peut entreprendre sur un genre si intéressant.

III

MYOLOGIE.

L'étude du système musculaire, dans l'Hippopotame, nous révélera peu de particularités étrangères au plan général, mais elle sera pour nous une occasion d'exposer ce plan d'après une méthode, sinon absolument nouvelle, du moins beaucoup plus simple que celles qui sont le plus habituellement adoptées.

L'unité du plan général, en histoire naturelle, n'anéantit pas les différences qui résultent d'accommodations spéciales. Parfois, d'une part, certains muscles qui existaient ailleurs ne sont pas réalisés; souvent aussi, d'autre part, les mêmes muscles présentent dans leur jeu des modifications telles que des actions en résultent qui sont, on peut le dire, caractéristiques en tant qu'elles sont commandées en quelque sorte par une préordination accommodant des organes homologues à des fonctions différentes. Je ne laisserai échapper aucune occasion de signaler ces particularités intéressantes toutes les fois que j'en trouverai le motif. A quoi servirait l'anatomie, si elle ne nous fournissait des occasions toujours nouvelles d'admirer à la fois la simplicité et la sagesse des voies du Créateur? Jamais, en effet, le hasard n'a produit de si parfaites harmonies, et si, en embrassant d'un coup d'œil l'univers, notre raison est éblouie et même égarée par l'infinité des éléments de l'harmonie générale, du moins cette harmonie apparaît assez dans les faits particuliers pour nous dispenser de la démontrer dans l'ensemble incomplétement connu et peut-être à jamais mystérieux des êtres qui se multiplient depuis des siècles à la surface de la terre.

Les muscles sont les organes des volontés instinctives et libres. Les mouvements qu'ils déterminent racontent la pensée, expriment les besoins, en un mot, trahissent la nature et les plus secrètes émotions de l'être. Ils sont l'expression naturelle de tous les modes de son activité, et par conséquent, ils ont avec la forme, qui est la manifestation générale de l'être, plus d'un rapport incontestable. Ils sont en effet liés par des relations régulières avec ce squelette, moulé en quelque sorte sur le plan du système nerveux. Nerfs, os et muscles, voilà, en vérité, tout l'animal, le reste est du domaine infiniment inférieur de la vie végétative.

J'étudierai dans ce paragraphe la loi générale de disposition des muscles dans un animal mammifère. Je ferai voir ce qu'ils présentent de spécial dans l'Hippopotame. Je remplirai par là un double devoir. Je satisferai à une fin particulière sans cesser de considérer un seul instant ces idées générales, archétypes que le naturaliste adore comme le but et la suprême récompense de ses travaux trop souvent arides.

Le désir d'être court et d'atteindre, autant que possible, à une description suffisante, m'entraînera sans doute dans des détails nombreux; mais la myologie, comme l'étude du squelette, est une source de caractères précieux que l'on néglige trop aujourd'hui. Je n'ai donc pas la crainte d'en trop dire, mais au contraire de n'en pas dire assez.

Les anciens anatomistes, préoccupés par ce qu'on appelait alors l'administration anatomique, c'est-à-dire par la nécessité d'économiser des cadavres qu'on ne se procurait qu'à grands frais, commençaient leur description par les muscles superficiels ; cette méthode n'est pas la meilleure ; elle ne fait pas suffisamment apparaître le plan général de la distribution des muscles. Ce plan, au contraire, se manifeste à merveille quand la description commence par les parties centrales du système, par celles qui appartiennent en propre à l'axe vertébral, en commençant toujours par les couches les plus profondes. En procédant ainsi, toutes les obscurités du système myologique disparaissent, et le résultat qui, au début de mes études anatomiques, exigeait plusieurs années d'application, peut être atteint en quelques journées, la lumière se faisant immédiatement dans l'esprit de l'élève. Si cette méthode n'est pas celle de la dissection même, elle est celle de l'esprit qui crée ses idées sur le modèle des faits qu'il observe ; elle convient par conséquent à l'enseignement dogmatique.

Muscles de la couche longitudinale.

(Muscles de la colonne vertébrale.)

Ces muscles sont tous longitudinaux. Ils sont, ou parallèles à l'axe du corps (*muscles directs*), ou obliques par rapport à cet axe (*muscles obliques*). Les muscles directs vont d'un élément vertébral d'un certain nom à un autre élément vertébral de même nom, par exemple d'une apophyse épineuse à une apophyse épineuse, d'une apophyse transverse à une apophyse transverse, d'une côte à une côte, etc.

Les muscles obliques se portent d'un élément d'un certain nom dans une vertèbre à un élément de nom différent dans une autre vertèbre, par exemple, d'une apophyse épineuse à une apophyse transverse ou réciproquement, d'une apophyse transverse à une côte, etc.

Il y a donc deux genres de muscles vertébraux, et, dans chacun de ces genres, il y a des muscles de deux sortes. La première sorte est celle des *muscles courts;* ces muscles passent d'une vertèbre à une vertèbre très-voisine ; ils sont les agents des mouvements propres à de très-petites régions de la colonne vertébrale. La deuxième sorte est celle des *muscles longs;* ils passent d'une vertèbre à une vertèbre plus éloignée et agissent simultanément sur une région très-étendue de la colonne vertébrale.

Ainsi les muscles courts déterminent des mouvements de détail ; les muscles longs déterminent des mouvements d'ensemble.

Ces choses sont immédiatement intelligibles. Il en résulte naturellement qu'il peut y avoir des muscles courts directs et des muscles courts obliques, des muscles longs directs et des muscles longs obliques.

La nature des choses indique également que, dans la disposition réciproque de ces muscles, les courts sont les plus profonds, les longs les plus superficiels. C'est là un fait nécessaire et par conséquent facile à concevoir.

MUSCLES COURTS DIRECTS.

a. Les uns se portent d'une apophyse épineuse à une apophyse épineuse; ce sont les muscles *interépineux*. Ils sont représentés chez l'Hippopotame, d'abord par le *petit droit postérieur de la tête* qui, de l'arc postérieur de l'atlas, se rend sur l'occipital immédiatement au-dessus du condyle, et par le *grand droit postérieur* qui se détache de l'apophyse épineuse de l'axis et va s'attacher à l'occipital au-dessus du précédent. Ces deux muscles sont assez forts.

Dans le reste de la région cervicale, dans la région dorsale et dans la région lombaire, les interépineux existent sans avoir un grand développement.

Dans la région caudale, ils sont représentés par des faisceaux courts allant d'une vertèbre à l'autre, de chaque côté de la ligne médiane.

N. B. — On peut rattacher au système des muscles interépineux, le *grand ligament cervical*. Dans l'Hippopotame, ce ligament remplit l'espace qui sépare l'apophyse épineuse de l'occipital de celle de la première dorsale; il s'attache à toutes les apophyses épineuses cervicales moins l'atlas, et offre une grande hauteur; mais, dans le fœtus, son épaisseur est médiocre. Il est très-élastique (1).

(1) On peut distinguer dans ce ligament un faisceau qui se rend à l'occipital, c'est le plus superficiel et le plus volumineux; et un faisceau qui se termine par autant de digitations sur les apophyses épineuses des six dernières cervicales. Celui de l'axis est encore très-fort. L'extrémité postérieure du ligament peut être suivie sur les quatre premières dorsales.

b. D'autres muscles courts se portent directement d'une apophyse transverse à une apophyse transverse, ce sont les muscles *intertransversaires*. Le système des intertransversaires peut être très-simple, il peut être en revanche très-compliqué. On s'explique aisément la possibilité de cette complication, en songeant que toute apophyse transverse est idéalement composée de trois tubercules : le terminal s'articulant avec la côte, l'antérieur faisant saillie en avant et remontant plus ou moins sur les côtés de l'apophyse articulaire antérieure de la vertèbre jusqu'à la surmonter, le postérieur, au contraire, se prolongeant directement en arrière et formant des épines multiples d'attache pour les muscles extenseurs d'ensemble, ou même donnant lieu à des articulations compliquées (tatous, fourmiliers). De la sorte, l'apophyse transverse est en réalité un élément triple dans chaque vertèbre, et l'on conçoit dès lors la possibilité d'avoir des muscles distincts, courts ou obliques, pour chacune de ces parties composantes. La Girafe nous en fournit un exemple aujourd'hui bien connu.

Cette complication n'a pas lieu dans l'Hippopotame.

A la région cervicale, le système des intertransversaires est représenté d'abord par le *petit droit latéral*, qui va de l'atlas à l'occipital (1); puis par des faisceaux charnus faciles à reconnaître entre les diverses vertèbres cervicales, mais peu distincts de la masse des muscles qui les recouvrent et qui

(1) Il recouvre en partie l'apophyse jugulaire. Cette apophyse, peu saillante, est coiffée par le petit droit latéral et le petit droit antérieur.

appartiennent principalement au groupe que l'on a désigné sous le nom de *scalènes;* dans cette masse charnue les faisceaux qui unissent entre eux les tubercules supérieurs (1) des apophyses sont seuls de véritables intertransversaires, les autres faisceaux répondent plus particulièrement à des *sur-costaux*.

c. D'autres muscles se portent d'un élément costal à un élément costal voisin, ce sont les muscles *intercostaux*.

A la région cervicale, ils sont représentés par les fibres charnues qui unissent entre eux les tubercules inférieurs ou costiformes des apophyses transverses.

A la région thoracique, ils constituent les intercostaux proprement dits, qui offrent chez l'Hippopotame la disposition habituelle.

A la région lombaire, ils sont représentés par le *petit oblique* et le *carré des lombes*.

La série sternale ne paraît présenter en aucun cas de muscles analogues (c'est-à-dire des muscles courts directs), ce qu'on pourrait prévoir à priori, attendu que les différentes pièces, n'exerçant aucun mouvement les unes par rapport aux autres, ne peuvent donner attache qu'à des muscles se portant de ces pièces à des pièces osseuses de signification différente.

(1) Ce sont, chez l'homme, les tubercules postérieurs de l'apophyse transverse cervicale; ils répondent à cet élément moyen de l'apophyse transverse dorsale qui s'articule avec la côte.

MUSCLES COURTS OBLIQUES.

Il peut y avoir des muscles obliques passant d'un élément d'une apophyse transverse à un élément transversaire différent dans une vertèbre voisine. Mais ce point offre trop de variétés pour que nous y insistions ici, et ce motif a dans le cas présent d'autant plus de force que cette complication n'est point réalisée dans l'Hippopotame.

Nous admettrons en conséquence les divisions principales suivantes.

a. Muscles allant d'une apophyse épineuse à l'élément transversaire de quelque vertèbre voisine ; ce sont les muscles *épineux transversaires* ou *transversaires épineux*. Ils sont bien développés dans l'Hippopotame.

Ils sont représentés d'abord par le muscle *petit oblique de la tête* qui se rend de l'occipital à l'apophyse transverse de l'atlas, et par le *grand oblique* qui va de l'apophyse épineuse de l'axis à cette même apophyse transverse de l'atlas. Ces deux muscles sont ici très-forts et à peu près égaux l'un à l'autre sous le rapport du volume et des dimensions.

Depuis l'axis jusqu'au sacrum on voit se succéder une série de faisceaux charnus dont les uns vont d'une vertèbre à l'autre, les autres franchissent une ou deux vertèbres, quelquefois un plus grand nombre, mais sans offrir jamais assez d'étendue pour être rangés parmi les muscles longs.

A la région dorsale, ces muscles s'insèrent directement sur

l'apophyse transverse; à la région cervicale et à la région lombaire, ils s'attachent à cet élément qui se détache de l'apophyse transverse pour s'unir à l'apophyse articulaire antérieure.

b. Muscles allant d'une apophyse transverse à une côte voisine; ce sont les muscles *surcostaux* ou mieux *transverso-costaux*.

A la région cervicale, ce système est représenté par les fibres charnues qui vont obliquement du tubercule supérieur d'une apophyse transverse au tubercule inférieur ou costal de l'apophyse transverse suivante.

A la région dorsale, où ils donnent l'expression même de la forme typique de ce système, ils sont bien développés chez l'Hippopotame.

A la région lombaire et à la région caudale, ils ne sont pas représentés.

C'est dans ce groupe que l'on doit ranger, pour la région cervico-thoracique, les muscles *scalènes*.

Le *scalène postérieur*, constitué par une série de faisceaux qui émanent des tubercules supérieurs des cinq dernières vertèbres cervicales, va se terminer par des digitations successives sur les trois premières côtes.

Le *scalène antérieur* formé par des faisceaux émanés des tubercules inférieurs ou costaux des mêmes vertèbres cervicales (à l'exception nécessairement de la septième), se fixe uniquement à la première côte.

c. Muscles allant de la saillie épineuse inférieure d'un corps de vertèbre à la base de la masse transversaire de quelque vertèbre voisine. — Ils ne sont pas en général réalisés chez les mammifères dans l'ordre des muscles courts.

Chez l'Hippopotame, on doit rattacher à ce système le *petit droit antérieur de la tête*, qui va de l'apophyse transverse de l'atlas à la base de l'occipital, et à l'apophyse jugulaire. Il est plus fibreux que charnu.

d. Muscles allant des pièces sternales aux éléments sternaux des côtes voisines; ce sont les muscles *sous-sternaux*. Ils sont bien développés chez l'Hippopotame, et recouverts par de vigoureux faisceaux aponévrotiques.

Telles sont les divisions du système des muscles courts. Les mêmes divisions peuvent être établies à peu près pour les muscles longs.

MUSCLES LONGS DIRECTS.

Certains muscles en effet passent, en franchissant de longs espaces, d'un élément vertébral d'un certain nom dans une vertèbre à un élément vertébral de même nom dans une vertèbre fort éloignée de la première.

a. Ils passent, par exemple, d'une apophyse épineuse à une apophyse épineuse éloignée. Ce sont de *longs surépineux*. Ce système est représenté chez l'Hippopotame par le long surépineux formé par une succession de longues anses charnues et tendineuses, qui partent des apophyses épineuses lombaires et des quatre dernières apophyses épineuses dorsales, pour se rendre aux dix premières apophyses épineuses dorsales et à la septième cervicale. Par rapport à ces anses, la onzième vertèbre dorsale joue le rôle de vertèbre indifférente.

b. Ils vont de certaines apophyses transverses à des éléments transversaires plus ou moins éloignés. Ce sont de *longs sur-transversaires.* Ce système est représenté chez l'Hippopotame par le *petit complexus*, qui se détache de l'apophyse mastoïde du temporal et va s'insérer sur les apophyses transverses cervicales depuis la troisième jusqu'à la septième, et sur celle de la première dorsale.

Immédiatement en dehors du petit complexus, on trouve un autre muscle surtransversaire que l'on peut appeler le *transversaire cervical*, qui vient de l'apophyse transverse de l'atlas, et qui va se terminer par une série de digitations sur les autres apophyses transverses cervicales.

c. Ils vont d'un élément costal à un élément costal éloigné. Ce sont de *longs surcostaux.* Ce système est représenté par le muscle *sacro-lombaire.*

Chez l'Hippopotame, ce muscle vient de l'iléon et va comme d'habitude s'épuiser par des digitations successives sur les côtes qui, à leur tour, lui envoient des faisceaux de renforcement à partir de la treizième côte. Très-faible dans sa partie postérieure, ce muscle est beaucoup plus vigoureux en avant; il se continue jusqu'à la cinquième cervicale.

d. Ils vont enfin d'un élément sterno-raphéen à un élément sterno-raphéen éloigné. C'est le système du muscle *long ventral* qui, suivant les régions où on le considère, constitue le *pubio-coccygien*, le *droit antérieur de l'abdomen*, le *sterno-thyroïdien*, le *sterno-hyoïdien*, le *thyro-hyoïdien*, l'*hyo-génien* ou *génio-hyoïdien*, et le *génio-glosse*.

Dans l'Hippopotame, le pubio-coccygien se détache des apophyses transverses des trois premières caudales, pour aller s'insérer au pubis en complétant ainsi un anneau que traverse le rectum; une partie de ce muscle n'adhère pas à la colonne vertébrale et constitue l'anse charnue que l'on désigne sous le nom de *releveur de l'anus*.

Le *droit antérieur* de l'abdomen, chez l'Hippopotame, va du pubis à la troisième côte ; on peut le considérer comme se continuant jusqu'à la première côte par une lame fibreuse que viennent fortifier deux faisceaux de renforcement émanés de la troisième et de la deuxième côte.

Le *sterno-hyoïdien* est assez fort; il se fixe au bord antérieur du sternum, sans se prolonger sur la face profonde de cet os, et va se terminer sur un raphé aponévrotique très-remarquable. Ce raphé, qui donne insertion au peaucier cervical, au digastrique et au sterno-hyoïdien, adhère à l'angle inférieur et aux deux bords latéraux du corps de l'hyoïde. Il a près de 2 centimètres de hauteur, ce qui donne à cette région un volume dont on ne saurait juger à la vue de l'os hyoïde dépouillé des parties qui l'entourent. Nous le nommerons *raphé sous-hyoïdien*.

Le *sterno-thyroïdien* forme un ruban assez étroit. Il se fixe sur la face profonde du cartilage de la première côte et un peu sur le sternum, et va se terminer sur le cartilage thyroïde à une faible distance de son bord inférieur et de son bord postérieur.

Un raphé perpendiculaire à sa direction, le sépare d'un *thyro-hyoïdien* d'une force médiocre, qui glisse sur la plus grande étendue du cartilage thyroïde sans y adhérer, et va se fixer sur le tiers interne du bord postérieur de la corne thyroïdienne, ainsi que sur la face postérieure de l'os hyoïde.

Le *génio-hyoïdien* est représenté par une lame charnue assez mince qui s'insère sur le bord latéral de l'os hyoïde et un peu sur la corne thyroïdienne, et s'attache d'ailleurs au bord de la branche horizontale du maxillaire inférieur, dans l'espace de plus de 2 centimètres, en arrière de la symphyse.

Le *génio-glosse*, très-vigoureux, se compose d'un faisceau génio-hyoïdien assez fort qui s'attache au genou antérieur de la corne styloïdienne de l'hyoïde, et du génio-glosse proprement dit qui atteint la langue dans sa moitié postérieure, s'étale en éventail et s'épanouit dans toute l'étendue de cet organe. Des fibres intermédiaires passent sous la corne de l'hyoïde et, se plaçant sous les muscles constricteurs, forment au pharynx une enveloppe immédiate.

MUSCLES LONGS OBLIQUES.

Ces muscles, fort importants pour les mouvements de la colonne vertébrale, sont moins nombreux que les précédents. On y distingue :

a. Deux muscles disposés en sens inverse l'un de l'autre et se portant de la série des apophyses épineuses de la tête et du tronc à la série des éléments costaux ou transversaires.

1° Un long muscle, né des apophyses épineuses et des lames

de la région sacro-lombaire, se porte en avant, par des digitations nombreuses, aux éléments de la série transversaire et aux éléments de la série costale. C'est le muscle *long dorsal* ou *long du dos*. Chez l'Hippopotame, ce muscle, médiocre dans la région lombaire, se fortifie dans la région dorsale; il se continue jusqu'à la quatrième vertèbre cervicale.

2° Un second muscle, disposé en sens inverse du précédent, se porte d'avant en arrière, de l'apophyse épineuse de l'occipital à la série des apophyses transverses du cou et du dos. C'est le *grand complexus*.

Dans l'Hippopotame, il s'attache par une série de digitations aux apophyses articulaires des vertèbres cervicales depuis la troisième, et aux apophyses transverses des dix premières dorsales. Ses insertions supérieures et internes se font en partie sur le grand ligament cervical, et il en résulte pour le muscle une plus grande épaisseur.

b. En dedans de ce muscle est une autre couche charnue qui se détache par une série de faisceaux des apophyses épineuses de toutes les vertèbres cervicales depuis l'axis, et des premières vertèbres dorsales, et va s'attacher aux mêmes apophyses articulaires cervicales et dorsales.

c. En dehors du grand complexus et dirigé en sens inverse, est un autre faisceau musculaire que l'on désigne sous le nom de *splénius*. Dans l'Hippopotame, il se détache des apophyses épineuses des cinq premières dorsales et du ligament cervical, et va s'attacher, par deux digitations, à l'apophyse transverse de l'atlas et à l'apophyse mastoïde.

d. Muscles se portant des apophyses épineuses sacrées aux éléments transversaires de la queue. — Un muscle formé d'éléments qui se détachent des apophyses épineuses sacrées va se terminer sur les apophyses articulaires antérieures des deux premières caudales. Quant aux autres vertèbres caudales, elles reçoivent sur leurs apophyses articulaires antérieures, ou sur les tubercules qui les représentent, une série de tendons émanés de faisceaux musculaires qui s'insèrent dans les gouttières vertébrales, et dont une partie s'attache également à la crête interne de l'iléon.

Muscles situés à la face ventrale des corps vertébraux. — Parmi ces muscles, il y en a qui se portent des apophyses pseudo-épineuses de la tête et du cou à une suite d'éléments trans-versaires.

Ce sont les muscles *droit antérieur* et *long du cou*. Le *droit antérieur* s'attache par un tendon plat sur le basilaire occipital et un peu sur le basilaire sphénoïdal ; à ce tendon succède un corps charnu médiocrement volumineux qui va s'épuiser, par une série de digitations, sur les tubercules inférieurs ou costaux des apophyses transverses cervicales, depuis l'axis jusqu'à la sixième.

Le *long du cou* se compose de faisceaux qui se détachent successivement des corps des cinq premières vertèbres cervicales et envoient des tendons aux apophyses transverses des troi-sièmes, quatrièmes, cinquièmes et sixièmes. A ce système qui figure dans son ensemble un long triangle est opposé, base à base, un autre triangle composé de faisceaux qui se détachent des corps des quatre premières dorsales et de la septième

32

cervicale pour former une masse commune qui se fixe au tubercule inférieur ou costal de l'apophyse transverse de la sixième cervicale.

Dans la partie moyenne de la région dorsale, le système que nous venons de décrire n'est pas représenté. A la partie postérieure de la région dorsale et à la région lombaire, on pourrait le retrouver dans les muscles psoas qui en seraient des faisceaux aberrants (1). A la région sacro-coccygienne, il est représenté par le sacro-coccygien inférieur.

Le *sacro-coccygien inférieur* naît des corps des vertèbres sacrées et fournit des tendons qui vont s'attacher successivement à la face inférieure des vertèbres caudales ; ces tendons avant de s'insérer sont fortifiés par des faisceaux courts qui viennent de la vertèbre précédente.

Nous décrirons immédiatement ici comme faisceaux aberrants de la couche longitudinale l'ischio-coccygien et l'iléo-coccygien. — L'*ischio-coccygien* rattache l'ischion aux apophyses transverses des trois premières vertèbres caudales. L'*iléo-coccygien* va de ces mêmes apophyses transverses à la face interne de l'iléon.

Tels sont, dans leur plus haut degré de complication, les muscles de la colonne vertébrale des animaux mammifères et de l'Hippopotame en particulier. A cet égard, il y a peu de variétés essentielles parmi les mammifères. Les variétés se montrent bien plus nombreuses et bien plus profondes quand

____

(1) Ces muscles seront décrits avec ceux du membre postérieur.

il s'agit d'aborder le système des muscles surajoutés qui déterminent les mouvements des membres.

Muscles de la couche circulaire.

Tous les muscles de la colonne vertébrale dépendent idéalement d'une grande couche musculaire profonde composée de fibres à direction longitudinale. Les muscles des membres, au contraire, forment par leur partie radiculaire une ceinture autour du tronc, et par conséquent ils représentent idéalement la couche à fibres circulaires, qui, dans les annelés mous, double immédiatement la peau.

Un plan profond de cette couche circulaire constitue les muscles *petits dentelés*.

Ils sont très-forts chez l'Hippopotame. L'antérieur envoie des digitations aux trois premières côtes, et le postérieur aux douze dernières ; ils forment une couche continue.

Le plan moyen de la couche circulaire est constitué par les muscles des membres, et par ceux des appendices de la tête.

MUSCLES DU MEMBRE ANTÉRIEUR.

La disposition générale dont nous venons de parler est surtout très-apparente dans les attaches du membre antérieur. Ce membre est, en effet, le membre libre par excellence. La main est mobile sur l'avant-bras, l'avant-bras est mobile sur le bras, le bras l'est sur l'épaule, l'épaule enfin l'est sur le tronc. De là, dans l'épaule, une complication que l'on ne retrouve plus dans les attaches du bassin au tronc.

La division générale que nous avons admise pour les muscles du tronc peut être également appliquée ici. Nous appellerons muscles courts ceux qui se rendent d'une pièce osseuse à la pièce la plus voisine. Les muscles longs seront ceux qui, d'une pièce osseuse, se portent à une pièce osseuse éloignée en franchissant pour ainsi dire plusieurs chaînons intermédiaires.

MUSCLES QUI VONT DE L'ÉPAULE AU TRONC.

Ils peuvent être ainsi divisés :

1° Muscles qui vont de l'épaule aux apophyses épineuses.

2° Muscles qui vont de l'épaule aux apophyses transverses.

3° Muscles qui vont de l'épaule à l'hyoïde.

4° Muscles qui vont de l'épaule au sternum.

5° Muscles qui vont de l'épaule aux côtes.

La simplification de la description, sa régularité du moins, sont singulièrement augmentées quand on considère l'épine de l'omoplate comme le résultat d'un dédoublement de son bord coracoïdien. Ce bord supérieur se partagerait ainsi en deux feuillets séparés l'un de l'autre par une large gouttière. L'un, supérieur ou interne, forme le bord coracoïdien, son extrémité porte l'os coracoïdien; le second, inférieur ou externe, forme le bord acromial, son extrémité porte la clavicule. Ce dernier bord est prédominant dans la plupart des mammifères, l'os coracoïdien n'étant bien distinct que dans les ornithodelphes. Quoi qu'il en soit, nous distinguerons dans notre description un bord spinal parallèle à la série des apophyses épineuses du rachis ; un bord supérieur ou antérieur tourné du côté de la tête et subdivisé en deux lames (il en résulte la possibilité d'un double système d'attaches antérieures) ; enfin un bord inférieur, postérieur ou axillaire, appelé aussi côte de l'omoplate, et qui ne sert point aux attaches de l'épaule au tronc.

Les muscles directs qui attachent l'épaule au tronc se partagent en trois systèmes : le système profond, le système superficiel, le système intermédiaire.

Le premier système s'insère exclusivement au bord spinal de l'omoplate et à son bord coracoïdien. Le second s'attache au bord acromial exclusivement. Le troisième s'attache à la fois au bord acromial et au bord coracoïdien ; il est donc compris entre les deux autres systèmes.

a. — Système profond.

Il se compose :

1° D'un plan musculaire qui, du bord spinal et des parties de sa face profonde voisines de ce bord, se porte à la série des apophyses épineuses dorsales, cervicales, et même céphaliques. Les digitations de ce plan seront comprises sous le nom commun de muscle *rhomboïde*.

Dans l'homme, dans les singes de l'ancien continent, dans les ruminants surtout (cerviens et caméliens), le rhomboïde s'attache exclusivement à quelques apophyses épineuses du dos et du cou ; il n'envoie aucun prolongement vers la tête. Dans l'Hippopotame, au contraire, la portion spinale du rhomboïde diminue, mais, en revanche, un grand faisceau de ce muscle s'attache à l'apophyse épineuse de l'occipital et forme ce que nous appellerons le rhomboïde de la tête, circonstance que nous retrouvons dans les Sapajous, les carnassiers, les pachydermes, et les proboscidiens. Ce faisceau présente un développement énorme.

2° D'un faisceau musculaire qui, des parties du bord spinal qui sont voisines de l'angle supérieur de l'omoplate, se porte aux apophyses transverses de la région cervicale. Ce muscle, très-fort dans l'Hippopotame, a reçu des anatomistes le nom d'*angulaire*; chez cet animal, il s'étend jusqu'à l'atlas.

3° D'un plan musculaire rayonnant qui, des parties de la face profonde de l'omoplate qui sont les plus voisines du bord spinal, se porte sur les côtes thoraciques auxquelles ses faisceaux composants s'attachent par des digitations. Ce muscle est le *grand dentelé*. Il est peu étendu dans l'Hippopotame, mais ce défaut est compensé par cette circonstance qu'il s'attache aux arcs costaux par toute sa face profonde (1).

4° *De l'omo-hyoïdien*. — Ce muscle n'existe pas à proprement parler chez l'Hippopotame, aucun faisceau musculaire ne rattachant l'omoplate à l'os hyoïde. Mais il y a un faisceau assez fort qui représente un cléido-hyoïdien ; les clavicules n'existant pas, ce faisceau naît de la face profonde du muscle huméro-

______

(1) Il se fixe aux huit premières côtes. Sur la face interne de l'omoplate, l'angulaire et le grand dentelé adhèrent fortement aux deux angles du bord spinal, et forment comme un pont qui recouvre le sous-scapulaire.

mastoïdien qui représente le cléido-mastoïdien. Avant d'atteindre l'os hyoïde, il s'applique à la face profonde du muscle sterno-hyoïdien. Il se fixe, sous ce muscle, à l'angle inférieur de l'os hyoïde, et au raphé sous-hyoïdien ; il s'attache en outre au bord latéral de l'os hyoïde et à la corne thyroïdienne. De son bord interne et de l'angle inférieur de l'os hyoïde se détache un petit ruban charnu qui s'applique à la face profonde du sterno-hyoïdien et se prolonge avec lui jusqu'au cartilage de la première côte.

b. — Système superficiel.

Le système superficiel naît de l'épine acromiale et de la clavicule, quand elle existe, puis de là se porte, soit à la série des apophyses épineuses, soit à celle des apophyses transverses.

Groupe acromial. — Le groupe le plus constant est celui qui, de l'épine acromiale (lèvre supérieure), se porte à la série des apophyses épineuses du rachis. Le plus souvent, il ne dépasse pas en avant les apophyses épineuses des dernières vertèbres cervicales, mais, de même que le rhomboïde qu'il recouvre, il peut se porter jusqu'à l'apophyse épineuse de l'occipital. Dans l'Hippopotame, il s'avance seulement jusqu'à la partie antérieure du cou. Chez cet animal, ce plan musculaire est relativement peu épais. C'est le muscle *trapèze*.

L'épine acromiale donne en outre attache à un muscle transversaire. Ce muscle se compose d'un seul faisceau, souvent énorme à la vérité. Ce faisceau naît de l'apophyse inférieure de l'épine acromiale, apophyse qui se trouve réduite dans l'Hippopotame à un gros tubercule ; il s'attache par son extrémité antérieure au sommet de l'apophyse transverse de l'atlas et se place en série avec les faisceaux de l'angulaire. Ce faisceau se retrouve dans les carnassiers, les rongeurs, les pachydermes, les proboscidiens. Il manque absolument dans l'homme. Il doit porter le nom d'*omo-transversaire* ou *omo-trachélien*.

c. — Système intermédiaire.

Il se compose d'un seul muscle intermédiaire au système profond et au système superficiel. Ce muscle commence sur l'omoplate par une aponévrose qui s'attache à la fois au bord coracoïdien et au bord acromial, à ce dernier surtout, et recouvre les muscles de la fosse sus-épineuse de l'omoplate ; de cette aponévrose naît un gros faisceau charnu qui se réfléchit sur le moignon de l'épaule et vient se terminer sur le manubrium du sternum. Le rôle de ce muscle est évidemment de porter en arrière l'angle huméral du scapulum. Nous lui donnons le nom de *scapulo-sternal* (1).

Il y a d'autres muscles qui relient au tronc le membre antérieur ; mais ces muscles ne vont plus du tronc à l'épaule, ils vont à l'humérus ; nous en parlerons en conséquence dans un prochain paragraphe.

(1) Ce muscle, dont l'insertion s'étend sur le cartilage de la première côte, représente probablement le *sous-clavier*.

MUSCLES COURTS QUI VONT DE L'OMOPLATE A L'HUMÉRUS.

Nous les partagerons comme les précédents en trois systèmes : un système profond, un système superficiel, et un système intermédiaire.

a. Le système intermédiaire, dont nous parlerons d'abord, est logé dans le fond de la gouttière sous-épineuse où il est recouvert par l'aponévrose d'attache du scapulo-sternal. Il ne comprend qu'un seul muscle connu de tous les anatomistes sous le nom de *sus-épineux*. Ce muscle, énorme dans l'Hippopotame, embrasse par son extrémité le sommet antérieur de la tubérosité externe sur lequel il agit avec une grande puissance. C'est un propulseur énergique du bras en avant.

b. Le système profond forme deux plans distincts opposés, symétriques l'un à l'autre. L'un de ces plans s'applique sur la face externe de l'omoplate, le second s'applique sur la face interne de cet os.

Le *plan externe* se compose de deux muscles. Le premier muscle, situé sous l'épine de l'omoplate, s'insère à toute l'étendue de la fosse sous-épineuse proprement dite. Son extrémité opposée, ou terminale, contourne la base de la tubérosité externe de l'humérus au bord antérieur de laquelle il vient définitivement se fixer. Cette attache se fait exclusivement sur la partie épiphysaire par un tendon bien défini et très-fort. C'est un muscle *rotateur externe épiphysaire*, c'est le *sous-épineux* des auteurs.

33

Le deuxième muscle, *petit rond*, s'attache à l'omoplate sous le précédent. Cette attache se fait par l'intermédiaire d'une longue aponévrose à la lèvre inférieure de l'épine scapulaire vers sa partie moyenne. Le corps charnu de ce muscle est très-faible. Il se termine sur la face externe de l'humérus dans la direction du plan des fibres d'attache du muscle précédent et immédiatement au-dessous de lui ; il pourrait donc être confondu avec ce dernier, s'il ne s'insérait exclusivement sur la diaphyse. C'est évidemment cette différence d'insertion qui explique la séparation constante, mais au premier abord presque inintelligible, du sous-épineux et du petit rond. Le petit rond est le rotateur externe diaphysaire.

Le plan interne se développe sous l'omoplate, entre elle et le thorax. De même que le précédent, il comprend deux muscles. le *sous-scapulaire* et le *grand rond*.

Le *sous-scapulaire* est un rotateur interne épiphysaire. Son corps charnu occupe toute l'étendue de la face profonde de l'omoplate. Il s'étend du bord spinal ou supérieur de l'omoplate à la tubérosité interne de l'humérus (partie épiphysaire de cet os). Son corps est divisé en trois faisceaux divisés par des cloisons fibreuses qui se fixent d'une part à la face profonde de l'omoplate, et s'unissent d'autre part en arcades qui recouvrent les trois faisceaux dont nous parlons. Ces arcades servent d'origine aux faisceaux charnus du grand dentelé.

Le deuxième muscle, ou *grand rond*, est un rotateur externe diaphysaire. Ce muscle est évidemment l'analogue et l'antagoniste du petit rond, de même que le sous-scapulaire est l'analogue et l'antagoniste du sous-épineux. Mais son antagonisme est dominant, ce qui est une conséquence naturelle de sa longueur, de sa grosseur, et surtout de son mode d'insertion à l'humérus. Le grand rond, dans l'Hippopotame, a la forme d'un ruban très-épais. Il s'insère d'une part à l'angle postérieur de l'omoplate dans sa partie la plus reculée, et d'autre part à la diaphyse de l'humérus vers le milieu de sa face antérieure, c'est-à-dire dans un point fort éloigné de sa partie épiphysaire. Grâce à ce mode d'insertion, il a, comme rotateur, une puissance très-grande; mais, en même temps qu'il porte en dedans le bord radial du membre, il ramène avec énergie l'ensemble du membre en arrière. Son développement est donc dans un rapport évident avec les conditions d'une locomotion aquatique prédominante.

c. Le système superficiel comprend : 1° un muscle qui se porte de l'épine de l'omoplate à l'humérus ; 2° des muscles qui se portent à ce même humérus, soit de la clavicule, soit 3° de l'apophyse coracoïde.

1° Muscle qui va de l'épine acromiale à l'humérus. — Ce muscle est une portion du deltoïde de l'homme. Il est fort distinct dans l'Hippopotame et dans la plupart des animaux quadrupèdes. Nous le désignerons sous le nom d'*omo-deltoïde*. Souvent la portion de ce muscle qui s'insère au sommet de l'apophyse acromiale se distingue sous la forme d'un muscle particulier. Cette portion n'est point distincte dans l'Hippopotame.

2° Muscle qui, de la clavicule, se porte à l'humérus. — Ce muscle correspond aux faisceaux antérieurs ou claviculaires du deltoïde de l'homme. Il est fort distinct du précédent dans l'Hippopotame. Nous lui donnerons le nom de *cléido-deltoïdien*.

La clavicule n'existant point dans l'Hippopotame, l'extrémité supérieure du cléido-deltoïdien se confond avec l'extrémité inférieure du trapèze claviculaire, en sorte que ces deux muscles, distincts quand la clavicule existe et les sépare par une intersection manifeste, n'en forment qu'un seul quand la clavicule est nulle ou rudimentaire, comme cela a lieu dans les carnassiers et les pachydermes.

Il en serait de même de l'omo-deltoïde et du trapèze acromial si l'apophyse acromiale n'existait pas. Ils se confondraient en un seul grand plan musculaire antagoniste du plan unique constitué inférieurement par le grand pectoral.

3° Muscle qui de l'apophyse coracoïde se porte à l'humérus. — Ce système dont l'analogue est singulièrement développé dans le membre postérieur est fort réduit, au contraire, dans le membre antérieur. Il se compose d'un seul muscle, c'est le *coraco-huméral*. Ce muscle est relativement très-grêle dans l'Hippopotame. Il se fixe d'une part au sommet de l'apophyse coracoïde, et d'autre part à la partie inférieure de l'humérus, un peu au-dessus du condyle cubital.

Pour compléter l'étude des muscles qui attachent l'épaule au tronc, il me reste à parler d'un muscle au premier abord fort difficile à classer. Je veux parler de celui que les anatomistes ont nommé le *petit pectoral*. Ce muscle se fixe d'une part sur les cartilages sternaux et sur les côtes, et d'autre part, le plus souvent, au sommet de l'apophyse coracoïde ; mais, dans

quelques primates élevés et cremnobates, ce mode d'insertion
n'a pas lieu, et le tendon terminal du muscle se réfléchissant
sur la face supérieure de l'os coracoïde vient s'attacher sur le
sommet de la tubérosité externe de l'humérus de façon à agir
à la manière d'un releveur du bras. L'attache supérieure de ce
muscle, n'étant pas constante, ne peut être caractéristique, et,
en y regardant de plus près encore, il est impossible de ne pas
reconnaître dans le petit pectoral une terminaison aberrante du
droit antérieur de l'abdomen, et par conséquent du système
longitudinal inférieur.

Dans l'Hippopotame, ce muscle est en grande partie confondu avec le grand pectoral. On peut le retrouver dans un
faisceau profond du grand pectoral dont les fibres s'épuisent
en partie sur la tubérosité interne de l'humérus, en partie sur
un tendon qui se prolonge jusqu'au sommet de l'apophyse
coracoïde.

Une seconde terminaison aberrante de ce système est ce
muscle si connu sous le nom de *sterno-mastoïdien*. La terminaison
supérieure, n'étant pas constante, ne peut être caractéristique.
Son attache inférieure se fait constamment au sternum et un
peu à l'extrémité sternale de la clavicule. Quant à son extrémité supérieure, elle se fixe tantôt à l'apophyse transverse de
la tête (apophyse mastoïde), tantôt sur le maxillaire inférieur,
et le sterno-mastoïdien devient alors le *sterno-maxillaire*. On
peut en conséquence le ranger d'une manière régulière parmi
les muscles d'attache de l'épaule.

Voici comment ce système est réalisé chez l'Hippopotame.

Du sommet du sternum se détache un gros cordon charnu qui va se terminer sur le tubercule inférieur et externe de l'apophyse mastoïde par un cordon tendineux. Ce tendon reçoit quelques fibres du tendon suivant et envoie une expansion fibreuse vers le tranchant postérieur de la branche montante du maxillaire inférieur. Ce muscle répond au *sterno-mastoïdien* et au *sterno-maxillaire*.

Le muscle qui correspond au *cléido-mastoïdien* s'attache inférieurement à l'humérus et recouvre la face antérieure de l'épaule où il représente le deltoïde claviculaire. Il forme un faisceau large et épais qui va se fixer sur la ligne courbe de l'occipital, en dedans du tendon précédent, et s'unit par son bord interne au trapèze. Un petit faisceau se détache, au voisinage de la tête, de la face profonde de ce muscle et va se fixer à l'apophyse jugulaire auprès du petit droit latéral. C'est aussi de la face profonde de ce muscle, un peu au-dessus de l'épaule, que se détache, ainsi que nous l'avons dit, le muscle omo-hyoïdien.

Il est impossible de n'être pas frappé, quand on résume idéalement les faits sur lesquels nous nous sommes étendus, de n'être pas frappé d'une sorte de disposition symétrique dans le plan de ces muscles. Ainsi, le système musculaire du bord coracoïdien et du bord spinal a des attaches spinales, transversaires et hyoïdiennes (l'hyoïde étant le sternum de la tête et du cou). Pareillement, le système musculaire du bord acromial a des attaches spinales, transversaires et sternales, le muscle scapulo-sternal s'attachant principalement à l'acromion. De même, les muscles de la face externe du scapulum sont opposés symétriquement à ceux de la face interne. Le sous-scapulaire répond symétriquement au sous-épineux, le grand rond au petit rond, et cela de la manière la plus évidente. Cette symétrie deviendra plus évidente encore quand nous traiterons des muscles propres du bras et de l'avant-bras.

MUSCLES QUI MEUVENT L'HUMÉRUS SUR LE TRONC.

Ce système se compose de deux muscles antagonistes en deux sens, savoir : 1° de haut en bas ; 2° d'avant en arrière.

a. Muscle huméro-spinal. — Ce grand muscle, connu sous le nom de *grand dorsal*, s'attache d'une part à la lèvre postérieure de la coulisse bicipitale, au point même où le grand rond s'insère (1). Il s'étale en un grand plan musculaire sur la paroi du thorax, s'attache en partie sur les arcs costaux par ses faisceaux les plus inférieurs, et se termine en une large aponévrose qui recouvre les gaînes des gouttières vertébrales en se confondant partiellement avec elles pour se fixer sur la série des apophyses épineuses des lombes et des ligaments intermédiaires. Ce muscle porte le bras en arrière et en haut.

b. Muscle huméro-sternal. — Ce muscle, connu sous le nom de *grand pectoral*, s'insère d'une part sur la lèvre externe de la coulisse bicipitale de l'humérus, et d'autre part sur le sternum, sur les cartilages adjacents, et inférieurement sur les côtes. Les faisceaux les plus élevés de cet éventail musculaire s'insè-

(1) Leurs deux tendons se croisent de telle sorte que celui du grand dorsal devient supérieur à celui du grand rond.

rent sur la clavicule quand elle existe. Ce muscle porte le bras
en avant et en haut. Le plan de son tendon d'attache indique un
croisement de fibres quand le bras est abaissé contre le corps.
Ce croisement s'efface quand le bras s'élève complétement.
Cette attitude du bras élevé et étendu est donc, pour le dire en
passant, l'attitude première et normale.

Chez l'Hippopotame, le grand pectoral forme un large éventail charnu, qui se fixe en partie sur la tubérosité interne de
l'humérus, en partie sur la tubérosité externe, ainsi que sur
la lèvre externe de la coulisse bicipitale. Il est recouvert par
un faisceau large et épais qui se dirige transversalement vers
le bras, et s'étend jusqu'au coude par une aponévrose entre-
mêlée de fibres élastiques.

MUSCLES DU BRAS.

Les muscles qui composent la région brachiale forment deux
groupes, l'un dorsal, l'autre palmaire. Chacun de ces groupes
comprend deux systèmes musculaires, savoir : 1° le système
des muscles courts qui passent du bras à l'avant-bras; 2° le système des muscles longs qui vont de l'épaule à l'avant-bras.

Le système des muscles courts est en général le plus compliqué. Il comprend :

a. Des muscles diaphysaires. Ils naissent de la diaphyse
humérale et se portent sur les os de l'avant-bras.

b. Des muscles épiphysaires. Ils se portent des épiphyses
brachiales inférieures à la diaphyse des os de l'avant-bras.

a. La division des muscles diaphysaires comprend :

1° Au côté palmaire du membre, le muscle fléchisseur huméro-cubital (*brachial antérieur* des auteurs).

2° Au côté dorsal, deux muscles parallèles extenseurs huméro-cubitaux. (*Courtes portions du triceps brachial.*)

3° Un muscle huméro-radial qui, de la partie supérieure ou moyenne de l'humérus, se porte sur l'extrémité inférieure du radius. C'est le *long supinateur* des auteurs.

b. La division des muscles épiphysaires, dans les mammifères, comprend deux muscles :

1° Un muscle du côté palmaire. Il se porte de l'épiphyse épitrochléenne au bord interne du radius, c'est-à-dire au bord qui correspond au pouce (nous l'appellerons *polléal*).

2° Un muscle du côté dorsal. Il se porte de l'épiphyse épicondylienne au bord polléal du radius.

Le premier muscle est nommé *rond pronateur;* le second, antagoniste du premier, est le *court supinateur.*

Ce système des muscles courts est singulièrement réduit dans l'Hippopotame. Parmi les muscles diaphysaires, le brachial antérieur fait absolument défaut (1). Il n'y a aucune trace de muscle rond pronateur ni de court supinateur.

Le système des muscles courts est donc réduit dans l'Hippo-

______

(1) Il ne faudrait pas chercher son représentant dans le muscle que nous décrivons sous le nom de *long supinateur.* Le brachial antérieur se porte nécessairement en dedans du tendon du biceps, tandis que le long supinateur passe en dehors de ce tendon. Ce fait est suffisant pour déterminer l'analogie.

potame à deux muscles diaphysaires, savoir : les courtes portions du triceps brachial et le long supinateur.

Courtes portions du triceps brachial, muscles huméro-olécrâniens. — Le muscle *huméro-olécrânien interne* s'attache assez haut sur la face interne de l'humérus. Inférieurement il s'attache au tubercule interne du sommet du levier olécrânien qu'il peut rapprocher très-énergiquement de l'épitrochlée, grâce à la laxité de l'articulation antibrachiale qui permet, dans les grands mouvements de protraction, des torsions assez étendues. Ce muscle vient donc énergiquement en aide au long supinateur (1).

Le muscle *huméro-olécrânien externe* est évidemment un antagoniste du précédent. Il semblerait au premier abord n'être qu'une division de la longue portion du triceps brachial dont il ne se détache qu'à la partie supérieure du bras. Il se fixe d'une part à la base de la tubérosité externe de l'humérus immédiatement au-dessous du petit rond, et s'attache d'autre part sur la lèvre externe du levier olécrânien qu'il peut rapprocher énergiquement de la tubérosité externe de l'humérus, en déterminant un quart de rotation de l'avant-bras sur son axe, mou-

___

(1) Le vaste interne s'attache d'une part à l'une des faces latérales de l'olécrâne, et d'autre part à l'humérus. Ses relations avec ce dernier os sont toutes particulières. Il ne s'attache point à sa face postérieure, mais s'enroule sur sa face interne, pour se terminer sur sa face antérieure, jusqu'à la crête qui sépare cette face de la face externe. Cette disposition à l'enroulement est fort analogue à celle que présente le muscle supinateur, et il en résulte des conséquences pareilles. En effet, en rapprochant fortement l'olécrâne de l'épitrochlée, le vaste interne est lui-même supinateur à un degré très-prononcé. Rien n'est certainement plus curieux et plus digne de l'attention du naturaliste philosophe.

vement que permet aisément cette laxité de l'articulation huméro-antibrachiale dont nous venons de parler.

Le vaste interne est donc à certains égards supinateur, le vaste externe aide au contraire aux mouvements de pronation. Si nous remarquons que ce muscle est à peine distinct de la longue portion du triceps brachial, on s'explique aisément comment il aide aux mouvements spontanés de natation, en favorisant l'opposition de la face palmaire au moment même où la totalité du membre est rapidement ramenée en arrière par l'action de la longue portion du triceps. Ceci explique pourquoi ces faisceaux musculaires, connexes dans leur action, se trouvent à peu près confondus en un seul corps charnu, tandis que le vaste interne, dont l'action est antagoniste, est indépendant et libre dans toutes ses parties.

Ajoutons un mot sur un muscle qui semble n'être qu'une dépendance du système précédent. C'est le muscle *anconé*. Ce muscle est large ; il conserve ses rapports habituels. Son action vient en aide à celle du précédent.

Le muscle *huméro-radial externe, long supinateur* des auteurs, très-remarquable dans l'Hippopotame, s'attache à la partie supérieure de la face interne de l'humérus, et même un peu sur sa face antérieure. De ce point il descend, en contournant la face postérieure de l'humérus, sur la diaphyse duquel il s'enroule en quelque sorte, il s'engage entre la saillie épicondylienne et la crête saillante qui remplace dans l'Hippopotame l'empreinte deltoïdienne, glisse, au côté externe du bras, entre l'extrémité inférieure du deltoïde et le ventre du grand muscle métacarpien dorsal ou radial externe (1), et vient enfin s'attacher sur le radius, sur la face interne duquel il s'enroule pour se terminer définitivement sur l'arête qui sépare la face interne de cet os de sa face postérieure.

Le double enroulement de ce muscle puissant sur l'humérus et sur le radius le rendrait éminemment supinateur si la disposition des surfaces articulaires s'y prêtait, mais son action se borne à produire une demi-supination en portant en avant le tranchant du bord radial de la main. On conçoit combien cette disposition doit être favorable aux mouvements de natation. Ces mouvements particuliers de pronation et de supination alternatives modifient, il est vrai, les attitudes de l'avant-bras eu égard au bras, mais ils n'ont aucune action sur les mouvements réciproques du radius et du cubitus. Or ces derniers mouvements sont absolument impossibles dans l'Hippopotame. Ainsi s'explique l'absence du rond pronateur et du court supinateur.

Les *muscles longs* de la région brachiale vont, avons-nous dit, de l'épaule à l'avant-bras. L'un deux se porte de l'apophyse coracoïde au radius (*muscle du côté palmaire*). C'est l'analogue du *biceps brachial* de l'homme. L'autre s'étend entre le bord axillaire de l'omoplate et l'apophyse olécrânienne du cubitus. C'est le *muscle du côté dorsal*, il répond à la *longue portion du triceps*.

Muscle palmaire. — Le nom de biceps ne convient pas à ce

____

(1) Placé d'abord en dehors du tendon du biceps, il se porte au-devant de ce tendon, et, s'enroulant autour de la diaphyse du radius, s'attache à toute la partie de cette diaphyse placée entre la tubérosité d'insertion du biceps et l'épiphyse inférieure.

muscle dans l'Hippopotame. Le nom de *coraco-radial* est en tous points préférable. Ce muscle allongé, peu volumineux dans sa partie charnue, s'attache supérieurement à tout le noyau de l'apophyse coracoïde par un énorme tendon qui glisse dans la gouttière qui sépare la tubérosité externe de la tête humérale de sa tubérosité interne, et que convertit en un canal complet une arcade fibreuse d'où le petit pectoral tire en partie son origine. Inférieurement il s'attache au radius d'une manière assez compliquée.

Cette attache se compose : 1° d'un tendon principal qui n'a aucun pouvoir supinateur, car il ne s'enroule point sur la diaphyse de l'os, mais s'insère directement sur le bord polléal de la diaphyse, vers son extrémité supérieure ; 2° d'une lame aponévrotique qui s'enroule à sa partie supérieure sur la face palmaire du radius et se prolonge par des fibres tendineuses grêles jusqu'à l'épiphyse inférieure de cet os. Enfin, de la face antérieure du biceps part un long tendon aponévrotique qui descend sur le bord polléal du carpe et se prolonge jusqu'à la base de la première phalange du doigt interne. Il envoie en outre par son bord cubital un prolongement aponévrotique et demi-tendineux qui recouvre le muscle long supinateur et se fixe à la partie postérieure du bord interne du radius. La face libre est en outre recouverte par une longue bande fibreuse qui s'étend de l'apophyse coracoïde au ligament latéral interne du carpe. Cette bande donne d'ailleurs naissance à une grande expansion qui se perd dans les régions cubitales de l'aponévrose antibrachiale.

Muscle dorsal. — Longue portion du triceps, ou muscle scapulo-cubital. — Ce muscle est l'antagoniste propre du muscle précédent. Son volume est énorme. Son corps charnu s'attache supérieurement à toute l'étendue de la côte de l'omoplate et embrasse inférieurement l'extrémité du levier olécrânien du cubitus. Il étend puissamment l'avant-bras sur le bras, et porte en outre la totalité du bras en arrière avec une force et une rapidité qu'expliquent ses relations. De sa face postérieure naît la partie cubitale de l'aponévrose antibrachiale.

De cette exposition rapide, nous voudrions insister particulièrement sur deux points.

Le premier point est relatif à ces modifications de mouvement qui se produisent dans le sens des actions les plus favorables à la natation par suite de la disposition intime des organes et sans aucune intervention spéciale de la volonté de l'animal.

Le second point est relatif à la symétrie singulière que l'on découvre entre les muscles du côté ventral et ceux du côté dorsal. Le trapèze et le grand dorsal, ce dernier surtout, ont pour antagoniste le grand pectoral. Le sous-épineux correspond au sous-scapulaire, le grand rond au petit rond ; les courtes portions du triceps brachial au brachial antérieur ; la grande portion du triceps au coraco-radial ou biceps ; le court supinateur au rond pronateur. Enfin le sus-épineux est le premier chaînon d'un système que continue le long supinateur : c'est le système du bord radial du membre, système intermédiaire aux deux autres.

MUSCLES DE L'AVANT-BRAS ET DE LA MAIN.

La myologie de l'avant-bras est singulièrement simplifiée dans l'Hippopotame par l'absence du rond pronateur, du court supinateur, et du carré pronateur. Les muscles qui déterminent les mouvements de pronation et de supination de l'avant-bras pris comme un tout immobile sont, nous l'avons vu, bien développés. Les muscles au contraire qui déterminent les mouvements de pronation et de supination en tant qu'ils dépendent de changements dans les attitudes réciproques du cubitus et du radius, ces muscles, dis-je, manquent complétement, ce qui ne surprendra aucunement si nous rappelons que, dans l'Hippopotame adulte, ces os sont intimement unis l'un à l'autre. Cette pronation et cette supination incomplètes qu'on observe dans l'Hippopptame ont donc pour condition nécessaire cette laxité de l'articulation huméro-antibrachiale dont nous avons parlé plus haut. Le brachial antérieur qui, en agissant sur le cubitus, rendait la pronation indépendante des attitudes réciproques du bras et de l'avant-bras, manque également. Il ne reste que le triceps brachial, le coraco-radial, et le grand supinateur. Tous les autres muscles de l'avant-bras commandent aux mouvements de la main.

Ces muscles, suivant la règle commune, sont :

Au côté palmaire de l'avant-bras : 1° le grand palmaire, deuxième métacarpien palmaire ; 2° le cubital palmaire, cinquième métacarpien palmaire ; 3° le fléchisseur superficiel, fléchisseur des secondes phalanges ; 4° le fléchisseur profond, fléchisseur des troisièmes phalanges.

Au côté dorsal : 1° le grand abducteur du pouce, premier métacarpien dorsal ; 2° le muscle radial, deuxième et troisième métacarpiens dorsaux ; 3° le muscle cubital dorsal, cinquième métacarpien dorsal ; et enfin les deux extenseurs, savoir : 4° l'extenseur direct ; 5° le système des extenseurs latéraux, duquel dépend l'extenseur propre du pouce représenté dans l'Hippopotame par sa portion carpienne seulement.

Muscles de l'avant-bras, face palmaire.

Nous avons dit que le rond pronateur, le court supinateur et le carré pronateur manquent simultanément.

Le *grand palmaire*, deuxième métacarpien palmaire, s'étend comme d'habitude de l'épitrochlée au deuxième métacarpien, le pouce étant supposé garder son rang. Chez l'Hippopotame, son corps charnu est médiocre et ne reçoit aucune fibre du radius ; son tendon terminal n'envoie au deuxième métacarpien qu'une petite expansion, tandis qu'il se fixe par un gros faisceau sur la face palmaire du troisième métacarpien. Ce tendon, au moment où il passe contre l'apophyse styloïde du radius, est maintenu par une forte gaîne que lui fournit l'expansion aponévrotique du biceps.

Le *cubital palmaire*, cubital antérieur de l'homme, cinquième métacarpien palmaire, a deux origines : l'une vient de l'épitrochlée, sa partie charnue n'est que très-peu développée ; l'autre vient de l'olécrâne, elle est toute aponévrotique et forme une lame fibreuse longue et grêle qui s'unit à la précédente vers le tiers inférieur de l'avant-bras. L'extrémité commune se fixe au sommet de l'os pisiforme qu'un ligament unit au cinquième métacarpien; en outre, une expansion fibreuse se prolonge en lame au bord cubital de la main jusqu'à la première phalange.

Muscle fléchisseur superficiel des doigts. — Dans l'ordre anatomique, ce muscle n'est pas le premier. C'est le *petit palmaire*, tenseur de l'aponévrose palmaire, qui a droit à ce titre. L'aponévrose palmaire est en effet l'expansion de son tendon, et cette expansion se fixe à la base des premières phalanges des doigts. Le petit palmaire est donc le fléchisseur des premières phalanges, mais il manque dans l'Hippopotame et par conséquent ne peut donner lieu à aucune description spéciale.

Le fléchisseur superficiel s'attache à l'épitrochlée par deux corps charnus distincts. L'interne, qui est le plus considérable, fournit deux digitations. La première de ces digitations forme un seul tendon destiné au second doigt. La deuxième se subdivise et donne des tendons au troisième et au quatrième. Le corps externe est plus grêle. Son tendon se subdivise en deux rameaux, l'un qui vient s'unir au tendon fourni au quatrième doigt par le corps interne, l'autre qui se porte au cinquième doigt; le tendon primitif traverse l'aponévrose palmaire qui le retient contre le pisiforme.

La manière dont les quatre tendons se terminent est la même.

Ils s'élargissent vers la racine des doigts et se recourbent de

manière à former avec cette racine une gaîne qui contracte des
adhérences intimes avec le ligament palmaire interdigital.
Sous cette gaîne se prolongent les deux faisceaux tendineux
qui vont, suivant l'usage, s'insérer à la base de la deuxième phalange. C'est, pour chaque doigt, le faisceau interne qui est le
plus développé. Au surplus, ces deux faisceaux mêmes se
réunissent en dessus de manière à tapisser d'une couverture
fibreuse la face palmaire de la première et de la deuxième phalange, en sorte qu'en réalité les extrémités du muscle fléchisseur superficiel constituent à la face palmaire de chaque doigt
un canal fibreux complet où s'engage le tendon du fléchisseur
profond.

Le *fléchisseur profond* a pour origine trois faisceaux musculaires. Le premier s'attache à l'épitrochlée, le second au cubitus,
ce sont les plus considérables ; le troisième semble résulter
d'un prolongement des fibres superficielles du vaste interne ;
il se termine par un tendon grêle qui vient s'unir vers l'origine
de la main avec le tendon commun qui résulte de la fusion des
deux autres faisceaux. Il n'y a donc dans la base de la région
palmaire qu'un tendon pour ces deux muscles, et ce tendon
fournit presque immédiatement les quatre tendons fléchisseurs
des troisièmes phalanges. Ces tendons sont perforants suivant
l'usage et s'engagent dans le tube fibreux qui leur est fourni
par le muscle fléchisseur superficiel. Ils se terminent sur la base
de la dernière phalange des quatre doigts de la main après
avoir fourni des indices de bifurcation.

Malgré la fusion des trois éléments composants de ce muscle, il est facile de reconnaître que le tendon fléchisseur de l'index émane surtout du faisceau épitrochléen (1).

Il n'y a qu'un seul muscle *lombrical*. Ce muscle, qui est très-fort, a la forme d'un fuseau aplati. Il naît par un tendon arrondi de la face superficielle du tendon commun, à peu distance du point d'où se détache le tendon de l'annulaire, devient bientôt charnu et se termine au côté radial de la base de l'annulaire en s'unissant comme d'habitude au tendon de l'extenseur direct. Ce muscle, qui offre ici une puissance particulière, imprime au doigt sur lequel il agit un mouvement de rotation sur son axe qui augmente la pronation totale de la main agissant comme une rame dans la natation.

Muscles de l'avant-bras, face dorsale.

La disposition de ces muscles, dans les animaux quadrupèdes monodelphes, est de la plus haute importance quand il s'agit de décider le véritable sens des expressions, *système digital pair. système digital impair.* Ces expressions ont d'autant plus besoin d'être définies qu'elles n'ont aucune relation avec le nombre des doigts. Un membre à trois doigts peut appartenir au système digital pair (ex. le membre postérieur du Pécari), et un membre à quatre doigts peut réciproquement être du système digital impair (ex. le membre antérieur du Tapir). M. de

---

(1) Une lame fibreuse d'une épaisseur et d'une force considérables réunit la face profonde du tendon commun aux ligaments carpiens et carpo-métacarpiens palmaires, et constitue à ce tendon un frein d'une vigueur remarquable.

Blainville a essayé de résoudre ce paradoxe par la considération du parallélisme ou de l'opposition des faces planes de certaines phalanges. Ce caractère fournit des renseignements précieux, mais ils ne sont pas toujours suffisants. La considération des muscles nous donnera dans un instant des renseignements plus précis.

Les muscles métacarpiens dorsaux du côté radial sont représentés par un *radial* (externe) unique. Il se fixe supérieurement à l'épicondyle et se termine inférieurement par un tendon qui correspond à l'intervalle du troisième et du quatrième métacarpien. Il se termine en se bifurquant et en s'insérant sur ces deux os à la fois. Il envoie en outre une très-petite expansion au deuxième métacarpien.

Le *cinquième métacarpien dorsal*, ou *muscle cubital postérieur des auteurs*, s'insère tout entier à l'épicondyle et se termine par un tendon plat qui s'applique à la face postérieure du cubitus. Ce tendon, fortifié par une aponévrose qui se détache de l'olécrâne, va se terminer au côté dorsal du cinquième métacarpien, de manière à être abducteur du cinquième doigt.

Pour compléter l'énumération des muscles dorsaux, il nous reste à parler des muscles extenseurs des doigts ; nous les diviserons en extenseurs directs et en extenseurs latéraux.

a. — Extenseurs directs.

Ces muscles sont représentés à l'avant-bras par deux faisceaux charnus situés à côté l'un de l'autre, mais distincts dans toute leur étendue. Leurs tendons commencent un peu au-dessus du ligament annulaire dorsal du carpe, s'engagent sous une arcade particulière, s'aplatissent et se subdivisent symétriquement. L'un deux fournit les tendons extenseurs directs du deuxième et du quatrième doigt, l'autre fournit ceux du quatrième et du cinquième. Cette description est idéale. Pour la rendre réelle, il faut ajouter que le tendon du troisième doigt et celui du quatrième s'unissent l'un à l'autre dans toute la longueur de la région métacarpienne. Mais ce fait ne détruit point la symétrie dont nous avons parlé.

b. — Extenseurs latéraux.

1° *Extenseur latéral du premier doigt, grand extenseur du pouce.* — Ce muscle est grêle et seulement représenté par sa digitation carpienne. Il a du reste ses rapports habituels.

2° *Extenseur latéral du deuxième et du troisième doigt.* — Il est représenté par un faisceau unique qui s'attache à la partie supérieure de l'espace interosseux, et se dégage à la partie moyenne de l'avant-bras entre le muscle radial et l'extenseur direct du deuxième et du troisième doigt. Son tendon unique s'engage dans l'anse du ligament annulaire dorsal du carpe avec les tendons des extenseurs directs. Arrivé à la partie supérieure de la région métacarpienne, il se subdivise. Une de ses divisions se porte au côté interne de la base du deuxième doigt, où il se confond avec le tendon propre de l'extenseur direct. Le second est destiné au troisième doigt et s'attache au côté interne de sa base.

3° Les muscles *extenseurs latéraux du quatrième et du cinquième doigt* se fixent supérieurement à l'épitrochlée. Ils marchent l'un à côté de l'autre entre le faisceau externe de l'extenseur direct et le muscle cubital. Les tendons, situés l'un à côté de l'autre, s'engagent dans un canal particulier qui leur est fourni par le ligament annulaire dorsal du carpe, immédiatement en dedans de l'épiphyse cubitale inférieure. L'un de ces tendons est extenseur latéral du quatrième doigt, l'autre l'est du cinquième; mais, tandis que les extenseurs latéraux du second et du troisième doigt s'insèrent à leur côté interne, c'est au côté externe du quatrième et du cinquième doigt que s'insèrent les tendons de leurs extenseurs latéraux, en sorte que le jeu simultané des extenseurs latéraux écarte les doigts en deux groupes divergents, en portant simultanément en dedans les deux doigts internes, et en dehors les deux doigts externes. Il y a donc ici encore une symétrie parfaite.

Il n'en est pas de même dans l'Homme, dans les Singes, dans les Carnassiers, dans les Pachydermes imparidigités. L'extenseur latéral du pouce se fixe, il est vrai, au côté interne (1) de ce doigt, mais tous les autres extenseurs latéraux, sans exception, se fixent au côté externe des doigts correspondants, et un parallélisme parfait remplace la symétrie que nous signalions il n'y a qu'un instant dans l'Hippopotame.

Ces faits, si faciles à interpréter, nous conduisent aux conséquences suivantes.

Il y a dans les Monodelphes non cétacés deux types habituels

(1) Par rapport à l'axe de la main.

de mains. Dans le premier type, celui des imparidigités, les doigts forment deux groupes. Le premier groupe ne comprend que le pouce, le second groupe comprend les autres doigts. Entre ces deux groupes il y a un axe de divergence qui passe dans le premier espace interosseux. Dans le second groupe, celui des paridigités, l'axe de divergence est déplacé. Il passe dans le troisième espace interosseux et les groupes qu'il sépare sont ainsi composés : le premier groupe comprend le pouce ou ses rudiments, le deuxième et le troisième doigt; le second groupe comprend le quatrième et le cinquième. Tous les faits myologiques confirment cet aperçu.

Cette règle étant posée, quel que soit le nombre des doigts, le type sera facile à caractériser. L'animal appartiendra au type pair si l'axe de divergence des muscles extenseurs latéraux passe dans l'intervalle du troisième et du quatrième doigt. Il appartiendra au type impair si les extenseurs du deuxième, du troisième, du quatrième et du cinquième doigt s'insèrent parallèlement au côté externe de leur base (1).

(1) Les Makis appartiennent au type imparidigité, mais ils représentent, dans ce type général, un sous-type distinct. En effet, dans l'Homme, dans les Singes, dans les Carnassiers, le troisième doigt est en réalité le doigt dominateur de la main. Or, il n'en est plus de même dans les Makis, le doigt dominateur étant manifestement le quatrième. Il l'emporte en effet par sa longueur, et, chose plus caractéristique encore, les interosseux qui, dans les Singes et dans les Carnassiers, divergent ou convergent par rapport au troisième doigt, divergent ou convergent dans les Makis eu égard au quatrième. Nous ne saurions taire ce fait qui se retrouve également dans les Marsupiaux où le quatrième doigt domine. La loi d'anéantissement successif des doigts en est profondément modifiée. Si nous rappelons encore la tendance à une proclivité singulière des incisives inférieures dans les Makis et dans les Marsupiaux, on ne saurait s'empêcher de croire quelque peu à la possibilité de quelque affinité singulière entre ces deux groupes.

Muscles interosseux. — Le doigt interne, celui qui est au côté radial de la main, et qui correspond au deuxième métacarpien, reçoit au côté cubital de sa base l'insertion de trois faisceaux charnus. Les deux premiers, presque parallèles à la direction du métacarpien, naissent de la gaîne du grand palmaire. Le troisième, beaucoup plus oblique, s'attache au milieu même de la gouttière carpienne sur les ligaments carpo-métacarpiens.

Pour le doigt suivant, qui correspond au médius, il y a d'abord un muscle destiné au côté radial de la phalange; ce muscle est formé de deux faisceaux, l'un qui vient du métacarpien précédent, l'autre qui vient du métacarpien même du médius. Il y a un second muscle qui n'est formé que d'un seul faisceau attaché sur le métacarpien; ce muscle occupe le côté cubital du doigt.

Pour le quatrième doigt, qui correspond à l'annulaire, et qui est ici le troisième, il y a deux muscles, un de chaque côté, composés chacun d'un seul faisceau attaché à l'os métacarpien.

Enfin, le cinquième doigt, qui est ici le quatrième, reçoit des muscles qui constituent une sorte d'éminence hypothénar.

1° Du pisiforme émane un faisceau vigoureux qui va se fixer au côté cubital de la base de la première phalange. Ce muscle est recouvert par une lame aponévrotique très-forte qui relie le pisiforme au métacarpien.

2° De l'unciforme part un autre faisceau qui s'insère auprès du précédent.

3° Deux autres faisceaux vont s'attacher au côté radial de la phalange. L'un de ces faisceaux émane de l'unciforme, l'autre s'insère au milieu du carpe sur les ligaments carpo-métacarpiens.

Considérations générales sur les mouvements du membre antérieur dans l'Hippopotame. — Rien dans l'organisation myologique de l'Hippopotame n'est absolument propre à cet animal ; mais tout y est modifié dans le sens le plus favorable, non à la progression quadrupède sur un terrain solide, mais à la locomotion aquatique. La brièveté relative du cubitus, que l'extrémité du radius dépasse de toute la longueur de sa partie épiphysaire, prive la mortaise articulaire, qui reçoit la saillie du carpe, de son contre-fort externe. Cette disposition a un résultat très-défavorable à la marche. L'axe de la main, quand l'animal repose sur elle, s'écarte de celui de l'avant-bras, et, si je puis m'exprimer ainsi, c'est une main cagneuse et faible. Cette disposition est donc très-défavorable à la progression et à la station terrestres ; mais, dans l'eau, il n'en est plus de même. Elle permet, en effet, à la main étendue de se fléchir sur le cubitus de manière à opposer au flot le tranchant du bord radial. Tout, quand l'animal projette un bras en avant, favorise ce mouvement, la puissance du sous-épineux et celle des supinateurs auxquels vient en aide le vaste interne en rapprochant l'olécrâne de l'épitrochlée.

Réciproquement, tous les muscles qui portent énergiquement l'avant-bras en arrière agissent sur l'avant-bras de manière à opposer directement au point d'appui liquide la palette de la rame palmaire. La longue portion du triceps et le vaste interne, en effet, en même temps qu'ils sont des extenseurs puissants, rapprochent énergiquement, de concert avec l'anconé, l'olécrâne de l'épicondyle, en déterminant un mouvement marqué de rotation du cubitus selon son axe, et ce mouvement, aidé par l'action du grand palmaire et des fléchisseurs, détermine la pronation la plus prompte et en même temps la plus puissante.

Ainsi, cette laxité de l'articulation huméro-antibrachiale dont les inconvénients à terre sont incontestables, présente au contraire chez un animal nageur des avantages d'autant plus inappréciables, et, si je puis ainsi dire, d'autant plus immédiats qu'ils résultent nécessairement de l'organisation même des leviers locomoteurs et de ses conséquences automatiques, sous l'influence d'une volonté générale qui commande à l'ensemble des mouvements sans avoir besoin d'intervenir dans les détails de leur économie intérieure.

Tout pour l'accomplissement de cette faculté spéciale de la locomotion aquatique se dispose donc soi-même de la façon la plus naturelle et la plus spontanée. Il n'y a pas seulement instinct pour ce milieu, il y a une accommodation naturelle de tous les organes, une conspiration homogène et régulière de tous leurs mouvements pour cette fin imposée par la nature. Rien à notre sens ne prouve mieux que les imperfections que nous croyons voir dans certaines productions de la nature ne sont qu'apparentes et tiennent à ce que nous n'apercevons pas toujours nettement à quelles harmonies naturelles spéciales elles se rattachent ; car leur beauté, leur perfection réelles apparaissent assez dans le milieu que leur a assigné la puissance créatrice.

MUSCLES DU MEMBRE POSTÉRIEUR (1).

MUSCLES QUI VONT DU TRONC AU BASSIN.

Le *grandoblique* s'attache aux douze dernières côtes, par des digitations qui s'entrecroisent avec celles du grand dentelé, à une aponévrose qui atteint les apophyses épineuses lombaires, et à l'angle de l'iléon. Ses fibres charnues vont se terminer sur l'aponévrose qui recouvre le grand droit de l'abdomen, et, par des faisceaux fibreux qui forment les piliers de l'anneau inguinal, sur la partie la plus interne du pubis. Ce muscle a une grande force. Il est recouvert par une couche élastique très-vigoureuse.

Le *petit psoas* naît des corps des deux dernières vertèbres dorsales et de ceux des vertèbres lombaires près de la ligne médiane et se termine par un tendon plat qui va s'attacher sur l'éminence iléo-pectinée, à la partie de cette éminence qui correspond à la cavité du bassin.

MUSCLES QUI VONT DU BASSIN ET DE LA COLONNE VERTÉBRALE A LA RACINE DE LA CUISSE.

Le *psoas-iliaque* a une grande force. Le psoas s'attache aux deux dernières vertèbres dorsales et aux vertèbres lom-

---

(1) A l'exception d'une note sur le couturier et sur les adducteurs, cette partie de la myologie manquait dans le manuscrit. L'ordre de la description n'était pas indiqué, j'ai suivi celui que nous avons adopté dans les *Recherches anatomiques sur le Troglodytes Aubryi* (*Nouv. arch. du Mus.*, t. II, 1866). E. A.

baires; après s'être réuni à l'iliaque interne, il se termine par un tendon large et épais qui se fixe à toute la surface du petit trochanter.

MUSCLES QUI DU PUBIS ET DE L'ISCHION SE PORTENT AU FÉMUR.

Ces muscles, qui viennent s'insérer à la partie interne du fémur au-dessous du petit trochanter, peuvent être désignés sous le nom commun de *pectinés*. Ils forment par leur ensemble un éventail que l'on peut diviser en trois faisceaux principaux : un *pectiné pubien*, ou pectiné proprement dit, qui s'attache au corps du pubis; un *pectiné symphysaire* qui s'attache à la symphyse que concourent à former les branches réunies du pubis et de l'ischion; et enfin un *pectiné ischiatique*, habituellement désigné sous le nom de *carré de la cuisse*, qui se détache de la tubérosité de l'ischion. Les fibres de ces divers faisceaux se dirigent en convergeant et en subissant un certain degré de torsion vers la partie de la ligne âpre la plus voisine du petit trochanter.

MUSCLES SITUÉS A LA PARTIE POSTÉRIEURE DU BASSIN ET PASSANT DE L'OS DES ILES, DU SACRUM, DE LA QUEUE, DU LIGAMENT ISCHIATIQUE ET DE L'ISCHION, A LA PARTIE SUPÉRIEURE DU FÉMUR.

Le plus profond de ces muscles est le *petit fessier*. Il est très-fort et recouvre presque toute la face postérieure de l'iléon, en sorte qu'il atteint presque la crête iliaque. Il s'attache sur toute la lèvre antérieure du trochanter par un tendon qui reçoit les fibres les plus supérieures du vaste externe.

Le *moyen fessier*, également fort et épais, s'attache à la crête iliaque. Il recouvre le reste du grand trochanter ; une synoviale le sépare du sommet de cette saillie.

Il s'unit par son bord interne au *pyramidal* que l'on distingue par les digitations destinées à l'insertion de ce muscle sur les sommets des apophyses transverses.

Ces muscles sont recouverts par le *grand fessier* et par le *tenseur du fascia lata*, que nous décrirons plus loin avec le biceps fémoral.

MUSCLES QUI SE PORTENT DE LA CAVITÉ ET DE LA PROFONDEUR DU BASSIN AU FÉMUR.

Ce sont les *muscles obturateurs*. Ils sont volumineux. L'interne est fortifié par deux muscles jumeaux venant de l'ischion comme d'habitude, et assez forts. L'obturateur externe forme un vaste éventail charnu. Le tendon commun de ces muscles va s'insérer au fond d'une cavité digitale creusée à la face interne du trochanter.

MUSCLES ALLANT DU BASSIN A LA FOIS A LA CUISSE ET A LA JAMBE.

Ces muscles forment plusieurs plans superposés. Le plus profond de ces plans est constitué par l'*adducteur* auquel on peut distinguer deux faisceaux. Ces deux faisceaux naissent ensemble de la branche descendante du pubis et de la tubérosité de l'ischion et sont d'abord complétement confondus l'un avec l'autre ; mais, avant d'atteindre le fémur, ils s'écartent pour laisser un vaste passage à la masse des vaisseaux fémoraux. Le faisceau supérieur, qui correspond à l'adducteur moyen, s'insère sur la ligne âpre dans l'espace qui sépare les vaisseaux fémoraux du petit trochanter, espace qui n'a que très-peu de longueur ; le faisceau inférieur, *grand adducteur*, s'attache au condyle interne du fémur et à la capsule articulaire.

L'adducteur proprement dit, tel que nous venons de le décrire, est court et épais ; mais il n'a que peu de largeur, et en réalité son développement est médiocre. Il est intimement uni au demi-membraneux qui est d'une force et d'une épaisseur considérables.

Ce muscle *demi-membraneux*, qui se montre ici de la manière la plus évidente comme une portion de la masse des adducteurs, s'attache à un tubercule que l'on distingue sur la tubérosité interne du tibia.

Le système constitué par l'adducteur et le demi-membraneux est recouvert par le demi-tendineux, le droit interne, et le couturier.

Le *demi-tendineux* naît, suivant l'usage, de la tubérosité de l'ischion où il recouvre immédiatement le demi-membraneux. Il s'attache par un large tendon au tiers moyen du tibia, sur la crête qui prolonge la tubérosité antérieure et sur un tuber-cule saillant de cette crête, puis, au-dessous de la crête, sur le bord tranchant du tibia. Ce tendon présente une torsion remarquable, les fibres du bord inférieur du muscle croisant les autres et venant former le bord supérieur du tendon. Immédiatement en arrière du point où le tendon devient libre, il y a un raphé d'où part une forte expansion aponévrotique qui va s'unir au bord interne du tendon du muscle plantaire grêle. Le corps charnu du muscle forme un faisceau large et épais.

Le demi-tendineux est disposé de telle sorte qu'en même temps qu'il porte la cuisse dans l'adduction, il fait tourner le tibia sur son axe et porte le pied en dehors. Cette disposition est éminemment favorable aux mouvements qui déterminent la natation.

Le *droit interne* est représenté par un faisceau très-large mais peu épais qui naît par une lame aponévrotique de toute la symphyse pubienne, de la branche descendante du pubis, et même de la branche de l'ischion (elle adhère en ce point aux autres muscles de l'ischion). Le muscle forme à la face interne de la cuisse un vaste plan qui se termine par une sorte d'arcade aponévrotique. Une des branches de cette arcade s'épaissit de manière à figurer un tendon plat qui s'attache sur la tubérosité externe du tibia et se continue jusque sur la tubérosité antérieure; de plus elle s'insère en s'étalant sur la crête du tibia dans tout l'espace qui sépare le tendon rotulien de l'insertion du demi-tendineux. L'autre branche s'unit intimement à l'expansion du demi-tendineux pour se joindre avec elle au tendon du muscle plantaire grêle.

Le *couturier* mérite une attention particulière. L'aponévrose qui recouvre le muscle iliaque interne se prolonge à la partie supérieure de la cuisse en un faisceau musculaire grêle et plat qui, fortifié de deux faisceaux nés de l'épine iliaque antérieure et supérieure, se dirige vers la face interne de la cuisse où il s'unit en un même plan avec un autre faisceau qui sort de la cavité du bassin (1), au côté interne des troncs vasculaires fémoraux, glisse en quelque sorte entre le tendon de l'iliaque et le pectiné, et se dirige à angle droit vers le faisceau que nous venons de décrire, auquel il s'unit dans la partie inférieure de la cuisse. De cette union résulte une bande charnue qui glisse sur le côté interne du genou et se termine, d'une part, sur l'aponévrose antérotulienne, et d'autre part, sur la tubérosité interne du tibia. Une expansion aponévrotique rattache le couturier à l'aponévrose jambière par l'intermédiaire de laquelle il agit sur le calcanéum.

Les muscles que nous venons de décrire sont adducteurs de la cuisse, les trois derniers sont en outre fléchisseurs de la jambe sur la cuisse, rotateurs de la jambe en dedans, et par conséquent abducteurs du pied ; le biceps fémoral que nous allons décrire est abducteur de la cuisse, fléchisseur de la jambe sur la cuisse, rotateur de la jambe en dehors, et par conséquent abducteur du pied.

Le *biceps fémoral* est tellement confondu avec le grand fessier qu'il est à peu près impossible de les séparer dans la description. Ils forment par leur réunion un vaste plan charnu dans lequel on peut distinguer trois faisceaux.

Le plus inférieur de ces faisceaux représente le biceps (néces-

---

(1) Ce faisceau recouvre, en dedans de l'éminence iléo-pectinée, une partie du corps du pubis, contourne cet os, et, s'appliquant au muscle obturateur interne, va s'attacher en éventail, d'une part, sur la symphyse sacro-iliaque, entre le muscle sacro-coccygien et les vaisseaux et nerfs obturateurs, et d'autre part, sur une aréole fibreuse tendue entre l'extrémité de la symphyse sacro-iliaque et l'angle supérieur du trou sous-pubien.

sairement réduit à.sa longue portion). Il s'attache à l'ischion près du demi-tendineux. Il s'étale en un vaste éventail qui descend jusqu'au tiers inférieur de la jambe et se termine sur une aponévrose qui, d'une part, se fixe au tranchant antérieur du tibia, et d'autre part se continue jusque sur le calcanéum et sur la malléole externe.

Le second faisceau s'attache à toute la face supérieure de la tubérosité de l'ischion et à l'aponévrose ischio-coccygienne. Il fournit toutes les fibres qui recouvrent la tête du péroné, la tubérosité externe du tibia et le condyle externe du fémur. Ces fibres s'insèrent d'une part sur la tubérosité antérieure du tibia et sur la capsule articulaire, et d'autre part sur le condyle du fémur par un gros tendon qui se montre au bord supérieur du faisceau charnu. Le troisième faisceau, qui représente le *grand fessier* proprement dit, s'attache à l'aponévrose iléo-sacro-coccygienne, recouvre le trochanter, et va se terminer sur le gros tendon dont nous venons de parler.

L'aponévrose du *fascia lata* qui recouvre la hanche et la cuisse, est fortifiée dans sa partie supérieure par une couche épaisse de fibres charnues constituant un *muscle du fascia lata* très-vigoureux. La limite du muscle est indiquée par une ligne oblique qui commence au-dessous du grand trochanter et se porte, en contournant la cuisse, jusque sur la rotule. Le muscle recouvre ainsi la moitié interne du genou.

MUSCLES ANTÉRIEURS DE LA CUISSE.

Ils forment par leur réunion le *triceps fémoral*, composé d'un faisceau long et de deux faisceaux courts.

Le muscle long, qui va du bassin au tibia, est le *droit antérieur de la cuisse*. Il s'attache à l'iléon par un tendon très-fort et très-épais qui se fixe presque uniquement sur le bourrelet cotyloïdien, l'expansion destinée à l'épine iliaque antérieure et inférieure étant ici à peu près nulle. Ce muscle est très-fort, il est rejeté en dedans, mais néanmoins c'est lui qui forme le tranchant antérieur de la cuisse. Il se termine par un tendon vigoureux sur le bord antérieur de la rotule.

Les muscles courts sont le *vaste interne* et le *vaste externe*. Le *vaste interne* s'attache à toute la face interne du fémur, il se fixe d'ailleurs à tout le bord interne de la rotule. Il coiffe le condyle interne du fémur, et ses fibres inférieures se terminent sur la capsule en constituant un muscle capsulaire interne.

Le *vaste externe* est énorme. Il recouvre la face externe du grand trochanter ainsi que les faces externe et antérieure du fémur. Il adhère au droit antérieur dans les trois quarts inférieurs de la cuisse.

Le ligament rotulien s'insère obliquement sur la tubérosité antérieure du tibia, plus en dehors qu'en dedans. Avant de se fixer, il est séparé de la partie lisse de cette tubérosité par une cavité synoviale de peu d'étendue.

MUSCLES DE LA JAMBE ET DU PIED.

Face dorsale.

Le *jambier antérieur* (premier métatarsien dorsal) se compose
d'un faisceau tarsien et d'un faisceau métatarsien. Le *muscle
tarsien* qui, dans le haut de la jambe, est le plus superficiel, est
large et fort. Ses attaches supérieures sont assez compliquées
si on veut les décrire avec précision. Elles se font à la tubérosité antérieure du tibia, au bord externe du ligament rotulien,
à la capsule articulaire, à un ligament tibio-rotulien externe
sur lequel se terminent d'autre part une partie des fibres du
biceps (1), à la face antérieure de la rotule, à la face antérieure
du ligament rotulien, et enfin à la face interne de la capsule
articulaire. Ce muscle se termine par un tendon qui se porte
obliquement sur la face interne du cunéiforme, se fixe à cet os,
et envoie une petite expansion à l'os métatarsien.

Le muscle *métatarsien* naît par un tendon très-fort de la lèvre
même du condyle fémoral externe. Ce tendon adhère à la
capsule, glisse dans une gouttière entre la tubérosité externe
et la tubérosité antérieure du tibia, et fait place à un système
en partie charnu, en partie aponévrotique, lequel au niveau
des malléoles se divise en deux chefs. Le chef interne se termine par un tendon perforé qui se rend par une de ses divi-

(1) Un raphé les sépare.

sions sur le cunéiforme interne et par l'autre sur la face dorsale de la base du métatarsien. Le chef externe, réuni en arcade avec le précédent, forme une lame considérable qui va se terminer sur le cuboïde et sur la base du cinquième métatarsien, en fournissant une gaîne fibreuse qui enveloppe le court péronier latéral et le sépare du long péronier.

L'extenseur commun des doigts ou *extenseur direct* naît tout entier de la face profonde du tendon par lequel le muscle précédent s'attache au fémur. Il se divise en quatre tendons. Ceux du troisième et du quatrième doigts restent réunis jusque très-près de la base des premières phalanges ; là ils se séparent, le plus interne se portant en dedans vers le troisième doigt, le plus externe se portant en dehors vers le quatrième. D'ailleurs quelques expansions aponévrotiques relient encore ces tendons dans toute leur étendue.

Les *extenseurs latéraux* sont fournis en partie par le *pédieux*, en partie par le court péronier latéral. Ce dernier muscle fournit des tendons au quatrième et au cinquième doigts, le pédieux fournit des digitations au deuxième, au troisième et au quatrième.

Il y a un muscle que l'on peut comparer à un *extenseur propre du pouce* (tel que celui que l'on voit chez les animaux à cinq doigts). Ce muscle, assez grêle, s'attache au quart supérieur du péroné, près du court péronier latéral ; une aponévrose le sépare de l'extenseur commun. Il se place sous la face profonde du faisceau métatarsien du jambier antérieur, perfore son tendon au niveau du scaphoïde, se porte au côté libre du

métatarsien interne, et vient obliquement s’insérer sur la base
de la première phalange du doigt interne.

Il y a un muscle *pédieux* large et épais qui se fixe sur le calcanéum et sur l’astragale et qui se divise en trois faisceaux
charnus. L’un de ces faisceaux se porte obliquement en dedans
sur la face dorsale de la première phalange du doigt interne,
c’est-à-dire le deuxième, le premier manquant. Les deux autres
vont coiffer la face dorsale de la première phalange de chacun
des deux doigts intermédiaires. Dans la partie antérieure du
métatarse, ils adhèrent à la face profonde de l’extenseur commun. Il résulte de la disposition de ces deux faisceaux que le
plus externe va en partie au côté interne du quatrième doigt, et
que le plus interne va en partie au côté externe du troisième,
ce qui est en rapport avec la présence d’un système digital pair.

Le *court péronier latéral* s’attache à la partie moyenne du
péroné, il se termine par un tendon qui se place dans une
gouttière située sur le côté libre de la malléole externe, se
réfléchit, et se divise en deux parties pour fournir l’extenseur
latéral du cinquième doigt et celui du quatrième.

Ce muscle est placé au côté externe de la jambe, un peu en
arrière du long péronier. La gouttière que lui offre la face externe de la malléole occupe la moitié postérieure de cette face.
La gouttière où se place le tendon du long péronier en occupe
la moitié antérieure (1).

(1) En passant sur le tarse, le tendon du long péronier croise celui du court péronier. Dans ce croisement, c’est le tendon du long péronier qui est le plus superficiel.
Des deux divisions que présente le tendon du court péronier, celle du doigt externe est

Le *long péronier latéral* vient du péroné et de la tubérosité externe du tibia. Son tendon terminal s'attache principalement au cunéiforme interne et n'envoie qu'une faible expansion au métatarsien. La gouttière dans laquelle il se réfléchit en atteignant le tarse n'appartient pas seulement au cuboïde; elle est formée en partie par cet os, en partie par le cinquième métatarsien. Un frein vigoureux rattache le tendon au fond de la gouttière, qui est fermée par des ligaments tarso-métatarsiens très-vigoureux.

Face plantaire.

Muscle court allant du fémur au tibia.

Le *poplité* s'attache au tiers supérieur du tibia. Ses fibres inférieures sont assez obliques, les supérieures presque transversales. Il s'insère d'autre part, à l'aide d'un tendon arrondi assez fort, à la lèvre même du condyle externe du fémur.

Muscle du tarse correspondant au cubital palmaire de la main.

Il est représenté par le *jumeau externe*, auquel s'unit le *jumeau interne*.

Le *jumeau externe* est constitué par un corps charnu très-fort qui s'attache au condyle externe du fémur, en partie par un trousseau tendineux, en partie par des fibres charnues; le plan des fibres charnues se continue sur le condyle externe

beaucoup plus forte que l'autre. En suivant avec attention l'origine des fibres de ces deux divisions, on voit que celles de la division interne viennent de la partie postérieure du muscle, en sorte que, sous ce rapport, il y a encore un croisement.

du tibia et sur la tête du péroné ; peut-être le faisceau de ces dernières fibres pourrait-il être considéré comme le vestige d'un muscle soléaire. Ce muscle se termine par un tendon aponévrotique épais qui va s'attacher à la lèvre externe de la tubérosité calcanéenne.

Le *jumeau interne* est également très-fort. Il s'attache en éventail à tout le condyle interne du fémur et même à la tubérosité interne du tibia. Quelques fibres se portent sur une gaîne aponévrotique qui enveloppe les vaisseaux fémoraux. Il se termine par une aponévrose qui s'unit au tendon du jumeau externe et se porte avec lui sur le bord externe du calcanéum. Ce tendon commun reçoit sur son bord externe l'expansion aponévrotique du biceps.

Muscle fléchisseur des premières phalanges et des deuxièmes phalanges.

C'est le muscle *plantaire grêle*, qui est d'une force et d'une épaisseur remarquables. Placé immédiatement au-dessus et en dedans du jumeau externe, il prend naissance dans l'enfoncement qui surmonte le condyle externe par un très-fort tendon sur lequel s'attachent quelques fibres du jumeau externe. Il se termine à 3 centimètres du calcanéum par un tendon très-fort et très-épais. Ce tendon glisse sur une gouttière que lui offre la tubérosité du calcanéum, envoyant une expansion fibreuse à chacune des lèvres de cette gouttière, et se dirige en s'étalant vers les doigts. Il se termine par quatre digitations qui fournissent à chaque doigt le fléchisseur superficiel de la première phalange et celui de la deuxième. Ce tendon aponévrotique remplace à la fois l'aponévrose plantaire et le court fléchisseur des orteils. Il contient dans son épaisseur des fibres charnues que l'on voit par transparence en le regardant par sa face profonde.

Dans son trajet à la région jambière, le plantaire grêle contourne la masse des jumeaux. Après s'être placé au côté interne du tendon d'Achille, il lui devient postérieur.

C'est sur son tendon que viennent se terminer les expansions aponévrotiques du droit interne et du demi-tendineux :

Muscle fléchisseur des phalanges terminales (*fléchisseur profond* ou *perforé*).

Ce système se compose, d'une part, d'un muscle très-vigoureux formé de deux corps charnus. L'un de ces corps charnus vient de la face postérieure du tibia et du ligament interosseux, l'autre vient du péroné ; ils s'unissent intimement l'un à l'autre, et la masse commune s'engage dans une gouttière profonde entre la malléole interne et le talon du calcanéum. En ce point, le muscle se termine par un gros tendon plat très-fort et très-épais qui glisse dans la gouttière calcanéo-astragalienne, se porte vers les doigts, et, au niveau des bases des os métatarsiens, se divise en quatre tendons. Celui du cinquième doigt est médiocre, ceux du quatrième et du troisième doigts sont très-forts, celui du deuxième est très-faible.

Il y a en outre un second muscle qui s'attache au tiers moyen de la face postérieure du tibia, immédiatement au-dessous du muscle poplité. Ce muscle, bien moins fort que le précédent, fournit un tendon qui glisse dans une gouttière spéciale creusée sur la face postérieure de la malléole interne, puis se porte obliquement vers le bord interne du tendon précédent, l'atteint au niveau du cunéiforme, lui adhère intimement, et s'épanouit sur sa face profonde de manière à fournir des fibres à chacun des quatre tendons.

Le premier de ces muscles correspond à celui que l'on désigne chez l'homme sous le nom de fléchisseur propre du pouce, le second à celui que l'on désigne sous nom de fléchisseur commun des orteils.

Il n'y a qu'un seul muscle *lombrical;* il naît de la surface du tendon commun et se rend au troisième doigt, qui est ici le deuxième.

Dans cette description des muscles de la face plantaire de la jambe, il n'a pas été fait mention du *jambier postérieur*, qui en effet manque absolument chez l'Hippopotame.

Muscles interosseux. — Le pouce manquant, c'est le deuxième doigt qui occupe le bord interne du pied.

Ce deuxième doigt reçoit trois faisceaux musculaires. Le premier va s'insérer sur le sésamoïde interne et sur le côté interne de la première phalange. Le second faisceau s'attache au sésamoïde externe. Le troisième faisceau, en grande partie fibreux, offre deux terminaisons: l'une qui se fixe au côté externe de la première phalange du second doigt, l'autre qui se porte au côté interne de la première phalange du troisième doigt. Ces trois faisceaux musculaires prennent leur origine sur les ligaments du tarse, près de la ligne médiane, et se dirigent obliquement en dedans.

Le troisième doigt reçoit d'abord l'expansion dont nous venons de parler, et, en outre, deux muscles interosseux assez faibles viennent s'attacher l'un à son côté interne, l'autre à son côté externe.

Le quatrième doigt reçoit deux muscles également faibles, l'un interne, l'autre externe.

Ces quatre derniers muscles viennent des ligaments tarso-métatarsiens. Ils sont tendineux à leur origine.

Le cinquième doigt (qui n'est ici que le quatrième) présente une sorte d'éminence hypothénar.

On voit d'abord un muscle qui correspond à l'abducteur. Il vient du calcanéum, immédiatement en avant de la gouttière où glisse le muscle plantaire, et du ligament annulaire externe. Ce muscle, en grande partie ligamenteux, va s'attacher au sésamoïde externe et à la base de la première phalange; il concourt à former la gaîne des fléchisseurs.

Un autre muscle représente un court fléchisseur réuni à une sorte d'opposant. Il vient du cuboïde et s'insère également au sésamoïde externe. Enfin il y a un adducteur qui s'insère sur les ligaments carpiens en s'entrecroisant avec les muscles du second doigt, et se porte obliquement sur le sésamoïde interne et sur le côté interne de la base du cinquième doigt.

MUSCLES QUI MEUVENT LE MAXILLAIRE INFÉRIEUR.

En ce qui regarde le *masséter*, le *ptérygoïdien interne* et le *ptérygoïdien externe*, nous nous bornerons à dire que ces muscles sont d'une force remarquable.

Le *temporal*, très-vigoureux, présente particulièrement à considérer un faisceau postérieur qui agit spécialement sur l'apophyse coronoïde, et que l'on peut désigner sous le nom de *muscle coronoïdien.*

Le *digastrique,* ou abaisseur de la mâchoire, est d'autant plus important à considérer qu'il joue, ainsi que nous le verrons plus loin, un rôle très-curieux relativement à la circulation du sang dans l'artère carotide externe. Ce muscle, chez l'Hippopotame, ne mérite en aucune façon le nom de digastrique, ses fibres charnues n'étant interrompues par aucune intersection tendineuse. Il se compose de deux faisceaux dont chacun doit être décrit séparément.

L'un de ces faisceaux naît du sommet de l'apophyse jugulaire par un tendon arrondi. Il se dirige sous l'aspect d'un fuseau assez épais en avant et en bas, arrive au niveau du genou antérieur de la corne styloïdienne de l'os hyoïde, reçoit en ce point une expansion fibreuse émanée de la partie interne de la corne thyroïdienne, et va se terminer sur la branche horizontale de la mâchoire inférieure, dont il occupe le tiers moyen.

Ce faisceau, placé très-profondément par rapport à l'angle de la mâchoire, dont il est séparé par la glande sous-maxillaire et par la veine jugulaire externe, est recouvert par le muscle stylo-hyoïdien, qui ne lui fournit aucune anse fibreuse jouant le rôle de poulie de réflexion.

Le second faisceau, remarquable par sa force, par sa largeur, et par son épaisseur, se fixe au tiers antérieur de la branche horizontale du maxillaire inférieur. En arrière, toutes ses fibres s'attachent au raphé sous-hyoïdien, qui le sépare du muscle sterno-hyoïdien, et, par l'intermédiaire de ce raphé, au corps de l'os hyoïde.

Le muscle *mylo-hyoïdien* se compose de trois ordres de fibres qui remplissent le triangle compris entre l'os hyoïde et les branches horizontales de la mâchoire. Celles qui occupent le tiers antérieur forment des anses qui vont d'un côté à l'autre sans entrecroisement; celles qui occupent le tiers moyen s'entrecroisent sur la ligne médiane; celles qui occupent le tiers postérieur se fixent sur le bord latéral correspondant du corps de l'hyoïde et un peu sur la corne thyroïdienne.

Les muscles génio-hyoïdien et génio-glosse ont été décrits en parlant de la couche longitudinale dont ils font partie.

MUSCLES PEAUCIERS.

Le plan superficiel de la couche circulaire est constitué par les muscles peauciers.

Nous commencerons la description de ces muscles par celle de cette vaste couche qui enveloppe le tronc, et que l'on désigne vulgairement sous le nom de pannicule charnu.

Ce muscle peaucier forme au corps de l'animal une vaste enveloppe tendue entre la ligne médio-dorsale et la ligne médioventrale. Ces deux lignes divisent l'ensemble du muscle en deux moitiés symétriques. Ce que nous dirons de l'une se rapporte donc nécessairement à l'autre.

Nous prendrons pour point de départ la ligne médio-dorsale. Cette ligne est remarquable par la présence d'un raphé fibreux

sans adhérence sensible avec les apophyses épineuses et par
conséquent très-mobile. Ce raphé, que nous pouvons considérer
comme une bandelette fibreuse très-étroite, s'élargit en arrière
au niveau du sacrum et se continue avec une large aponévrose
superficielle qui recouvre l'ensemble de la région fessière et
de la région tibiale postérieure, et vient se confondre tant avec
l'aponévrose tibiale qu'avec les aponévroses superficielles du
pied. Ce raphé et cette aponévrose sont le lieu d'origine de
toutes les fibres musculaires du peaucier.

Nous diviserons ces fibres en antérieures, moyennes et postérieures.

Les fibres postérieures se détachent le long d'une ligne
courbe assez régulière de l'aponévrose que nous venons de
signaler tout à l'heure à la région fessière. Leurs insertions
mesurent tout l'intervalle qui sépare l'épine iliaque postérieure
de l'articulation fémoro-tibiale. Parties de ce point, elles se
se dirigent d'arrière en avant, puis se recourbent sur la partie
inférieure de l'abdomen pour se rendre à la ligne médiane inférieure, qu'elles joignent un peu en arrière de l'ombilic. Il
résulte de cette disposition que l'hypogastre n'est point pourvu
de peaucier.

Ces fibres couvrent l'abdomen depuis le point que nous venons d'indiquer jusqu'au sommet de l'appendice xyphoïde.

Les fibres moyennes naissent dans toute l'étendue de la ligne
médio-dorsale, depuis le sacrum jusqu'à la vertèbre proémi-
nente. En bas, elles se terminent les unes au bord postérieur
de l'aponévrose axillaire, les autres sur le fascia superficiel

du bras. Ces dernières fibres forment un plan limité en avant par un bord bien défini et parallèle à la verticale de l'animal.

Ces deux premières portions du peaucier offrent une direction sensiblement longitudinale, et peuvent ainsi imprimer à la peau une sorte de locomotion convulsive antéro-postérieure. Mais, si l'on examine ce qu'elles devaient être dans les premières périodes du développement, il est facile de se convaincre qu'alors elles étaient transversales.

Les fibres antérieures du peaucier couvrent l'avant de la région thoracique et la région cervicale, où elles affectent une direction transversale. Les unes, situées sur le sternum, recouvrent le grand pectoral et viennent se terminer dans le fascia superficiel du bras; les autres vont rejoindre la lame aponévrotique qui revêt immédiatement le grand ligament cervical. Enfin un dernier faisceau recouvre la région sous-maxillaire dans l'espace compris entre les branches horizontales du maxillaire inférieur.

Chez l'Hippopotame, la portion du peaucier qui recouvre la moitié antérieure de la région cervicale forme un faisceau très-épais qui adhère d'une manière intime au raphé sous-hyoïdien, et, par l'intermédiaire de ce raphé, agit sur l'os hyoïde avec le digastrique et le sterno-hyoïdien.

Outre ce grand système qui constitue à proprement parler le pannicule charnu, on doit compter dans les muscles peauciers les faisceaux charnus qui donnent de la mobilité aux différentes régions de la face, c'est-à-dire aux oreilles, aux yeux, aux narines et aux lèvres.

Les oreilles de l'Hippopotame ont une grande mobilité. Elles peuvent se tourner en avant et en arrière, se relever et s'abaisser. Pour faciliter la description, on peut supposer que l'ouverture du pavillon est tournée en avant.

Il y a deux muscles *auriculaires antérieurs :* l'un se fixe sur l'arcade zygomatique, l'autre sur l'apophyse orbitaire externe. Ils atteignent ensemble le bord antérieur de l'oreille. Là leurs fibres se séparent de nouveau pour se porter, les unes sur la face externe ou inférieure, les autres sur la face interne ou supérieure du pavillon.

Il y a un muscle *auriculaire postérieur* qui émane du peaucier de la nuque. En atteignant le bord postérieur de l'oreille, ses fibres se divisent en deux faisceaux qui se portent l'un sur la face interne, l'autre sur la face externe, où ils s'entrecroisent avec ceux des muscles auriculaires antérieurs.

Il y a deux muscles *auriculaires supérieurs.* L'un vient obliquement de la ligne médiane, où il s'insère en arrière des orbites. Il se porte sur la face interne ou supérieure du pavillon et se prolonge presque jusqu'à son sommet. C'est le faisceau profond. L'autre vient également de la ligne médiane, mais, au niveau même de l'oreille, il se porte transversalement vers le bord du pavillon, où il s'insère. C'est le faisceau superficiel.

Il y a un muscle *auriculaire inférieur.* C'est un faisceau grêle, très-long, qui se fixe à la partie supérieure de la crête qui borde l'angle de la mâchoire inférieure, et qui se porte sur la face externe ou inférieure du pavillon. Il se prolonge presque jusqu'au sommet de celui-ci.

La région orbitaire présente un muscle *orbitaire* et un muscle *palpébral*. Le muscle *buccinateur* est vigoureux.

Il y a pour la lèvre inférieure un *orbiculaire* d'une force considérable. Un petit faisceau de ce muscle contourne l'angle des lèvres, se prolonge sur la lèvre supérieure à une distance d'environ 2 centimètres et s'épuise. Il n'y a pas pour la lèvre supérieure d'autre vestige de muscle orbiculaire, toutes les fibres de l'orbiculaire situées en arrière de la commissure se fixant au maxillaire supérieur.

Le grand *zygomatique* mérite une attention spéciale. Il naît par un faisceau aponévrotique de l'arcade zygomatique, et, par des fibres charnues, de l'os malaire. Il se dirige très-obliquement vers le quart antérieur de la lèvre, immédiatement au-dessous de la narine.

Le *releveur commun de l'aile du nez et de la lèvre supérieure* est un vaste plan charnu qui se fixe sur la ligne médiane en recouvrant les os nasaux. Une partie de ses fibres se rend dans la lèvre à partir de la commissure jusqu'à la hauteur de la narine. Une autre dans le bourrelet qui limite la narine supérieurement. Enfin les fibres les plus antérieures marchent presque longitudinalement en dedans de la narine et se rendent dans la lèvre ; ce sont, comme nous le verrons, ces dernières fibres qui concourent le plus efficacement à l'occlusion de cet orifice.

Le *myrtiforme* est énormément développé. Il se compose de faisceaux ascendants qui se fixent sur la partie antérieure de l'intermaxillaire et qui vont se terminer les uns dans la peau de la lèvre, les autres dans la peau de cette sorte d'opercule qui limite inférieurement la narine. Le myrtiforme concourt très-efficacement à la dilatation de cet orifice.

Muscles de l'hyoïde et du larynx.

Ces muscles, pour la plupart, ont été décrits plus haut, les uns avec les muscles de la couche longitudinale, les autres avec les muscles de la couche circulaire. Il nous reste encore à parler de quelques faisceaux.

Le *constricteur inférieur* du pharynx s'attache comme d'habitude sur les parties latérales des cartilages cricoïde et thyroïde. Il recouvre en partie le *constricteur moyen* qui se fixe sur le bord latéral, sur le coude, et un peu sur le bord antérieur de la corde thyroïdienne de l'hyoïde. Celui-ci recouvre à son tour une partie du constricteur supérieur'du pharynx qui s'attache en éventail sur le bord antérieur de la corne thyroïdienne ainsi que sur le bord postérieur des deux premières pièces de la corne styloïdienne, et dont les fibres se portent en partie autour du pharynx, en partie sur un ligament qui s'attache à l'os basilaire en dedans et en arrière de l'apophyse jugulaire. C'est entre le constricteur supérieur et la paroi même du pharynx que se placent les fibres de l'hyo-glosse dont nous avons parlé plus haut.

Un plan musculaire, que l'on peut appeler *cératoïdien latéral*, réunit l'une à l'autre les deux cornes de l'hyoïde; il se fixe

d'une part à presque tout le bord antérieur de la corne thyroïdienne, et, d'autre part, au bord postérieur des deux premières
pièces de la corne styloïdienne.

Un petit muscle que l'on pourrait nommer *cératoïdien antérieur*
se trouve placé sur le bord antérieur de la corne styloïdienne;
il est tendu entre la seconde pièce et la troisième.

Enfin la première pièce de la corne styloïdienne est réunie
à celle du côté opposé par des fibres charnues transversales
auxquelles on pourrait donner le nom de muscle *cératoïdien
médian*.

Le *stylo-pharyngien* naît par un faisceau aponévrotique assez
faible de la face antérieure de l'apophyse jugulaire et de la face
postérieure du dernier segment de la corne styloïdienne : il
plonge en s'étalant sous les constricteurs et s'épanouit sur la
paroi du pharynx.

Le *stylo-hyoïdien* s'attache à la face antérieure de l'apophyse
jugulaire et à la pièce de la corne styloïdienne qu'un ligament
réunit à la base du crâne ; il se dirige presque directement de
haut en bas, et s'élargit en s'étalant pour se fixer sur la corne
thyroïdienne en dedans de son inflexion. Il recouvre, ainsi que
nous l'avons dit, le digastrique, mais ne lui fournit aucune
anse de réflexion. Il est, comme ce muscle, recouvert par la
veine jugulaire externe et par la glande sous-maxillaire.

Le *stylo-glosse* naît de la partie supérieure du troisième
segment de la corne styloïdienne et un peu de son cartilage terminal; il forme un faisceau assez épais qui s'applique au côté
externe de la langue dans laquelle il s'épanouit.

On peut distinguer un petit faisceau plat dont il recouvre l'origine et qui va se perdre dans la base de la langue près du pilier antérieur du voile du palais.

L'*hyo-glosse* s'épanouit dans la langue immédiatement en dedans du stylo-glosse. La direction de ce muscle est oblique, et sa partie interne est assez étroite. Il glisse sur la corne styloïdienne et se fixe à la face antérieure de l'os hyoïde. Sur le bord supérieur de cet os, un raphé seulement le sépare du muscle *hyo-épiglottique*.

Il y a de chaque côté de la ligne médiane un muscle hyo-épiglottique très-fort. Ces muscles vont se fixer à la base de l'épiglotte. Ils relèvent cet organe et l'appliquent à la face postérieure du voile du palais.

Nous comprendrons dans un même chapitre la description des muscles du larynx et des autres parties de cet organe. Nous commencerons par les cartilages.

L'*épiglotte*, chez le jeune sujet. n'est composée dans sa plus grande partie que de tissu fibreux. On trouve seulement à sa base un noyau cartilagineux peu développé. Elle n'a donc qu'une rigidité médiocre. Elle est large (2 centimètres) et plate, et son bord supérieur (1) présente une échancrure peu profonde. Sa hauteur est à peu près égale à sa largeur, et elle s'enfonce tout entière entre les valves du cartilage thyroïde.

Le cartilage *thyroïde* a la forme d'un long plastron légèrement convexe à sa partie moyenne. Sa longueur sur la ligne médiane

(1) Pour la commodité de la description, nous supposons le larynx placé dans la position verticale.

est de 8 centimètres. Chacune de ses moitiés ou de ses valves
offre en haut 3 centimètres de largeur, et en bas 4 centimètres.
Ce cartilage ne présente sur la ligne médiane aucune échancrure; on y remarque au contraire deux tubercules arrondis,
dont le supérieur est plus arrondi et moins saillant que l'inférieur. En dehors de ces tubercules, chacune des valves du cartilage présente en haut un feston d'une profondeur médiocre
et en bas un feston très-profond et très-oblique. Au feston
supérieur succède la corne supérieure du cartilage légèrement
inclinée en arrière, et dont le sommet dépasse à peine le niveau
du tubercule supérieur. Au feston inférieur succède la corne
inférieure également inclinée en arrière, un peu plus longue
que la corne supérieure (15 millimètres), et dont le sommet se
trouve situé près de 15 millimètres au-dessus du tubercule inférieur (1). Ces deux cornes sont réunies par un bord latéral à
peine concave. Le cartilage thyroïde présente sur la ligne médiane, dans son tiers inférieur, à 5 millimètres seulement au-
dessus du tubercule, une fente ovale de 18 millimètres de long,
fermée par une membrane fibreuse (2).

Le cartilage *cricoïde*, terminé en avant par une saillie arrondie
en forme de soc de charrue, se dirige très-obliquement en haut par
les branches de son anneau, de telle sorte que le bord inférieur
de son chaton se trouve placé près de 15 millimètres au-dessus

___

(1) La base de cette corne est à 3 centimètres au-dessus du tubercule inférieur.

(2) Il faut ajouter, pour rendre complète cette description du cartilage thyroïde, que
sa courbe antérieure n'est pas tout à fait régulière. Il y a d'abord, au-dessous du tubercule supérieur, une convexité de peu d'étendue, puis un espace concave figurant un
étranglement, puis une convexité jusqu'au tubercule inférieur.

du tubercule inférieur du cartilage thyroïde. Le bord inférieur
de l'anneau est presque droit; le bord supérieur est convexe et
son union avec le chaton se fait par l'intermédiaire d'un angle
arrondi fortement saillant.

Le chaton du cricoïde, qui a près de 4 centimètres de haut
sur 3 de large, atteint le tiers supérieur du cartilage thyroïde.
Il offre sur la ligne médiane une carène assez marquée terminée
supérieurement par un tubercule saillant. De chaque côté de ce
tubercule se trouve une surface articulaire destinée au cartilage aryténoïde correspondant. La direction de ces facettes est
très-oblique. Leur étendue est considérable. Elles ont 16 millimètres de long, mais sont moins larges en haut qu'en bas où
leur largeur atteint 5 millimètres. Concaves suivant leur longueur, elles sont légèrement convexes transversalement, de
sorte que leur articulation avec l'aryténoïde se fait par emboî-
tement réciproque.

Les cartilages *aryténoïdes* ont à peu près la forme d'une pyramide à quatre faces dont le sommet serait très-émoussé. La face
inférieure, dirigée très-obliquement, est constituée par la facette
articulaire cricoïdienne ; la face postérieure forme un triangle
d'une étendue médiocre ; la face externe forme un grand
triangle à la fois très-large et très-haut; la face interne est
beaucoup plus étroite; elle s'allonge obliquement de haut en
bas et un peu d'arrière en avant, et se termine inférieurement
par une pointe émoussée qui donne attache au ligament de la
corde vocale. Cette pointe limite un crochet assez sensible.

Le sommet de la pyramide est relié par un ligament à un cartilage de Wrisberg, peu volumineux, mais reconnaissable à travers la muqueuse à cause du tissu fibreux dont il est revêtu.

Les cartilages de Santorini sont à peine perceptibles.

Nous devons au contraire insister sur deux noyaux cartilagineux remarquables qui n'ont pas encore été signalés. Situés un peu en arrière du soc de l'anneau cricoïdien et de l'extrémité inférieure du cartilage thyroïde, ils sont reliés au tubercule inférieur de ce dernier cartilage par une bride fibreuse très-forte et au bord supérieur de l'anneau cricoïdien par une lame aponévrotique moins puissante. Ils ont, ainsi que nous le verrons bientôt, une relation intime avec les cordes vocales. Ces cartilages doivent nécessairement être désignés sous le nom de *cartilages de Gratiolet.*

Les cornes inférieures du cartilage thyroïde sont reliées comme d'habitude au cartilage cricoïde par des ligaments vigoureux. Il faut remarquer la force des ligaments crico-aryténoïdiens. Moins développés en arrière et en dehors où ils sont suppléés par des muscles, ils offrent en dedans une épaisseur considérable. Toute la face interne du cricoïde est aussi recouverte d'une couche fibreuse épaisse.

Les ligaments aryténo-épiglottiques sont bien distincts.

Les ligaments aryténo-thyroïdiens, qui correspondent aux cordes vocales, sont tendus obliquement entre les extrémités des crochets aryténoïdiens et les ligaments de Gratiolet.

Passons maintenant à la description des muscles du larynx.

Nous avons déjà parlé des muscles sterno-thyroïdiens, et thyro-hyoïdiens. Le constricteur inférieur du pharynx se porte comme d'habitude sur la face externe du cartilage thyroïde. La ligne de cette insertion réunit la base de la corne supérieure à celle de la corne inférieure.

Le muscle *crico-thyroïdien* est très-vigoureux. On y remarque d'abord deux faisceaux insérés sur la face externe de l'anneau cricoïdien d'où ils se dirigent vers le bord inférieur et vers la corne inférieure du cartilage thyroïde. De ces deux faisceaux, le postérieur recouvre l'antérieur, et ses fibres ont une direction plus oblique.

Après avoir fendu et écarté ces deux faisceaux, on en trouve un troisième qui s'insère d'une part sur l'angle saillant du bord supérieur de l'anneau cricoïdien et va d'autre part se fixer sur la face interne du cartilage thyroïde dans une étendue de 2 centimètres.

Le *crico-aryténoïdien postérieur* est médiocrement épais. Il s'attache largement sur la base du cartilage aryténoïde.

Le *crico-aryténoïdien latéral* est très-vigoureux, très-épais, mais très-court. Dirigé presque transversalement, il se fixe largement à la base de l'aryténoïde et à la plus grande partie de sa face externe, et va s'attacher d'autre part sur l'angle saillant du bord supérieur de l'anneau cricoïdien, presque immédiatement en dehors de l'articulation aryténo-cricoïdienne.

Le muscle *aryténoïdien*, très-vigoureux, se compose de deux faisceaux bien séparés. Chacun de ces faisceaux s'attache à la face postérieure du cartilage aryténoïde correspondant. Un raphé médian, très-épais, fixé sur le tubercule supérieur du chaton cricoïdien, reçoit les insertions internes de ces deux faisceaux et les sépare. On concevrait facilement que, dans un sujet plus âgé, ce raphé s'ossifiât.

Un petit faisceau charnu accompagne le ligament aryténo-épiglottique et forme un premier muscle aryténo-épiglotique bien distinct.

Le *thyro-aryténoïdien* se compose d'abord d'un premier faisceau qui se fixe d'une part sur toute la partie supérieure de la face externe du cartilage aryténoïde et qui, s'épanouissant en éventail, va se fixer sur le cartilage thyroïde, près de la ligne médiane, dans sa moitié supérieure.

Ce faisceau en recouvre un autre qui se fixe aux mêmes points de l'aryténoïde. Ce dernier forme un éventail qui se divise de la manière suivante : Les fibres supérieures suivent la direction du ligament aryténo-épiglottique et, s'épanouissant au-dessous de ce ligament, elles forment un second muscle aryténo-épiglottique ; les fibres moyennes vont au cartilage thyroïde dans la plus grande partie de son angle rentrant ; les fibres inférieures se rendent sur le cartilage de Gratiolet, en suivant la direction de la corde vocale,

Pour achever la description du larynx, il nous reste à l'envisager dans son ensemble en le supposant revêtu de sa membrane muqueuse.

En étudiant cette région après avoir fendu l'œsophage, on voit d'abord le voile du palais complétement dépourvu de luette et fermant comme un sphincter l'ouverture postérieure de la bouche dont la largeur ne dépasse pas celle de l'épiglotte.

L'épiglotte, à bord sensiblement échancré, assez large et à

peu près aussi haute, s'applique, lorsqu'elle se relève, à la face postérieure du voile du palais de manière à isoler complétement le pharynx de la cavité buccale.

La face antérieure de l'épiglotte est séparée de la base de la langue par une gouttière peu profonde, qui se continue de chaque côté avec une gouttière latérale. Ces gouttières latérales,. qui s'enfoncent entre les valves du cartilage thyroïde et les faces latérales du cartilage cricoïde, n'ont elles-mêmes qu'une faible profondeur.

L'orifice du larynx se trouve limité par les replis aryténo-épiglottiques, lesquels, plus étroits en arrière, où ils sont soulevés par les cartilages de Wrisberg, s'écartent en avant pour gagner d'une part le bord de l'épiglotte, et d'autre part pour se perdre dans le pli qui limite supérieurement la cavité sous-épiglottique dont nous allons parler.

Pour étudier l'intérieur du larynx, il faut fendre sur la ligne médiane le chaton du cartilage cricoïde.

Il devient alors facile de reconnaître immédiatement au-dessous de l'épiglotte un enfoncement hémisphérique (*cavité sous-épiglottique*) (1), auquel succède un espace couvert d'une muqueuse plissée longitudinalement. Cet espace va se terminer dans une cavité qui se prolonge jusqu'au tubercule inférieur du cartilage thyroïde. Cette dernière cavité, que l'on peut nommer *cavité inférieure du larynx*, est limitée en avant par la fente et par le tubercule inférieur du thyroïde, sur les côtés par les ligaments

(1) Cette cavité remonte entre l'épiglotte et le cartilage thyroïde, et correspond à la convexité supérieure du plastron thyroïdien.

qui relient au tubercule inférieur les cartilages de Gratiolet, et
en arrière par ces derniers cartilages. Revêtus de la muqueuse,
ces deux cartilages dessinent de chaque côté de la ligne médiane
une saillie arrondie, et ces deux saillies sont séparées l'une de
l'autre par une petite échancrure.

Ces saillies forment la limite inférieure des cordes vocales.
Ces cordes vocales ou rubans vocaux sont des replis larges et
épais, dirigés très-obliquement. Elles commencent sur le
sommet de la pyramide aryténoïdienne par un bourrelet con-
tigu au cartilage de Wrisberg, et s'étendent obliquement le long
du bord antérieur du cartilage aryténoïde, qu'elles quittent
pour gagner les cartilages de Gratiolet. Ces rubans sont sou-
tenus par les ligaments dont nous avons parlé, mais seulement
à leur base, le tranchant n'étant formé que par la muqueuse
accolée à elle-même (1).

Les ventricules du larynx se trouvent ainsi représentés par
de vastes triangles, et les cordes vocales, au lieu de corres-
pondre au bord supérieur du muscle thyro-aryténoïdien, suivent la direction de son bord inférieur.

Il paraîtrait que dans un fœtus plus jeune que celui qui a
servi à ces observations, les cordes vocales seraient à peine développées (2). Dans le fœtus à terme, et par conséquent dans

(1) Ces faits sont en rapport avec les idées exprimées par **M. E.** Fourmié dans son
ouvrage intitulé : *Physiologie de la voix et de la parole* (1865, p. 129).

(2) C'est du moins ce qui résulte de cette phrase de Cuvier : « Le larynx d'un fœtus
d'Hippopotame ne m'a point offert de ruban vocal, mais un simple relief presque longitudinal, formé par le rebord antérieur de l'aryténoïde. » (*Anat. comp.*, 2ᵉ édit., t. **VIII**,
p. 792.)

l'adulte, la glotte est une longue fente limitée par deux larges rubans.

Il resterait à déterminer quelle influence les dispositions que nous venons de décrire exercent sur le cri de l'Hippopotame, qui est une sorte de hennissement un peu moins tremblé que celui du Cheval, mais beaucoup plus grave et très-retentissant.

IV

SYSTÈME NERVEUX.

Mémoire sur l'encéphale de l'Hippopotame.

L'étude de l'encéphale a acquis dans ces derniers temps une importance qui grandira en raison même des progrès que fera l'anatomie dans la connaissance de ce système d'organes supérieurs. Déjà des essais de classifications fondées sur cette étude ont été proposés, et, bien que ces essais soient à beaucoup d'égards prématurés, il suffira de rappeler le nom de leurs auteurs, M. Jourdan et M. Owen, pour indiquer du moins qu'ils n'ont pas été tentés sans raison. Quoi qu'il en soit, il est du devoir des anatomistes de ne négliger aujourd'hui aucune occasion d'étendre nos connaissances sur ce point. Ce devoir me semble d'autant plus impérieux, que l'étude des formes extérieures de l'encéphale, en tant que la cavité crânienne en offre chez les Mammifères et chez les Oiseaux une empreinte fidèle, peut fournir à la détermination des animaux fossiles et à la discussion de leurs analogies avec les espèces actuelles des éléments précieux, et qu'enfin la physiologie comparée elle-même en pourra tirer plus tard des ressources inattendues.

Ces raisons me portent à présenter aujourd'hui à l'Académie les observations précises qu'il m'a été donné de faire sur l'encéphale encore à peu près inconnu de l'Hippopotame. Le sujet qui a servi à mes recherches était à peine sorti de l'état fœtal, mais il était parfaitement à terme, et, l'observation m'ayant démontré qu'arrivés à ce degré, tous les Mammifères qui naissent les yeux ouverts ont un système de plis cérébraux et cérébelleux complet, et dès lors parfaitement caractérisé, les conclusions que j'essayerai de tirer de cette étude pourront être appliquées avec une certitude suffisante à l'animal adulte lui-même.

L'encéphale de l'Hippopotame présente dans sa forme générale et dans les accidents de sa surface des particularités que je vais essayer de résumer sommairement.

Le cerveau proprement dit est peu volumineux eu égard à la taille de l'animal. Sa largeur relative est plus considérable que dans les autres Pachydermes tétradactyles. Sa forme rappelle d'ailleurs, quant aux conditions générales, celles des Monodelphes herbivores.

Les lobes olfactifs, si on les compare à ceux du Cochon, sont très-petits, et si plats, qu'on les aperçoit à peine sur le profil du cerveau. Nous reviendrons plus loin sur la petitesse caractéristique de ces lobes.

Les tubercules quadrijumeaux sont de grandeur médiocre et proportionnés au volume très-réduit des bandelettes optiques. Leur forme générale et leurs rapports sont conformes au type général des Mammifères monodelphes.

Le cervelet est bien détaché du cerveau proprement dit, et sa surface est convexe dans son ensemble. Cette forme, qui est commune à tous les Pachydermes et à la famille des Caméliens, est fort différente de celles que présentent les vrais Ruminants, chez lesquels la face supérieure du cervelet est presque entièrement cachée par les hémisphères cérébraux, si bien que sa face postérieure, taillée verticalement, est presque seule à découvert.

La base du cerveau présente en général les particularités suivantes : Le bulbe est de grandeur médiocre ; le pont de Varole et l'avant-pont le sont également, tout en conservant leurs formes ordinaires. La fosse interpédonculaire est profonde ; l'infundibulum est large et sa surface est arrondie. Les bandelettes et les nerfs optiques sont très-petits. Au-devant d'eux, les espaces appelés, chez l'Homme, champs olfactifs ou quadrilatères perforés, sont larges, saillants, et de forme arrondie. Ils sont circonscrits en avant par les racines des lobes olfactifs.

Telle est en général la physionomie de l'encéphale de l'Hippopotame ; essayons maintenant de donner une idée de chacune de ses principales parties constituantes.

L'isthme de l'encéphale présente les particularités suivantes : Le bulbe, ainsi que nous l'avons dit, est de grandeur médiocre. On y distingue deux pyramides antérieures nettement limitées. Très-larges vers le point de leur entrecroisement, elles s'atténuent du côté du pont de Varole en deux petits cordons très-nettement accusés. En dehors d'elles, on remarque les faisceaux antérieurs ; leur séparation est d'ailleurs très-peu accusée. Vers la région des olives, vers le bord postérieur de l'avant-pont, ils présentent une sorte de renflement ou de saillie qui correspond aux olives cachées dans la profondeur du bulbe. En dehors de ces renflements se voient les faisceaux moyens du bulbe dont les fibres superficielles, après avoir traversé en partie les fibres de l'avant-pont, semblent se perdre dans les anses superficielles du pont de Varole. Cette disposition se retrouve dans un grand nombre d'animaux, et en particulier dans l'Homme, où M. Foville en a signalé l'existence.

Je crois devoir signaler ici une particularité qui mériterait d'être plus attentivement examinée. Elle consiste dans la présence d'une petite bandelette oblique qui se dégage de la profondeur du bulbe entre la pyramide et le renflement olivaire, se porte obliquement en dehors en croisant les fibres de l'avant-pont, et plonge en quelque sorte sous le bord postérieur du pont de Varole. N'ayant pu disséquer à fond un cerveau unique dans les collections du Muséum, j'ai dû renoncer à suivre le trajet ultérieur des fibres de cette bandelette, mais j'ai cru devoir dès à présent appeler l'attention sur elle.

Les autres parties du bulbe, les bandelettes accessoires des faisceaux latéraux, les corps restiformes, les cordons médians postérieurs, ont leurs relations accoutumées. Il en est de même de la protubérance annulaire, des faisceaux triangulaires de l'isthme, des tubercules quadrijumeaux et des corps genouillés externes. Les pédoncules cérébraux proprement dits sont grands, et le prolongement des pyramides antérieures forme à

leur partie inférieure une colonne très-accusée. L'espace interpédonculaire est fort allongé et criblé de perforations nombreuses. Plus au-devant se voit le tubercule des éminences
mamillaires bien saillant, avec un indice de division médiane.
Le tuber cinereum est assez peu saillant, il l'est en particulier
beaucoup moins que dans le Cochon naissant. L'infundibulum
et l'hypophyse ne présentent rien de remarquable.

Les bandelettes optiques sont extrêmement grêles, et elles
aboutissent à un chiasma très-réduit, d'où partent des nerfs
optiques à tel point réduits, qu'ils sont moins volumineux à
leur racine que ceux d'un Cochon naissant. Au-devant de ces
bandelettes, cette partie de l'étage inférieur des corps striés
que l'on désigne dans l'Homme sous le nom de champs olfactifs
ou de quadrilatères perforés, fait une grande saillie. Elle est
convexe, arrondie, et, suivant l'usage, circonscrite par ce que
l'on nomme si improprement les racines du lobe olfactif. Il ne
m'a pas été donné d'étudier d'une manière approfondie les
parties supérieures de l'isthme de l'encéphale, parce qu'il eût
fallu pour cela détruire une pièce encore unique dans les
collections du Muséum; mais ce que j'ai pu voir du corps
calleux, de la voûte, des couches optiques, de la glande pinéale
et des corps striés, a suffi pour diminuer mes regrets à cet
égard. Ces parties, en effet, m'ont semblé s'éloigner très-peu
des formes qu'elles présentent dans les Pachydermes en général
et dans les Suidés en particulier.

Le cervelet, relativement à sa largeur, est plus allongé
d'avant en arrière que dans les Cochons du même âge, et ses

divisions sont en même temps beaucoup plus compliquées.
Cette complication plus grande sera facilement expliquée, si
l'on considère que dès sa naissance, l'Hippopotame accuse un
développement relatif plus avancé et une plus grande liberté
dans la coordination des mouvements que le Cochon naissant.
Il y a, en effet, un rapport constant entre le développement et
la liberté des actions musculaires et le développement de cet
organe qui, petit et peu riche en plis au début de la vie,
n'acquiert que vers l'âge adulte ses proportions définitives, au
moment où l'animal atteint le terme suprême de sa puissance
musculaire. Cette règle est confirmée à la fois par l'étude de
l'état normal et par les faits tératogéniques.

Les groupes formés par les lobules et les feuilles du cervelet
ont assez d'analogie avec ceux que l'on découvre dans le cervelet du Cochon, mais avec quelques différences que j'indiquerai rapidement.

Le corps du cervelet médian est assez peu large, et divisé
comme dans le Cochon en deux lobules. Les feuilles du lobule
antérieur sont à peu près horizontales, mais celles du lobule
postérieur décrivent des courbes concaves en avant, qui dans
leur développement embrassent la partie postérieure du lobule
antérieur. Cette partie du cervelet est assez saillante, et cette
arête médiane que les anatomistes, depuis Reil, ont désignée
sous le nom de *culmen*, y est sensiblement accusée.

Le vermis qui termine en arrière le cervelet médian de
l'Hippopotame et celui du Cochon présentent dans leur enroulement des différences assez marquées. La série des petits

disques dont la chaîne compose ce vermis est très-flexueuse dans ce dernier, et forme à droite une anse assez allongée qui dévie à gauche le lobule formé par les pièces basilaires de ce vermis. Les choses se passent, dans l'Hippopotame, d'une manière un peu différente, et, à cet égard encore, il semble se rapprocher des Pécaris plus que des Cochons. Le lobule basilaire du vermis y est plus court, plus globuleux ; toutefois ses feuilles, de même que dans le Cochon, sont fort inclinées de gauche à droite. Les différences sont plus marquées dans le vermis proprement dit. On n'y retrouve pas cette anse qui caractérise celui du Cochon, mais ses lobules sont groupés assez élégamment à la partie postérieure du cervelet, en une masse allongée que je ne saurais guère comparer qu'à une sorte de chignon symétrique.

On trouve dans les cervelets latéraux des différences analogues. Leur corps, à peu près réduit à ce lobule qui, dans l'Homme, porte depuis Reil le nom de semi-lunaire, est beaucoup plus allongé de haut en bas dans l'Hippopotame que dans le Cochon. Un vermis latéral d'une richesse extrême leur fait suite. La série de ses feuilles forme d'abord trois lobules différemment inclinés, et se termine sur les côtés du cervelet en une spirale développée de haut en bas, dont l'enroulement rappelle assez bien celui d'une corne d'Ammon.

Cette richesse du vermis latéral ne peut en aucun cas être considérée comme une marque d'élévation sériale, et c'est au contraire un signe d'animalité. Mais on sait assez que la perfection d'un animal est tout à fait relative à l'idée typique de la constitution du genre auquel il appartient, et n'implique en aucune façon le passage aux formes d'un autre genre.

Quoi qu'il en soit, et quelque fastidieux que ces détails puissent paraître, il serait imprudent, dans l'état actuel de la science, d'en négliger un seul. Car, en toutes choses, l'analyse est la base nécessaire des progrès futurs de la science.

Les hémisphères cérébraux sont peu riches en plis. Il serait assez difficile de se faire dès l'abord une idée juste de leur disposition. L'analyse de ceux du Pécari et du Cochon sera pour nous, à cet égard, une introduction nécessaire.

Ces plis forment dans le Cochon deux étages principaux, séparés en avant par un petit étage ou lobule intermédiaire.

L'étage supérieur, fort grêle en avant, forme un petit coude à la partie supérieure du cerveau, sur les côtés de la scissure intermédiaire. En arrière de ce coude, il se dilate en un lobule triangulaire que divisent de son sommet à sa base deux ou trois anfractuosités longitudinales. Cette disposition est fort semblable au premier abord à celles que présentent les vrais Ruminants, mais elle est typique et constante chez ces animaux, tandis qu'elle est propre à quelques genres seulement dans la famille des Suidés.

L'étage inférieur est longitudinalement étendu au-dessus du lobule unciforme et du lobe olfactif, de l'extrémité antérieure de l'hémisphère à son extrémité occipitale. Une petite scissure verticale le divise en deux lobules, l'un antérieur, l'autre postérieur. Ce mode de division est fort semblable au premier abord à celui qu'on observe dans les vrais Ruminants. Toutefois, dans ces animaux, le lobule postérieur, chargé de plis, l'emporte singulièrement sur l'antérieur. Or, l'inverse a lieu dans les Cochons et dans les Pachydermes en général. Chez eux, c'est le lobe antérieur qui l'emporte sur le postérieur. Ce caractère est d'un emploi facile, et je le signale ici d'une manière toute particulière.

Les deux étages que nous venons de décrire règnent sur la surface de l'hémisphère dans toute sa longueur. Il n'en est pas de même de l'étage moyen. Celui-ci est réduit à un lobule qui se termine sur le cerveau vers le milieu de sa longueur. Cet étage, quelquefois divisé en deux plis par une anfractuosité secondaire, est légèrement flexueux ; il est propre au groupe des Suidés, et il fournit un caractère d'autant meilleur, qu'il n'y en a pas la moindre trace dans les vrais Ruminants.

Si donc le cerveau du Sanglier ressemble à celui des Ruminants par son étage supérieur, il en diffère sensiblement par tous les autres caractères.

Ce que nous venons de dire du Sanglier peut s'appliquer en général au Pécari, mais l'étage supérieur présente déjà dans ce groupe de grandes modifications. Le lobule triangulaire qui le termine en arrière dans le Sanglier est ici remplacé par une bande plus étroite qu'une scissure longitudinale, mais assez irrégulièrement flexueuse, divise en deux plis parallèles. Cette disposition coïncide dans le Pécari avec un allongement très-marqué de la forme générale du cerveau, et il nous conduit par une transition naturelle à la configuration que présente l'Hippopotame.

Ici, en effet, l'étage supérieur est réduit à sa plus simple expression. Ce n'est plus qu'une bande à peine flexueuse bordant à la partie supérieure du cerveau la grande scissure longitudinale.

On remarque dans l'étage inférieur et dans l'étage intermédiaire des modifications plus profondes encore, sur lesquelles je demande la permission d'insister. L'étage inférieur a, dans son ensemble, la disposition qu'il présente dans le Cochon, à très-peu de chose près, mais il semble au premier abord avoir une épaisseur singulière et occuper presque toute la hauteur de l'hémisphère ; d'autre part, l'étage moyen semble manquer. Un examen plus attentif permet de résoudre aisément cette anomalie apparente. Il est facile, en effet, de voir que non-seulement cet étage moyen existe, mais qu'il offre un développement inusité. En effet, au lieu de se terminer vers la partie moyenne de l'hémisphère, comme cela a lieu dans le Cochon et le Pécari, il s'étend dans toute la longueur de l'hémisphère au-dessus de l'étage inférieur. Il acquiert donc une importance exceptionnelle, et si son existence est au premier abord dissimulée, cela tient à la grande quantité de plis de passages verticaux qui lient cet étage supérieur à l'étage inférieur proprement dit.

J'insiste d'autant plus sur l'existence et sur la multiplicité de ces plis de passage, qu'ils semblent être dans l'encéphale des Mammifères un indice non équivoque de supériorité intellectuelle. Ils sont nombreux dans le cerveau de l'Homme, où M. Foville, qui en a parfaitement saisi l'importance, les a désignés sous le nom de circonvolutions du quatrième ordre ; on les retrouve dans le cerveau de l'Éléphant et des Phoques ; et je ne pouvais ici les passer sous silence, d'autant plus qu'ils fourniront dans un instant quelques indications utiles.

En résumé, l'étage moyen est très-développé, mais il est attaché, pour ainsi dire, à l'état inférieur par tant de traverses, qu'il semble ne former avec lui qu'un seul étage chargé de plis compliqués et si grands, qu'à l'exception des bandes étroites qu'occupent, sur les faces opposées du cerveau, l'étage supérieur et la circonvolution du lobule unciforme, il semble former toute la surface de l'hémisphère.

Nous voici bien loin des formes des Ruminants, fait d'autant plus digne de remarque, que le mode de division des pieds et la tendance qu'a l'estomac à se diviser en plusieurs poches dans les Suidés avaient fait penser que ces animaux forment un passage naturel des Pachydermes aux Ruminants, en passant par les Chevrotains. Mais, évidemment, cette idée ne peut être acceptée. Car, plus l'estomac des Suidés se complique, plus ils diffèrent des Ruminants par les formes de leur encéphale. Ainsi, le cerveau du Sanglier, dont l'estomac est le plus simple, a quelque chose de la physionomie propre au cerveau des Ruminants. Mais cette ressemblance diminue déjà dans le cerveau du Pécari, dont l'estomac se complique de deux poches accessoires, et elle s'efface entièrement dans l'Hippopotame, dont l'estomac atteint au plus haut degré de complication. La comparaison attentive du squelette et des muscles dans ces animaux conduit aux mêmes conséquences. Ces faits nous semblent avoir une grande importance. Ils indiquent avec combien de réserve il faut accepter ces idées de série et de passages qu'après les philosophes, de grands naturalistes ont préconisées (1).

J'ai déjà parlé de la petitesse des lobes olfactifs. Ils sont aplatis ; leur face inférieure n'a point cette grande saillie si remarquable dans les Suidés fouisseurs ; ils s'atténuent singulièrement en avant, et la coiffe de substance grise qui enveloppe leur extrémité et forme leur bulbe terminal est pour ainsi dire atrophiée.

Cette atrophie des lobes olfactifs dans l'Hippopotame mérite

(1) Si les vues des philosophes qui ont défendu avec tant de hauteur l'idée de la série animale étaient aussi fondées qu'elles sont ingénieuses et poétiques, on devrait s'attendre à trouver entre les Pachydermes à doigts pairs et les vrais Ruminants des transitions et des passages insensibles. On passerait régulièrement des Cochons, qui ont l'estomac le plus simple, à ceux qui l'ont le plus compliqué, de ceux-ci aux Chevrotains, et enfin aux Ruminants les plus caractérisés. Les os, les dents, les muscles, le système nerveux, confirmeraient le premier aperçu ; les transitions s'exprimeraient parallèlement dans tous les systèmes organiques, et dès lors on devrait s'attendre à trouver le cerveau du Pécari et de l'Hippopotame plus semblable à celui des Ruminants que le cerveau des Cochons proprement dits, dont l'estomac est beaucoup plus simple ; mais nous voyons qu'il n'en est point ainsi. Tout démontre, en effet, à ceux qui observent la nature sans préjugés, que ces passages qu'on invoque n'ont aucune réalité dans la nature ; nous croyons fermement à une hiérarchie des êtres, mais non à cette série régulière dont notre illustre maître, Henri de Blainville, a été le plus grand défenseur. Une telle idée suppose implicitement dans les animaux inférieurs une imperfection réelle dans un même ordre de faits ; mais il nous semble beaucoup plus conforme à l'idée que nous avons de la suprême sagesse d'admettre que chacune de ses créatures a été l'objet d'une intention particulière. Comme saint Augustin l'a dit : « Toutes les créatures de Dieu sont parfaites, mais leurs perfections sont de nature différente. » Il ne peut donc y avoir de passage entre elles, et du même coup sont vaincues les prétentions des partisans d'une série successive des créatures et celles des inventeurs des métamorphoses ascendantes. Le vrai naturaliste, qui n'admet rien, dans l'ordre des faits matériels, en dehors de l'observation, repousse, avec Buffon, ces classifications où, sous le prétexte de quelques ressemblances partielles, on rapproche les êtres les plus divers par l'ensemble de leur constitution organique.

de nous arrêter un instant, parce qu'on la retrouve à des degrés divers dans tous les Mammifères aquatiques. On pourrait même dire qu'elle est en raison directe des modifications que leur impose d'une manière plus exclusive ce milieu exceptionnel où leur instinct les attire. Ainsi, les Loutres, les Enhydris, les Phoques, les Castors, se font remarquer par la petitesse relative de leurs lobes olfactifs, et, quoi qu'on en ait dit, ils manquent absolument aux Cétacés armés de dents, tels que les Dauphins. Un fait aussi général mérite d'être attentivement examiné, et cet examen exige des précautions d'autant plus grandes, que l'atrophie des lobes olfactifs n'est cependant pas un caractère exclusif des Mammifères aquatiques, et qu'on la retrouve dans d'autres animaux essentiellement arboricoles et aériens : je veux parler des Primates et de l'Homme.

La reproduction d'un fait en apparence analogue dans des conditions si opposées a, au premier abord, quelque chose de paradoxal et d'extrêmement embarrassant. Il me semble en conséquence utile d'y insister ici, cette question ayant à mes yeux une grande importance, d'une part pour la physiologie des instincts et de l'intelligence, et d'autre part pour l'explication de certaines modifications très-remarquables de la tête des animaux aquatiques, modifications dont le sens est au premier abord assez difficile à saisir.

L'atrophie des lobes olfactifs dans l'Homme et dans les Singes est une atrophie normale et typique, liée à l'essence même de ces êtres, que ne détermine aucune cause extérieure, aucune raison biologique. Tout semble indiquer que les sensations olfactives n'ont, dans le jeu normal de leur intelligence, qu'une influence secondaire. L'étude de la structure confirme cette vue ; la commissure antérieure du cerveau ne donne rien à ces lobes olfactifs, et s'irradie tout entière dans les lobes postérieurs de l'hémisphère, et spécialement dans les plis où s'irradient les racines cérébrales des nerfs optiques. Tout indique qu'ici l'instinct et l'intelligence prennent une forme supérieure où les sensations plus élevées de l'ouïe et de la vue joueront un rôle presque exclusif.

Mais, dans tous les Mammifères qui sont au-dessous des Singes, la scène change. Les lobes olfactifs acquièrent une importance singulière, et c'est dans leur intérieur que s'irradie presque en entier cette commissure antérieure, qui leur est étrangère, chez l'homme et chez les primates. Lémuriens, Insectivores, Carnassiers, Herbivores, Ruminants ou Pachydermes, tous ont des lobes olfactifs énormes. Leur importance s'accroît encore davantage dans les types inférieurs. Dans les Didelphes en particulier, ils égalent en grandeur les hémisphères cérébraux eux-mêmes. Tout semble donc indiquer ici une transformation commune d'autant plus accusée que l'animal s'abaisse davantage dans la série des êtres.

Les exceptions qu'on trouve à cette règle la confirment en quelque sorte, en tant qu'elles sont déterminées de la manière la plus intelligible par des raisons biologiques ; elles sont en effet exclusivement offertes par les Mammifères aquatiques. Observons que, dans ce milieu exceptionnel, les Mammifères dont l'olfaction est essentiellement liée à leur respiration aérienne ne peuvent en aucune manière exercer cette fonction. Les narines sont closes ; l'animal en poursuivant sa proie dans ce milieu, en y choisissant sa nourriture, ne se laisse plus diriger par des sensations olfactives. L'œil et l'oreille, qui acquièrent dans son appareil moyen des dimensions énormes, viendront compenser sans doute cette pauvreté relative. Mais les lobes olfactifs s'atrophient, et cette atrophie sera d'autant plus accusée que les habitudes de l'animal seront plus exclusivement aquatiques. Équivalente à peu de chose près dans la Loutre et dans l'Hippopotame, elle sera plus accusée dans le Phoque ; dans les Cétacés pourvus de dents, qui poursuivent exclusivement leur proie sous les eaux, elle ira jusqu'à un entier anéantissement de ces lobes, et cette réduction est si bien liée à une raison d'accommodation biologique, que les Cétacés à fanons, qui écument en quelque sorte la surface des mers et peuvent tirer quelque utilité de leurs sensations olfactives, ont des lobes olfactifs assez accusés, ainsi que je le tiens du célèbre cétologue de Copenhague, M. le professeur Eschricht.

Il est fort à remarquer que cette réduction des lobes olfactifs, commandée par des raisons pour ainsi dire extérieures, n'affecte en aucune manière le type intérieur de l'organisation cérébrale. La commissure antérieure s'atténue avec les lobes olfactifs ; chez les Dauphins où ces lobes sont nuls, on en chercherait en vain la trace. Ainsi, cet anéantissement graduel, qui amène une sorte de similitude extérieure avec les Primates, n'implique au fond aucune ressemblance réelle, et tout semble nous dire que des types essentiellement différents ne sauraient être ramenés l'un à l'autre par une sorte de métamorphose.

L'atrophie des lobes olfactifs chez les animaux monodelphes est intéressante à un autre point de vue ; elle nous semble n'être pas absolument étrangère aux modifications qu'éprouve l'encéphale qui se dilate alors dans la vertèbre pariétale, et acquiert chez les Mammifères aquatiques une largeur énorme. Il nous semble que cette modification peut être aisément expliquée par l'absence même des sensations olfactives ; l'instinct perdant, si je puis ainsi dire, une de ses voies principales, l'animal doit trouver nécessairement une compensation à cette pauvreté relative dans une intelligence servie par des sensations supérieures, et les hémisphères cérébraux, organes des facultés supérieures, prennent chez eux un développement inusité. Ainsi s'expliquent la grandeur et le volume de ces organes.

Ici, tout justifie la pensée de mon illustre maître M. de Blainville, quand il qualifiait d'anormaux les Mammifères aquatiques. Car, tandis que la nature, dans son évolution régulière, n'abandonne aux milieux liquides que les types les plus dégradés, ces animaux ne descendent dans ce milieu exceptionnel qu'armés d'une intelligence qui devient parmi eux le principe de sociétés que les naturalistes ont à l'envie célébrées et qui les rendent éminemment propres à servir l'action de l'homme si, las d'en faire sa proie, il prétendait un jour les prendre pour auxiliaires et les soumettre à son empire.

**Note communiquée à l'Académie des sciences dans la séance
du 15 octobre 1860.**

« Considéré en général, l'encéphale de l'Hippopotame présente
la physionomie propre aux Pachydermes tétradactyles. Je vais
essayer d'en décrire en quelques mots les formes extérieures.

» Le bulbe est de grandeur médiocre ; il en est de même du
pont de Varole et des autres parties qui constituent l'isthme
de l'encéphale. Ces parties s'éloignent très-peu des conditions
qui sont réalisées dans le Cochon et dans le Pécari. Les bandelettes optiques sont extrêmement grêles. Leur *chiasma* est
fort étroit, et il en sort des nerfs optiques si menus, que, dans
l'Hippopotame nouveau-né, ils égalent à peine ceux d'un
Cochon de Siam naissant.

» Au-devant des bandelettes, cette partie découverte de l'étage
inférieur des corps striés, que l'on désigne dans l'homme sous
le nom de *champs olfactifs*, fait une assez grande saillie ; elle est
large en tous sens, convexe, arrondie, et, suivant l'usage,
circonscrite par ces bandelettes que l'on décrit sous le nom de
racines du lobe olfactif, et qui sont une dépendance du système
des commissures propres des couches corticales. Les parties
supérieures de l'isthme ne m'ont présenté aucune particularité
remarquable.

» J'insisterai plus en détail sur les ganglions surajoutés à
l'axe, et en particulier sur le cerveau.

» Le cervelet est un peu plus allongé que dans le Cochon ;
en revanche, sa largeur est moindre. Le corps du cervelet

médian est petit ; son vermis est autrement contourné que
dans le Cochon : Au lieu de former à gauche une anse allongée,
ses lobules se groupent en une sorte de chignon symétrique.
Ces formes rappellent assez bien celles du Pécari.

» Le corps des cervelets latéraux est également très-réduit,
mais leurs vermis sont énormes ; ils s'enroulent sur les côtés
du cervelet à la manière d'une corne d'Ammon. Le nombre des
lobules et des feuilles dans ces vermis est digne d'être
remarqué.

» Je passe sur les tubercules quadrijumeaux. Les *hémisphères*
cérébraux méritent un examen plus attentif. Leur masse est
fort petite relativement à celle de la tête et du corps ; mais
elle est assez grande eu égard aux dimensions du bulbe ; ils
sont d'ailleurs assez courts, et le diamètre longitudinal du cerveau égale à peine son diamètre transversal ; ils sont assez
peu riches en plis, surtout dans leur région supérieure.

» Ces plis, comme dans le Cochon et le Pécari, composent
dans l'aire formée par la circonvolution du corps calleux et
ceux du lobule unciforme deux étages principaux séparés par
un étage intermédiaire.

» On sait que l'étage supérieur, dans le Cochon, se dilate en
arrière en un lobule triangulaire divisé de son sommet à sa
base en deux ou trois plis, disposition qui rappelle assez bien
les formes des Ruminants vrais. Ce lobule est plus étroit dans
le Pécari, et se rétrécit encore davantage dans l'Hippopotame,
où l'étage supérieur n'est qu'une bande étroite divisée en
arrière en deux plis secondaires.

» L'étage supérieur s'étend au-dessus du lobe olfactif et du lobule unciforme, et se recourbe légèrement à son extrémité occipitale, cette extrémité recourbée est nettement distinguée de la partie antérieure par une petite scissure verticale, et il en résulte deux lobules distincts comme dans les Ruminants. Mais dans les Ruminants, le lobule postérieur est le plus grand ; il est le plus petit des deux dans le Cochon, dans le Pécari et dans l'Hippopotame.

» Cet étage inférieur semble avoir, au premier abord, dans l'Hippopotame, une importance extraordinaire ; en revanche, l'étage intermédiaire, qui, dans le Cochon, le sépare de l'étage supérieur à la partie antérieure du cerveau, semble manquer. Mais un examen plus attentif semble résoudre cette anomalie apparente : non-seulement cet étage moyen existe, mais il occupe, en outre, dans l'Hippopotame, toute la longueur de l'hémisphère, et si son existence est au premier abord dissimulée, cela tient à la grande quantité de plis de passage verticaux qui l'unissent à l'étage inférieur.

» Ainsi modifié, le type de l'arrangement des plis cérébraux des Pachydermes à système digital pair n'a plus aucune ressemblance avec celui des Ruminants, fait d'autant plus remarquable, que ces différences dans l'organisation cérébrale semblent augmenter en raison même de cette complication de l'estomac, que quelques naturalistes avaient considérée comme indiquant un passage des Suidés aux formes des Ruminants.

» Les lobes olfactifs sont beaucoup plus réduits que dans les Suidés fouisseurs, ils s'atténuent en avant, et la coiffe de substance grise qui enveloppe leur extrémité et forme leur bulbe terminal est pour ainsi dire atrophiée.

» Cette atrophie mérite d'être signalée avec d'autant plus de soin qu'on la retrouve à des degrés divers dans tous les Mammifères aquatiques, où elle est en raison directe de l'étendue des modifications organiques qui leur imposent ce milieu exceptionnel; elle tient à ce que ces Mammifères ne pouvant exercer l'olfaction dans l'eau, les lobes olfactifs leur deviennent moins nécessaires; elle est si bien liée à une raison d'accommodation biologique, qu'elle est complète dans les Dauphins qui poursuivent leur proie dans la profondeur des eaux, tandis que les Cétacés à fanons qui en écument la surface, et maintiennent alors leur évent à fleur d'eau, ont des lobes olfactifs assez accusés, ainsi que je le tiens du célèbre cétologiste de Copenhague, M. le professeur Eschricht. Il importe expressément de distinguer cette atrophie des lobes olfactifs, commandée par des motifs biologiques, de celle qu'on observe dans les Primates, et dans l'Homme, où elle est normale et sensiblement typique.

» La réduction des lobes olfactifs chez les Mammifères aquatiques est intéressante à un autre point de vue : elle semble en effet n'être pas absolument étrangère aux modifications qu'éprouve la forme du cerveau qu'on voit se dilater chez ces animaux et acquérir dans certains cas une largeur énorme. Ces modifications peuvent être en effet expliquées par l'absence même des sensations olfactives. L'instinct perdant ainsi l'une de ses voies principales, l'animal ne peut trouver une compen-

sation à cette perte que dans un plus grand développement de
son intelligence, en tant qu'elle est servie par des sensations
d'un ordre supérieur ; dès lors, son cerveau s'accroît davantage, eu égard au volume de la moelle, et cet accroissement
s'effectue surtout en largeur en dilatant la vertèbre pariétale,
qui, chez les animaux qui sont au-dessous des Singes, est le
domaine par excellence des hémisphères cérébraux. »

APPENDICE.

Nous pouvons ajouter à ce qui précède quelques détails qui,
sans avoir la même importance, ne sont pourtant pas dépourvus
d'intérêt.

La moelle épinière n'occupe qu'une partie du canal rachidien. Elle s'étend jusqu'à la dernière lombaire et se termine
par un cône assez aigu. Il existe par conséquent une queue de
cheval qui fournit les nerfs sacrés et coccygiens. Le renflement
lombaire commence sur la dernière dorsale ; il a moins
d'étendue que le renflement cervical. Le diamètre transversal
maximum de la moelle est pour le renflement lombaire et pour
le renflement cervical de 7 à 8 millimètres. Son diamètre minimum, à la région dorsale, est de 5 à 6 millimètres. A l'extrémité
de la moelle, le diamètre diminue très-rapidement.

Malheureusement, la moelle que nous avons sous les yeux
n'a pas pu être extraite dans un état de fraîcheur suffisant

pour permettre d'en étudier la structure intime. Néanmoins nous avons pu vérifier l'existence des cordons médians postérieurs, qui offrent la disposition habituelle, se montrant à la région lombaire, s'atténuant en avançant dans la région dorsale, et s'amplifiant de nouveau en avançant dans la région cervicale.

Nous avons pu vérifier également l'existence du ventricule de la moelle dans toute la longueur de cet organe. Les cordons longitudinaux de la commissure apparaissent de la manière la plus distincte.

La prédominance des cordons antérieurs et latéraux sur les cordons postérieurs est bien manifeste, surtout à la région lombaire et à la région dorsale. La longueur du sillon longitudinal antérieur est à la région cervicale d'environ 3 millimètres et demi, à la région dorsale 2 millimètres, à la région lombaire 3 millimètres et demi. Celle du sillon médian postérieur est de 2 millimètres et demi à la région cervicale, 1 millimètre et demi à la région dorsale, 2 millimètres à la région lombaire.

La pie-mère pénètre suivant la coutume dans toute la profondeur du sillon antérieur; elle ne pénètre que d'un demi millimètre environ dans le sillon postérieur.

Les axes gris offrent à peu de chose près la forme habituelle; les cornes antérieures sont arrondies, les cornes postérieures sont coupées par une ligne finement denticulée. A la région cervicale, les cornes antérieures sont à peu près équivalentes aux cornes postérieures ; à la région dorsale, et surtout à la région lombaire, leur volume l'emporte sur celui des cornes postérieures.

Le nerf spinal prend son origine sur le cordon latéral, entre les racines du sixième nerf cervical, par un filet d'une finesse excessive, mais par suite des additions qu'il reçoit, il forme bientôt un assez gros cordon.

Dans le mémoire que nous avons reproduit ci-dessus, M. Gratiolet a signalé (p. 319) « une petite bandelette oblique » qui se dégage de la profondeur du bulbe entre la pyramide et » le renflement olivaire, se porte obliquement en dehors en » croisant les fibres de l'avant-pont, et plonge en quelque sorte » sous le bord postérieur du pont de Varole. »

Nous avons suivi les fibres de la *bandelette de Gratiolet*, car il nous semble que ce nom lui doit être imposé. Elles se portent toutes dans le plan superficiel de la protubérance annulaire, et doivent être par conséquent regardées comme appartenant au système des fibres arciformes, dont l'ensemble constitue l'avant-pont d'abord, et ensuite le pont lui-même.

Une coupe de l'encéphale nous a permis d'étudier la face interne de l'hémisphère et les parties que la coupe traverse.

Nous avons pu vérifier ainsi un fait dont chacun appréciera l'importance : c'est que la commissure antérieure n'a, chez l'Hippopotame, qu'un très-petit volume. Ce fait vient confirmer les observations de M. Gratiolet sur le cerveau des Mammifères monodelphes. Il a remarqué en effet (*Anat. comp. du syst. nerv.*) que chez les Mammifères monodelphes étrangers à l'ordre des Primates, la commissure antérieure est principalement composée de fibres émanées des lobes olfactifs. Or, les lobes olfactifs de l'Hippopotame n'ont qu'un faible volume, et nous voyons ici la réduction de la commissure antérieure suivre comme un corollaire celle des lobes olfactifs. Ici, comme ailleurs, le type reste invariable au milieu des modifications commandées par le genre de vie particulier de l'animal.

Les circonvolutions de la face interne du cerveau sont peu compliquées. Un grand pli entoure immédiatement le corps calleux, c'est l'ourlet. Il est creusé de trois sillons parallèles à sa direction ; de ces sillons, l'antérieur et le postérieur sont plus longs et plus profonds que le moyen. Autour de l'ourlet règne un grand pli longitudinal qui borde l'hémisphère. Ce pli est creusé de plusieurs sillons dont les uns sont parallèles et les autres perpendiculaires à sa direction. Les plis perpendiculaires n'atteignent pas le bord de l'hémisphère, tandis qu'ils plongent dans le grand pli qui limite l'ourlet. Parmi ces sillons perpendiculaires, il faut en remarquer trois qui sont placés en avant, au point même où l'hémisphère se recourbe. A ces plis il faut ajouter en avant un petit lobule qui correspond extérieurement à la circonvolution inférieure du lobe frontal, et en arrière un lobule qui s'applique à la face antérieure du cervelet ; ce dernier lobule est marqué de deux sillons qui le divisent en trois plis parallèles au bord de l'hémisphère.

Quant à la face externe du cerveau, nous avons vérifié l'exactitude de la description donnée par M. Gratiolet. Les deux hémisphères ne diffèrent l'un de l'autre que par des détails d'un ordre secondaire.

Parmi les détails des circonvolutions, nous croyons devoir insister sur trois bosselures que présente vers sa racine le pli qui borde le lobe olfactif, en formant la limite inférieure du lobe frontal.

ORGANES DES SENS.

Organe de la vue.

L'œil de l'Hippopotame est globuleux; il fait une forte saillie sous les paupières qu'il soulève à la manière d'un œil de Batracien. Les paupières sont dépourvues de cils. La cornée transparente est fortement convexe.

La sclérotique est très-épaisse et très-résistante, surtout dans sa partie postérieure. Il y a un tapis considérable qui occupe les parties inférieures et latérales du globe oculaire. L'ouverture de la pupille est circulaire.

Le cristallin, fortement convexe en avant et en arrière, se compose néanmoins de deux segments inégaux, l'antérieur étant moins courbé que le postérieur.

La partie postérieure du globe oculaire est enveloppée par un muscle choanoïde (en forme d'entonnoir), dans lequel on peut distinguer deux faisceaux inégaux, dont le moins étendu est situé en dedans. Une forte aponévrose enveloppe le muscle choanoïde et le sépare des muscles droits.

Les muscles droits sont disposés comme d'habitude, sauf une particularité du muscle droit interne, dont nous parlerons dans un moment.

Le muscle grand oblique, après s'être réfléchi sur une poulie en partie cartilagineuse, glisse sous le droit supérieur à l'aide d'une synoviale et va se terminer sous le droit externe.

Le muscle petit oblique mérite une attention particulière. Il s'insère profondément, sur la face interne de l'orbite, dans une petite cavité infundibuliforme située sur la ligne qui limite en arrière l'os lacrymal, et le sépare du frontal, cavité qui jusqu'ici a été considérée par les auteurs comme un trou lacrymal (voy. p. 169). Cette erreur a été partagée par M. Gratiolet, qui certainement l'aurait corrigée s'il lui avait été permis de terminer son travail.

Ce muscle, sous la forme d'un cordon arrondi, se porte vers le bord supérieur du muscle droit interne, passe sur ce muscle, puis sous le droit inférieur, et se termine vers le bord du droit externe en entremêlant ses fibres avec celles du muscle choanoïde.

Ajoutons maintenant que de la surface du muscle droit interne se détache un faisceau charnu très-mince qui s'épanouit sur la troisième paupière, dont il est le rétracteur. Ce muscle recouvre le petit oblique. Ce dernier, par conséquent, passe entre le muscle de la troisième paupière et le muscle droit interne, et, par suite de cette disposition, il existe ici pour lui, comme pour le grand oblique, une poulie de réflexion.

La troisième paupière, chez l'Hippopotame, est considérable ; elle est terminée par un bord tranchant. A un centimètre environ de ce bord, on voit une ligne de petits pertuis qui sont les orifices des canaux excréteurs de la glande de

Harder. Cette glande est considérable. Elle est entourée par le plexus artériel de l'orbite.

Il n'existe pas, chez l'Hippopotame, d'appareil lacrymal proprement dit. Il n'y a ni points lacrymaux, ni sac lacrymal, ni canal nasal. Nous venons de montrer que l'on a pris à tort pour un trou lacrymal l'enfoncement où s'insère le muscle petit oblique. Il n'existe dans l'intérieur de l'orbite aucun corps glandulaire que l'on puisse comparer à une glande lacrymale. Nous avons examiné avec soin la face interne des paupières, et nous n'avons rien pu découvrir.

Cette observation n'est pas applicable seulement à l'Hippopotame du Nil. Sur le squelette de l'Hippopotame de Libéria, il n'existe également qu'un petit enfoncement sans issue, qui doit aussi probablement servir à l'insertion du muscle petit oblique.

Ces faits, d'ailleurs, sont conformes à la raison. Ne semble-t-il pas que l'Hippopotame, lorsqu'il séjourne dans l'eau, n'a pas besoin des larmes proprement dites, et que le liquide plus visqueux de la glande de Harder doit lui être bien plus utile?

L'absence des cils est aussi en rapport avec les habitudes aquatiques de l'Hippopotame.

On pourrait encore trouver une relation entre l'absence des voies lacrymales et la faculté que possède l'Hippopotame de fermer hermétiquement l'orifice extérieur du tube respiratoire.

Organe de l'audition.

Le pavillon de l'oreille, assez court chez le jeune sujet, et bien plus court chez l'adulte, puisque son accroissement n'est pas proportionnel à celui de la tête, a la forme d'un cornet terminé par un sommet arrondi. L'ouverture du cornet, qui habituellement regarde en avant, peut être tournée en divers sens, sous l'action des muscles que nous avons décrits. Le pavillon peut se rabattre complétement en bas jusqu'au contact de la peau du cou, sous l'influence de ce petit muscle auriculaire dont nous avons signalé l'attache à l'angle de la mâchoire inférieure. Toute la surface concave du pavillon est couverte de poils. Chez l'adulte, ils sont d'un blanc uniforme ; mais, chez le jeune sujet, la partie de ces poils la plus voisine du bord interne est d'un noir foncé.

Le conduit auditif externe est excessivement étroit. Son diamètre dépasse à peine 3 millimètres.

La direction de ce conduit est loin d'être indiquée par la courbure extérieure de l'os dans lequel il est creusé, cet os devenant de plus en plus épais en allant de dehors en dedans, si bien qu'à son extrémité interne, la paroi inférieure du conduit offre près d'un centimètre et demi d'épaisseur. La direction du conduit auditif est presque transversale, en offrant néanmoins une légère courbure à convexité inférieure. Chez notre jeune sujet, la longueur totale de ce conduit est de 17 millimètres.

Ce conduit étroit s'élargit tout à coup au contact de la membrane du tympan, qui offre 7 millimètres de diamètre.

Chez le jeune sujet âgé de trois jours, qui sert à notre description, le développement du conduit auditif externe et de l'os tympanique est complet; d'où il résulte que le cadre du tympan n'est pas distinct.

L'os tympanique proprement dit forme une bulle ovoïde épaisse, dont l'intérieur est rempli d'un tissu spongieux à larges cellules, lesquelles cellules pourtant ne communiquent pas avec la cavité du tympan.

Il n'entoure du reste cette cavité que d'une manière incomplète, et son bord interne reste séparé du rocher par une longue ouverture qui n'est fermée que par des parties molles.

L'oreille moyenne ou caisse du tympan est assez difficile à décrire. On peut la diviser en trois parties.

1° Une partie intermédiaire assez étroite, comprise entre la membrane du tympan et la fenêtre ovale. Elle comprend les osselets de l'ouïe.

2° Une partie supérieure qui s'élève comme une sorte de tambour au-dessus de la fenêtre ovale et en dehors du limaçon. On y distingue une fosse arrondie qui contient la tête du marteau et le corps de l'enclume.

3° Une partie inférieure où l'on voit une énorme fossette séparée de la fenêtre ovale par un large promontoire. C'est au fond de cette fossette que s'ouvre la fenêtre ronde.

La cavité tympanique se continue largement avec la trompe d'Eustache, sur laquelle nous reviendrons plus loin.

Les osselets de l'ouïe se composent, sur notre sujet, d'un marteau, d'une enclume et d'un étrier. L'os lenticulaire n'est pas distinct de l'enclume, avec laquelle il est complétement soudé. Ces os ont un aspect massif; le marteau et l'enclume sont remarquables par leur torsion.

Le marteau se compose, suivant la règle, d'une tête, d'un col et d'un manche. La tête est une palette discoïde munie d'une facette articulaire légèrement convexe. Le col est muni d'un *talon* dont l'extrémité, qui est articulaire, prolonge la facette précédente en faisant avec elle un angle presque droit. Le col est tordu sur son axe, et il s'unit sous un angle presque droit avec le manche, qui est large et massif. Une petite lamelle triangulaire, très-mince, qui émane en partie de la tête, en partie du col, est la base de l'apophyse grêle de Raw, qui donne insertion comme d'habitude au muscle antérieur du marteau.

L'enclume offre un corps massif limité par un large bord. Sa surface articulaire est concave. Elle représente un croissant par suite d'une échancrure peu profonde placée à son côté externe et qui reçoit le talon du manche du marteau. La branche externe est très-courte; elle sert d'attache à un beau tendon nacré. La branche interne se contourne et se tord sur elle-même; elle se termine par un crochet dont le sommet aplati s'articule avec l'étrier.

L'étrier, soudé à la fenêtre ovale, n'offre entre ses branches aucun osselet accessoire analogue à celui qu'on a désigné sous le nom de *pessulus*. Les branches sont très-courtes et succèdent à une partie pleine très-massive.

Les osselets de l'ouïe, chez l'Hippopotame, n'ont qu'un petit volume relativement à la grandeur de la tête; cette disproportion est encore plus marquée chez l'adulte. Mais, en comparant leur volume à celui de la caisse, on pourrait au contraire le trouver considérable.

Voici les dimensions de ces osselets sur notre jeune sujet :

Marteau. — Diamètre de la tête, 3 millimètres; largeur de son bord, 2 millimètres; longueur du col, 5 millimètres; longueur du manche, 8 millimètres.

Enclume. — Diamètre du corps, 4 millimètres; largeur de son bord, 2 millimètres; longueur de l'apophyse interne, 3 millimètres.

Étrier. — Hauteur totale, 4 millimètres; de la partie pleine, 2 millimètres; grand diamètre de la base, 3 millimètres.

L'oreille interne est enveloppée dans un rocher d'aspect éburné, très-dur et très-épais. Les canaux demi-circulaires sont complétement cachés, et aucune des saillies extérieures ne les révèle. Une partie du limaçon est indiquée par un relief.

Le développement des canaux demi-circulaires n'est pas aussi grand qu'on pourrait le croire en considérant la totalité du rocher; leurs ampoules n'ont pas un grand volume. Il y a, comme d'habitude, deux canaux verticaux et un horizontal s'ouvrant dans le vestibule par cinq ouvertures. Le vestibule est assez ample. Une fente étroite établit sur le squelette une communication entre le vestibule et la fossette de la fenêtre ronde; mais cette communication n'existe pas réellement, à cause des parties molles qui bouchent l'ouverture.

Le limaçon décrit deux tours et demi de spire. Le premier tour est large et divisé par une lame spirale assez haute; le reste est beaucoup plus réduit dans ses dimensions. La spire, d'ailleurs, est assez basse et n'atteint pas le sommet d'un petit cône osseux qui la recouvre extérieurement. En partant du sommet de la spire, on trouve que la rampe vestibulaire se contourne en cercle, comme le reste du limaçon, pour atteindre le vestibule; mais la rampe tympanique, pour atteindre la fenêtre ronde, se dirige presque en ligne droite, et s'allonge tellement au delà de la spire proprement dite, que celle-ci paraît n'occuper que la moitié seulement d'une ellipse ou serait inscrite la totalité du limaçon. La fenêtre ronde s'ouvre au fond de la large fossette que nous avons signalée (1).

L'ouverture de cette fossette offre un diamètre de plus de 5 millimètres. Elle est limitée par un bord épais. Sa cavité est très-difficile à décrire. On y voit une cannelure coudée à angle aigu. L'une des branches de cette cannelure s'étend le long de la partie externe et inférieure de l'ouverture; l'autre branche va retrouver le fond de la fossette, où une mince lamelle la sépare de la fenêtre ronde. Entre ces deux branches est un espace triangulaire qui est comme la terminaison de la rampe

(1) Le grand diamètre de l'ellipse où serait inscrit le limaçon est d'environ 12 millimètres. La plus grande largeur de la cavité du limaçon (abstraction faite de la cloison) est de 3 millimètres. La branche commune des canaux demi-circulaires verticaux (y compris l'ampoule) a 6 millimètres de long. Une corde tendue entre le point de jonction de ces deux canaux et l'ampoule du canal vertical antérieur a 11 millimètres. Cette corde serait le grand diamètre d'une demi-ellipse représentée par le canal. Le sommet du limaçon, au point de jonction des deux canaux verticaux, est de 2 centimètres. Le grand diamètre du vestibule est de 1 centimètre.

tympanique. Ce triangle est séparé, sur le squelette, de la première branche de la cannelure, par la fente étroite dont nous avons parlé tout à l'heure en décrivant le vestibule.

Pour achever la description de l'appareil auditif de l'Hippopotame, il nous reste à parler de la trompe d'Eustachi. Elle est d'une largeur considérable, et semble continuer directement la cavité tympanique, laquelle est, avons-nous dit, assez étroite. Son orifice dans le pharynx est largement ouvert; son angle antérieur est divisé par un petit repli en forme de cornet, soutenu lui-même par un repli du cartilage de la trompe. Ce repli cartilagineux n'est autre chose que le bec de cuiller, qui devient ainsi apparent à l'extérieur.

Le cartilage de la trompe, par sa face interne, est appliqué au sphénoïde. La face externe est libre. Elle donne insertion, dans une étendue de 2 centimètres environ, au muscle péristaphylin externe, en sorte que ce muscle, en prenant son point d'appui sur le voile du palais, devient le dilatateur de la trompe. Le péristaphylin interne est aussi en contact avec la trompe, mais il ne lui adhère pas, il s'insère uniquement sur l'os tympanique.

L'*organe du goût* sera décrit, avec la langue et le palais, dans le chapitre des organes de la digestion.

Nous parlerons de l'*organe de l'odorat* dans le chapitre consacré aux organes de la respiration.

A ce propos, nous nous bornerons à dire en ce moment que l'organe de Jacobson est rudimentaire. Il reçoit néanmoins, suivant la règle, un filet du lobe olfactif et un filet du naso-palatin.

Il est réduit à un petit cul-de-sac de 2 centimètres de longueur, largement ouvert dans la fosse nasale, et se continuant dans un sillon creusé sur le plancher de cette cavité. L'orifice du canal incisif ne s'ouvre pas directement dans ce sillon; il en est séparé par un pli qui limite ce sillon en dehors.

Cet organe de Jacobson n'est pas enveloppé par un cartilage, mais, sur notre sujet, il repose sur une lame cartilagineuse qui recouvre en ce point le maxillaire supérieur.

V

SYSTÈME VASCULAIRE.

Mémoire sur le système vasculaire de l'Hippopotame (1).

Il est certains animaux remarquables entre tous les autres, qui semblent au premier abord échapper aux habitudes générales de leur classe. Ainsi, parmi les *Mammifères* essentiellement conçus et créés pour vivre au sein de l'air atmosphérique, quelques-uns obéissant à des tendances exceptionnelles et pour ainsi dire anormales, passent la plus grande partie de leur vie dans les eaux, soit pour y chercher un refuge, soit pour y suivre leur proie, et leur organisation tout entière, s'accommodant à des nécessités nouvelles, revêt des formes paradoxales. Tels sont en particulier les Loutres, les Enhydris, les Phoques, les Lamantins, et surtout les vrais Cétacés, dont le corps, exclusivement modifié pour une locomotion aquatique, semble ne plus appartenir au monde aérien que par ses organes respiratoires.

(1) Nous reproduisons ici un mémoire intitulé dans le manuscrit : *Recherches sur le système vasculaire de l'Hippopotame.* Ce mémoire a été résumé dans une note que l'on trouvera plus loin.

Parmi ces animaux exceptionnels que M. de Blainville désignait en général sous le titre d'anormaux, l'Hippopotame est à
coup sûr l'un de ceux qui ont subi les modifications les moins
profondes dans leur forme extérieure et dans leur physionomie;
s'il nage avec une aisance prodigieuse, il peut en même temps
se mouvoir et marcher sur la terre, où ses formes et ses allures
pesantes rappellent, suivant l'expression très-juste de Pierre
Gilles, de Belon et de Zerenghi, celles d'un Cochon très-
gras.

Cette première impression est justifiée par une étude approfondie de son organisation tout entière. Par son squelette et
l'arrangement de ses muscles, par ses organes digestifs, par
son encéphale, il se rapproche des Suidés en général, et en
particulier des Pécaris; ces analogies sont confirmées par
l'étude du système dentaire, et un œil exercé les reconnaît
aisément dans les os du crâne et de la face, si dissimulées
qu'elles soient au premier abord par des accommodations
physiologiques différentes. En effet, le Cochon et le Pécari sont
des animaux fouisseurs, mais l'Hippopotame ne fouit pas; sa
tête perd en conséquence cette forme pyramidale qui, dans le
Cochon, fait du crâne tout entier le levier des muscles rele-
veurs de la tête; le museau n'a plus de boutoir, et le groin est
remplacé par un mufle énorme percé de deux narines contractiles, et dont la physionomie rappelle, à certains égards,
celle du mufle des Lamantins et des Phoques.

L'Hippopotame n'est pas seulement un nageur puissant, c'est
un plongeur par excellence, et il peut, sans revenir à la sur-

face, passer un temps fort long sous les eaux : j'ai pu compter quinze minutes entre deux inspirations successives, et les gardiens de la ménagerie du Muséum, dont le témoignage, à cet égard, est unanime, m'ont affirmé que cet intervalle se prolongeait quelquefois au delà de quarante et même de quarante-cinq minutes. Si l'on se rappelle combien est impérieux et urgent le besoin de respirer chez l'Homme, si l'on tient compte de la rapidité avec laquelle la suspension des mouvements respiratoires entraîne la mort, ou tout au moins l'asphyxie, chez la plupart des animaux mammifères, une semblable faculté paraît à bon droit merveilleuse. C'est donc avec une joie réelle que je saisis l'occasion d'examiner une question si curieuse sur un petit Hippopotame mort, en 1858, au Muséum d'histoire naturelle, vingt-quatre heures environ après sa naissance, et dont M. le professeur Serres m'avait confié la dissection ; et tout en poursuivant l'étude générale de ses organes, je m'attachai surtout à examiner avec tout le soin dont j'étais capable le système des vaisseaux sanguins. C'est cette partie de mes recherches que j'ai l'honneur de soumettre aujourd'hui au jugement de l'Académie.

Je n'insisterai pas ici sur la description générale des artères, leur distribution dans l'Hippopotame étant la même que dans le Cochon ; je me bornerai à signaler quelques particularités qui m'ont semblé intéressantes au point de vue de la physiologie.

L'aorte se recourbe dès son origine, et sa crosse ne présente point cette grande élévation qui a été signalée dans le Phoque par Perrault (1). et plus récemment par Burow (2). Elle n'offre à son origine rien de semblable à ces dilatations qu'on a remarquées dans un grand nombre de Mammifères plongeurs, tels que la Loutre, les Phoques, les Castors et les Cétacés; loin de là, elle est assez peu volumineuse en ce lieu, du moins chez le jeune Hippopotame, mais à partir du point où elle s'unit à l'artère pulmonaire, c'est-à-dire au canal artériel, elle acquiert un plus grand diamètre; ses rameaux et leurs ramifications sont en général assez grêles, et cette gracilité est surtout frappante dans l'artère vertébrale, dans la cervicale ascendante, dans l'occipitale, c'est-à-dire dans les artères postérieures de l'encéphale. Quant à la carotide, elle est elle-même d'un fort petit calibre eu égard au volume de la tête, où d'ailleurs sa distribution suit son mode habituel; mais ses rapports avec l'os hyoïde s'établissent d'une manière si singulière, et il découle de ces relations des conséquences si importantes, que je demande la permission de m'y arrêter un instant.

On sait le trajet habituel de la carotide externe dans les Ruminants et les Pachydermes. Après avoir fourni quelques-unes des artères temporales et dans certains cas la linguale, elle s'engage entre la pièce basilaire de l'os hyoïde au côté externe de laquelle elle est située, et un petit* groupe de muscles qui passent en dehors d'elle. Ce groupe est composé du stylo-hyoïdien et du digastrique.

(1) *Mémoires pour servir à l'histoire des animaux.* Paris, in-fol., 1676, p. 93.
(2) *Ueber das Gefäss-System der Robben,* in *Arch. für anat. Phys. und wissenchaftliche Medicin,* von J. Müller. 1838.

Dans le Cochon, que nous prenons ici pour exemple, cette disposition n'a sur la marche du sang artériel aucune influence; la pièce basilaire de l'hyoïde formant un coude qui l'éloigne des petits muscles dont j'ai parlé et laissant un libre passage à l'artère. Mais il n'en est point de même dans l'Hippopotame; ici la pièce hyoïdienne ne forme point de coude, et les muscles stylo-hyoïdien et digastrique sont immédiatement appliqués sur elle à sa racine; or, c'est précisément en ce point que l'artère carotide s'engage, en sorte que dans leurs moindres contractions, ces muscles exercent sur elle une compression plus ou moins forte en l'étranglant pour ainsi dire contre l'os sous-jacent; ce résultat est rendu frappant par les injections elles-mêmes. Il suffit de la simple pression des muscles morts, mais tendus par le poids de la langue, pour couper en deux, pendant son refroidissement, la colonne injectée. Or, la contraction de ces muscles vivants doit nécessairement produire sur la colonne sanguine un effet analogue quand la base de la langue s'élève, mouvement que l'animal semble devoir exécuter toutes les fois qu'il se prépare à plonger.

Les conséquences de cette disposition sont d'autant plus significatives que, dans l'Hippopotame, l'artère maxillaire interne avant de se terminer, sous le nom d'*artère ophthalmique*, dans le réseau admirable de l'orbite, fournit par la fente sphé-noïdale une branche considérable au réseau admirable caro-tidien. Cette branche, qui n'est en général représentée dans les Ruminants et dans les Pachydermes que par une ou deux arté-rioles presque capillaires, équivaut ici à la carotide interne, et mériterait le nom de *carotide antérieure*. Ainsi peut se tarir, à un moment donné, l'une des sources principales du sang qui arrive dans toutes les parties supérieures de la face et dans cette chaîne de réseaux admirables, d'où émanent les artères de la face et du globe oculaire, dont la circulation n'est plus alors entretenue que par des courants extrêmement réduits. De toutes les particularités offertes par le système artériel de l'Hippopotame, celle-ci est à coup sûr la plus importante; elle fournit en effet un moyen très-simple de prévenir, au moment où l'animal plonge, l'imminence des congestions céphaliques. Hâtons-nous de dire que cette compression agit sur les artères sans qu'aucun effet s'ensuive sur les courants veineux qui demeurent libres, les veines jugulaires passant en dehors des faisceaux musculaires qui compriment l'artère carotide.

Les veines présentent à leur tour certaines particularités remarquables. Les collatérales des doigts ne communiquent avec les veines satellites des troncs artériels que par des ramuscules insignifiants, et se déversent dans les grandes veines souscutanées; celles-ci sont très-considérables, elles forment autour des membres de larges plexus qui deviennent surtout abondants vers les régions axillaire et inguinale, et s'abouchent finalement avec les veines principales vers la racine des membres.

Les veines satellites des artères de ces membres ont une disposition tout à fait remarquable; les deux troncs veineux qui les accompagnent habituellement sont ici remplacés, à partir de la base des doigts, par une multitude de petits canaux parallèles anastomosés fréquemment les uns avec les autres, qui couvrent les artères d'une sorte d'enveloppe chevelue et fort épaisse; un plexus semblable accompagne les artères interosseuses, et en général toutes les artères musculaires du membre.

Dans la région du bassin et de l'épaule, cette disposition se simplifie; on y distingue des veines satellites, mais si fréquemment anastomosées entre elles qu'elles entourent l'artère d'un véritable plexus.

Vers la racine des membres, tous les filaments qui composent le plexus chevelu se résolvent tout à coup en troncs considérables, qui affectent désormais le type commun aux veines des autres animaux mammifères, et forment les racines principales des veines caves, et en particulier de la veine cave inférieure; ces troncs ont quelques valvules qui préviennent le retour du sang vers les réseaux veineux des membres.

Le tronc de la veine cave inférieure n'a point d'abord un très-grand diamètre, mais il se renfle brusquement vers le point où s'abouchent les veines émulgentes, et ce renflement se dilate encore au niveau du foie, où il forme un grand sinus qui se loge presque en entier dans la substance même de cet organe, et reçoit des veines hépatiques énormes; enfin, il traverse le diaphragme et s'atténue peu à peu; au delà de ce renflement et dans l'étendue de 4 centimètres environ, la veine cave inférieure, singulièrement réduite, est assez régulièrement cylindrique; elle s'ouvre enfin dans l'oreillette droite par une ouverture entièrement dépourvue de valvule. En examinant le point où la veine cave se rétrécit pour pénétrer dans le cœur, on n'aperçoit au premier abord aucune trace de l'anneau musculaire découvert par Burow dans le Phoque, mais en disséquant avec attention les parois de la veine, on découvre dans leur épaisseur une couche circulaire de fibres musculaires fortes et striées. La veine cave est donc susceptible de contractions dans ce point, et ces contractions peuvent amener sinon une oblitération complète de son canal, du moins une grande diminution de son diamètre ; c'est là une sorte de pylore veineux dont nous ferons dans un instant ressortir l'importance physiologique.

Or, tandis que la veine cave inférieure aboutit au cœur par un canal étroit et capable de se rétrécir, ou même de s'oblitérer sous l'influence d'un sphincter musculaire, la veine cave supérieure, au contraire, s'ouvre dans l'oreillette par un sinus énorme. Ce fait est d'autant plus significatif que Burow l'a déjà remarqué dans le Phoque. On peut en tirer une conséquence immédiate, savoir, que le retour du sang vers le cœur se fait plus facilement par la veine cave supérieure que par l'inférieure, mais nous reviendrons dans un instant sur ce point.

L'oreillette droite est d'une grandeur médiocre, eu égard au volume du cœur qui est énorme, du moins chez les animaux naissants. Des colonnes charnues la divisent, en dehors et en avant, en un système très-compliqué de cellules et de vacuoles ; elle n'a point d'appendices vermiformes ; on y voit trois ouvertures veineuses également dépourvues de valvules. Ces ouvertures sont les orifices de la veine cave inférieure et de la veine coronaire ; ces deux derniers sont séparés l'un de l'autre par un simple repli charnu.

Les parois du ventricule droit ne sont point aussi minces en avant que dans le Phoque ; ce ventricule est très-grand, et sa pointe arrive au niveau de celle du ventricule gauche, dont elle est séparée par un petit sillon, si bien que le cœur a en quelque sorte deux pointes ; cette disposition est un vestige de cette division du cœur que Steller (1), Cuvier (2), Raffles (3) et Vrolik (4) ont signalée dans les *Rytina*, les Lamantins et les Dugongs, et qu'on retrouve quelquefois dans le Marsouin au dire de Meckel.

La valvule auriculo-ventriculaire droite s'éloigne très-peu des formes qu'elle présente dans les autres Mammifères, ses bords limitent une fente dirigée du bord externe du ventricule vers sa partie postérieure ; à chaque extrémité de cette fente se trouve une colonne charnue qui envoie sur les bords de la valvule ses tendons filiformes ; dans le reste de leur étendue, ces bords sont maintenus par de petites fibres tendineuses émanées directement des parois mêmes du cœur.

Les fibres musculaires du ventricule droit forment, suivant l'usage, des anses obliques et presque parallèles entre elles, et ces anses sont disposées de telle façon, vers l'orifice de l'artère pulmonaire, qu'elles pourraient à la rigueur jouer l'office d'un

(1) *N. comm. petropol.*, II, 346.
(2) *Leçons*, 1ʳᵉ édit., t. **IV**, p. 346.
(3) *Observ. on the Dugong, Philos. Trans.* (1820, t. II, p. 178).
(4) *Bydrage tot de natuur en ontleedkundige kennis van den Manatus Americanus.*

sphincter si l'économie des mouvements du cœur permettait à ces fibres de se contracter indépendamment des autres.

L'artère pulmonaire est très-grande, du moins à la naissance, et elle recouvre alors d'une manière complète l'origine de l'aorte à laquelle elle fournit à cette époque une racine considérable, je veux dire le canal artériel; mais ce canal, très-large d'abord, s'oblitère rapidement, et dès le quatrième jour, il est à peine perméable. Les valvules sigmoïdes de l'artère pulmonaire, ainsi que Burow l'a déjà remarqué dans le Phoque, manquent de tubercule d'Arantius.

Les ramifications de cette artère sont fort étendues; elles se distribuent dans un poumon très-vaste, et dont la physionomie est tout à fait remarquable par le mode d'arrangement de ses lobules, qui sont groupés en étages parallèles et superposés les uns aux autres.

C'est dans les interstices, et pour ainsi dire dans les sillons qui séparent ces étages, que cheminent les veines pulmonaires, ainsi qu'on l'a remarqué dans tous les Mammifères plongeurs; ces veines sont absolument dépourvues de valvules, elles viennent successivement s'ouvrir dans une espèce de sinus commun aux veines des deux poumons, par trois troncs principaux; l'un de ces troncs reçoit la totalité des veines du poumon gauche et celles des lobes inférieurs du poumon droit; les veines des lobes supérieurs de ce poumon se déversent dans le sinus commun par deux orifices distincts.

L'ouverture de ce sinus commun des veines pulmonaires touche à la cloison interauriculaire, et sa paroi est intimement confondue au point de son insertion avec celle de la veine cave inférieure, également très-voisine de la même cloison.

La séparation des deux oreillettes est déjà presque achevée dans l'animal naissant, et nous savons par les observations de Gordon (1) que le trou ovale est fermé dans l'animal adulte. Il en est de même dans tous les Mammifères plongeurs; l'existence de ce trou n'a donc aucun rapport avec la faculté de plonger, et Perrault, étudiant un Phoque évidemment trop jeune, s'était complétement trompé sur ce point. La comparaison que certains anatomistes avaient cru devoir établir, entre l'état fœtal et les conditions organiques auxquelles doit satisfaire un animal plongeur, est donc absolument fausse, et l'on pouvait aisément le prévoir.

L'oreillette gauche ou pulmonaire est grande et plus vaste que l'oreillette droite; comme cette dernière, elle est divisée en certains points par un réseau très-compliqué de colonnes charnues et de tubercules. Ce réseau, appliqué à sa paroi, la double, en avant et en dehors, d'une couche spongieuse d'une assez grande épaisseur.

Les parois du ventricule gauche sont plus épaisses que celles du ventricule droit, mais cette inégalité est peu marquée, du moins dans les jeunes animaux.

La valvule auriculo-ventriculaire gauche est fort semblable à celle de l'autre ventricule; toutefois, les colonnes charnues sont un peu différemment disposées; l'une d'elle est verticale,

____

(1) Allamand, dans *Hist. naturelle* de Buffon, édit. in-4, suppl., t. VI. p. 73.

elle naît de la partie antérieure du cœur, et ses petits tendons s'irradient dans le bord antérieur de la valvule ; l'autre est couchée horizontalement sur la paroi postérieure du ventricule ; les petits tendons destinés à la partie postérieure de la valvule naissent du corps même de cette traverse musculaire ; les autres viennent directement de la paroi même du cœur.

Enfin, les valvules sigmoïdes de l'aorte sont bien développées, mais elles n'ont point de tubercules d'Arantius. Nous ne dirons rien des artères coronaires, qui n'offrent rien de particulier dans leur origine ou dans leur distribution.

Vu dans son ensemble, le cœur de l'Hippopotame est gros, et sa largeur est remarquable, mais cette largeur n'est pas comparable à celle du cœur des Cétacés, des Lamantins et de quelques autres Mammifères plongeurs. Nous signalons cette particularité, bien qu'elle ne puisse être expliquée dans l'état actuel de la science.

Tels sont, en général, les faits que révèle l'étude anatomique du système sanguin dans l'Hippopotame ; parmi ces faits, nous rappellerons plus particulièrement : 1° l'existence d'un sphincter musculaire sur la veine cave inférieure, sphincter semblable à celui que Burow a fait connaître dans le Phoque; 2° la dilatation considérable de cette veine cave inférieure dans la région du foie, et la grandeur du sinus des veines hépatiques ; 3° les réseaux veineux admirables qui entourent les artères musculaires des membres, et 4° enfin, les rapports singuliers de l'artère carotide avec l'os hyoïde, rapports d'où résulte dans certains cas la possibilité d'une compression capable d'interrompre la circulation du sang dans cette artère; essayons maintenant d'expliquer par ces faits comment une longue suspension du mouvement respiratoire peut, chez l'Hippopotame, se concilier aisément avec la vie.

L'existence d'un anneau musculaire dans les parois de la veine cave a, pour cette explication, une importance capitale, ainsi que Burow l'a déjà fort bien établi. Il sera néanmoins utile d'en développer ici toutes les conséquences.

On peut faire à cet égard deux hypothèses. En effet, de deux choses l'une, ou bien le sphincter rétrécit seulement le canal de la veine cave, ou bien il peut l'oblitérer complétement; adoptons un instant, pour aider à la marche des raisonnements, cette seconde hypothèse, qui d'ailleurs est probablement conforme à la réalité.

Si la veine cave inférieure, déjà très-étroite à son entrée dans l'oreillette, s'oblitère complétement par la contraction de son sphincter musculaire, le sang qu'elle ramène n'arrivera point au cœur; il s'accumulera donc au fur et à mesure dans les plexus sous-cutanés, dans la dilatation de la veine cave, dans le grand sinus des veines hépatiques, dans le système entier des ramifications de la veine porte, il gonflera les réseaux sanguins du foie et de la rate.

Il n'en sera pas ainsi du sang que ramènent des parois musculaires du thorax, de la moelle épinière, du cerveau et des parties antérieures du corps, l'azygos et les autres veines qui se déversent dans le sinus de la veine cave supérieure. Ce sang reviendra sans obstacle à l'oreillette et au ventricule droit, il passera dans le poumon et de là dans le ventricule gauche, d'où il sera chassé dans toute l'étendue du système artériel.

En conséquence, une partie de ce sang venu exclusivement de la veine cave supérieure passera dans les réseaux qui dépendent de la veine cave inférieure, et ne reviendra point au cœur; il s'ajoutera à la masse du sang emprisonné dans les veines abdominales; ce sera, en conséquence, une nouvelle quantité de sang enlevé à la circulation pulmonaire; or, les mouvements du cœur continuant à chaque instant, il se fera de la même manière une soustraction nouvelle, et la quantité de sang qui circulera encore entre certains appareils musculaires, les centres nerveux et le poumon, diminuera de plus en plus: ainsi, l'imminence de cette congestion des centres nerveux, qui est l'une des principales causes de la mort par asphyxie, sera de plus en plus éloignée à mesure que la submersion volontaire se prolongera davantage, conclusion au premier abord paradoxale, mais nécessaire, et par conséquent certaine; rappelons enfin que la faculté que possède l'Hippopotame de comprimer et d'oblitérer ses artères carotides externes au niveau de l'hyoïde vient en aide à ce résultat en diminuant la quantité de sang artériel qui arrive à la chaîne des réseaux admirables crâniens et orbitaires.

Mais cette curieuse organisation a encore une autre conséquence; on sait que les Mammifères plongeurs ont des narines éminemment contractiles. Au moment où ils plongent, ils aspirent une grande quantité d'air, l'enferment en oblitérant leurs narines, et l'emportent sous les eaux. Or, plus la quantité du sang qui parcourt le cercle de la circulation pulmonaire sera petite, plus son mouvement se ralentira, moins il y aura d'oxygène emprunté à cette provision d'air, moins elle sera viciée par l'exhalation de l'acide carbonique; la flamme se fait donc plus petite, si je puis ainsi dire, pour vivre plus longtemps dans une atmosphère limitée.

Des résultats analogues seraient évidemment obtenus, bien que d'une manière moins parfaite, par une oblitération incomplète de la veine cave inférieure, à la condition que le sang apporté par elle fût en quantité inférieure à celle qu'elle reçoit incessamment du cœur et des artères; la première hypothèse, celle d'une oblitération incomplète, peut être en conséquence ramenée à la seconde, et elle conduirait aux mêmes conséquences.

Les libres communications de l'azygos et des veines mammaires avec la veine cave supérieure indiquent que les muscles locomoteurs du tronc sont, ainsi que les centres nerveux, soustraits à toute cause de congestion. L'existence de plexus veineux autour des artères musculaires des membres a évidemment un but semblable. Ils retardent en quelque sorte les congestions musculaires. Ainsi, l'animal livre à la masse du sang ses réseaux sous-cutanés et ses viscères abdominaux, mais il soustrait pendant un temps plus ou moins long à cette congestion ses centres nerveux, ses poumons et ses muscles, et il conserve ainsi, avec la vie, l'intelligence et la liberté des mouvements volontaires.

En résumé, les faits et les réflexions que je viens d'exposer sont une confirmation nouvelle de cette idée instinctivement acceptée dès l'enfance de la physiologie, que les Mammifères plongeurs acquièrent cette faculté en détournant de la circulation pulmonaire la plus grande partie de leur sang; ils deviennent ainsi, par instants et par une suite d'artifices très-simples, semblables, à certains égards, aux reptiles écailleux, chez lesquels la circulation pulmonaire n'est qu'une dérivation partielle de la circulation générale, et qui résistent à l'asphyxie par submersion pendant un temps très-long (1). Les *Mammifères* plongeurs auraient-ils, comme ces animaux, la faculté de ralentir à leur gré les mouvements de leur cœur? Il ne m'a pas été donné de résoudre cette question; mais il est certain que ce résultat, s'il n'est volontaire, est du moins une conséquence naturelle de la suspension des mouvements respiratoires.

J'ai essayé d'expliquer dans ce mémoire les conditions anatomiques qui font de l'Hippopotame en particulier un animal éminemment plongeur; loin de moi, toutefois, la prétention d'avoir donné une explication complète de cette faculté merveilleuse. En effet, dans ces résultats, qui sont en partie du domaine de l'instinct, il faudrait tenir compte de ces idiosyncrasies mystérieuses qui font de chaque espèce un monde à part dans la nature vivante; mais ces données du problème, quelque importance qu'elles aient au point de vue philosophique, échappent en quelque sorte au domaine de l'expé-

---

(1) G. Baer, *Ueber das Gefäss-System des Braunfisches* (*Nov. act. Acad. nat. cur.*, t. XVII, part. I, p. 395, 1835).

rience, et j'ai dû me borner à étudier avec soin les dispositions organiques visibles, qu'on peut considérer comme les causes immédiates des phénomènes qui ont été l'objet principal de ces recherches.

Note sur le système vasculaire de l'Hippopotame communiquée à l'Académie des sciences le 1er octobre 1860.

Les recherches que j'ai l'honneur de soumettre à l'Académie ont eu pour objet le système vasculaire de l'Hippopotame, considéré surtout comme animal plongeur. Je vais essayer de les résumer en quelques mots.

« Les artères qui émanent de l'aorte ont la même distribution que dans le Cochon, et nous n'y insisterons pas. Elles sont en général assez grêles, et, à l'exception de la tête, ne se résolvent nulle part en réseaux admirables. La crosse de l'aorte est très-peu élevée, au contraire de ce qui a lieu dans le Phoque, et elle n'a point ces dilatations qui ont été signalées en général dans les Mammifères plongeurs. Les carotides primitives sont peu volumineuses. Nous insisterons ici sur l'extrême gracilité de l'artère vertébrale, de la cervicale ascendante, de l'occipitale et de la carotide interne, en un mot, de toutes les artères postérieures de l'encéphale; quant à la carotide externe, elle est, chose remarquable, un peu plus volumineuse que la carotide primitive elle-même, et présente, dans son trajet et dans sa terminaison, des particularités qu'il importe de signaler.

» Elle s'engage, à l'ordinaire, entre la pièce basilaire de l'hyoïde, située à son côté interne, et un petit groupe de muscles qui passent en dehors d'elle. Ce rapport n'entraîne en général aucune compression de l'artère; tantôt en effet ces muscles, c'est-à-dire le stylo-hyoïdien et le digastrique, sont attachés au sommet d'un talon osseux qui les éloigne du corps de la pièce basilaire et laissent à l'artère un libre passage; tantôt c'est la pièce basilaire elle-même qui fait un coude pour s'éloigner des petits muscles. Mais dans l'Hippopotame il n'en est pas ainsi : la pièce basilaire n'a point de talon, elle ne fait point de coude, et les muscles dont j'ai parlé sont immédiatement appliqués sur elle, à sa racine; or, c'est précisément en ce point que la carotide externe s'engage, et les moindres contractions de ces muscles doivent exercer sur elle une compression plus ou moins forte; les injections que l'on pratique rendent cette conséquence manifeste. Ainsi, par le fait seul d'un mouvement d'élévation de l'hyoïde, le cours du sang dans la carotide externe peut être interrompu.

» Cette conséquence doit avoir sur la circulation cérébrale une grande influence, par suite du mode de terminaison tout à fait exceptionnel de cette artère; en effet, elle se termine par deux branches équivalentes, l'une pour le réseau admirable de l'orbite, l'autre qui pénètre par la fente sphénoïdale dans le réseau admirable carotidien, et qui joue le rôle d'artère carotide interne antérieure. Ainsi, les compressions exercées sur la carotide externe peuvent tarir, à un instant donné, la source la plus considérable du sang qui arrive à la tête; cette disposition anatomique semble avoir pour but de prévenir les congestions céphaliques pendant ces longues suspensions de la respiration qui sont familières à l'Hippopotame ; hâtons-nous de dire qu'elle n'a sur la circulation veineuse aucune influence, les veines jugulaires passant en dehors des petits muscles dont nous avons parlé.

» Les particularités principales que présentent les veines peuvent être ainsi résumées :

» 1° Les veines sous-cutanées forment de grands plexus, abondants surtout vers la région inguinale ; celles des membres se déversent dans la veine iliaque externe et dans l'axillaire ; c'est à ces plexus sous-cutanés qu'aboutissent presque en entier les veines collatérales des doigts.

» 2° Les veines satellites des troncs artériels principaux des membres et de leurs artères musculaires sont remplacées par des réseaux veineux unipolaires, qui forment à ces artères une enveloppe épaisse et chevelue à partir de la base des doigts. Ces réseaux, très-abondants, se gonflent énormément quand on les injecte.

» 3° La veine cave inférieure est grande ; elle se dilate sensiblement au niveau du foie, se loge presque en entier dans le bord postérieur de cet organe, et reçoit en ce point, par l'intermédiaire d'un grand sinus, des veines hépatiques énormes. Au-dessus du diaphragme, elle se rétrécit et se termine dans l'oreillette droite par un canal cylindrique d'un diamètre relativement fort petit.

» 4° Vers le point où cette région cylindrique se sépare de la région dilatée existe, dans les parois mêmes de la veine, une couche annulaire de fibres musculaires striées, formant une sorte de sphincter tout à fait analogue à celui que Burow a fait connaître dans le Phoque.

» 5° Tandis que la veine cave inférieure s'ouvre dans l'oreillette par un orifice étroit, la veine cave supérieure, au contraire, se déverse par un sinus largement ouvert; ces ouvertures et celle de la veine coronaire n'ont point de valvules.

» 6° Les artères pulmonaires sont grandes, leurs valvules sigmoïdes, et il en est de même de celles de l'aorte, manquent de tubercules d'Arantius. Les veines pulmonaires ont dans l'oreillette gauche trois orifices distincts, elles n'ont point de valvules, et leurs orifices en sont également dépourvus.

» 7° L'oreillette droite a moins de capacité que l'oreillette gauche; le trou de Botal est à peu près oblitéré chez l'animal naissant, et il en est de même chez l'adulte, suivant les observations de Gordon ; ajoutons que le canal artériel s'oblitère aussi très-promptement; dès le quatrième jour, il est à peine perméable au sang.

» 8° Les ventricules sont grands, presque équivalents, et leurs extrémités étant séparées par un petit sillon, le cœur semble avoir deux pointes ; c'est là peut-être un indice de cette division du cœur qui a été signalée dans les Rytina, les Dugongs et les Lamantins. Les valvules auriculo-ventriculaires sont remarquables dans l'Hippopotame par le petit nombre de leurs colonnes charnues. La plupart des filaments fibreux qui les sous-tendent émanent, comme cela a lieu dans le Phoque, des parois mêmes du cœur.

» 9° Je passe sous silence les veines porte et ombilicale, qui ne présentent chez l'animal nouveau-né rien de remarquable dans leur volume ou leur distribution.

» Essayons maintenant d'expliquer par ces faits comment une longue suspension des mouvement respiratoires peut, chez l'Hippopotame, se concilier avec la vie.

» L'existence d'un anneau musculaire comprimant la veine cave inférieure a pour cette explication une importance capitale, ainsi que Burow l'a fort bien indiqué. Il me semble utile d'en développer ici les principales conséquences. Supposons d'abord une complète oblitération : dans ce cas, le sang que ramène la veine cave inférieure n'arrivera point au cœur, il s'accumulera dans les trames vasculaires, dans les réservoirs veineux quels qu'ils soient ; le sang de la veine cave supérieure, au contraire, reviendra librement dans l'oreillette droite, d'où il passera dans le poumon et de là par l'aorte dans toute l'étendue du système artériel ; une partie de ce sang s'engagera donc dans les origines de la veine cave inférieure et s'ajoutera à la masse du sang immobilisé. Ce sera une nouvelle quantité de sang enlevé à la circulation pulmonaire, et les mouvements du cœur continuant, il se fera à chaque instant, et de la même manière, une soustraction nouvelle à certains organes, et en particulier à ceux d'où viennent l'azygos et la jugulaire, c'est-à-dire aux centres nerveux et aux principaux organes des sens. Ainsi, l'imminence de cette congestion des centres nerveux, qui est l'une des principales causes de la mort par asphyxie, sera de plus en plus éloignée, résultat auquel vient en aide la faculté que possède l'Hippopotame d'oblitérer en partie son système carotidien. Mais cette curieuse organisation a encore une autre conséquence : on sait que les Mammifères plongeurs ont la faculté d'obturer leurs narines et d'emporter sous les eaux une grande quantité d'air ; or, il est évident que cette quantité d'air suffira d'autant plus longtemps que les courants sanguins qui agiront sur elle seront plus faibles et plus lents. La flamme se fait donc plus petite, si je puis ainsi dire, pour vivre plus longtemps dans une atmosphère limitée. Il est évident que des résultats analogues seraient obtenus dans le cas d'une oblitération incomplète de la veine cave inférieure, à la condition que le sang rendu par elle fût en quantité inférieure à celui qu'elle recevrait des artères.

» Les libres communications de l'azygos et des veines mammaires avec la veine cave supérieure indiquent clairement que les muscles du tronc et ceux des membres antérieurs sont, ainsi que les centres nerveux, soustraits aux causes de congestion ; l'existence des réseaux admirables veineux autour des artères des membres a également pour but de retarder l'imminence des congestions musculaires ; l'animal soustrait donc à cette congestion son cerveau, ses yeux, ses muscles, ses poumons, et il conserve ainsi avec la vie l'intelligence et la liberté des mouvements volontaires.

» En résumé, les faits et les réflexions que je viens d'avoir l'honneur de soumettre à l'Académie sont une confirmation de cette idée, instinctivement acceptée dès l'enfance de la physiologie, que les Mammifères plongeurs acquièrent cette faculté en détournant de leurs poumons la plus grande partie de leur sang, se faisant ainsi par instants, et par une suite d'artifices très-simples, semblables, à certains égards, aux Reptiles, chez lesquels la circulation pulmonaire n'est qu'une dérivation partielle de la circulation générale. »

APPENDICE.

Glandes sanguines et lymphatiques. — La glande thyroïde est appliquée à la partie moyenne de la trachée, immédiatement au-devant du sternum. Elle a la forme d'un cœur très-allongé, dont la pointe, située en arrière, s'atténue en un cône aigu, et la base se compose de deux lobes inégaux que sépare une échancrure profonde ; l'échancrure commence à 4 centimètres de la pointe ; le lobe gauche a 3 centimètres de long, le lobe droit n'en a que 2.

Le *thymus*, encore volumineux sur notre sujet, est placé au-devant du cœur comme un large croissant. Sa largeur est de 11 centimètres ; sa hauteur de 4 ; de son bord antérieur convexe se détache une languette longue de 3 centimètres, qui s'applique à la base de la trachée.

Les capsules surrénales, placées transversalement en avant et en dedans des reins, sont assez volumineuses.

Nous parlerons de la rate après avoir décrit l'estomac.

Les ganglions lymphatiques se montrent dans les régions où on les rencontre habituellement.

Les ganglions mésentériques sont.groupés dans une vaste zone qui entoure la racine du mésentère. Cette zone se distingue, par son opacité, d'une autre zone assez transparente qui la réunit à l'intestin.

Le réservoir du chyle est volumineux ; il est situé immédiatement au-devant du rein gauche. Le canal thoracique suit le côté gauche de la colonne vertébrale ; vers le tiers antérieur de la région thoracique, il se divise en trois branches, qui bientôt se réunissent de nouveau pour former un seul tronc, lequel, se recourbant en crosse, va se jeter dans la veine jugulaire externe du côté gauche.

VI

APPAREIL DE LA RESPIRATION.

Les deux *poumons* sont à peu de chose près semblables l'un à l'autre et d'un volume équivalent. Chacun d'eux se compose de deux lobes, le supérieur peu considérable et peu épais, l'inférieur qui occupe les trois quarts de la hauteur totale et qui présente une grande amplitude. Le lobe inférieur émet, par son angle supérieur et externe, un prolongement triangulaire qui s'applique au lobe supérieur.

Sauf la scissure qui sépare les deux lobes, le poumon se présente comme une masse uniforme enveloppée dans la plèvre. Mais, si l'on déchire cette membrane qui, chez l'Hippopotame, est très-extensible, on voit que les éléments du poumon ne sont réunis que par un tissu cellulaire très-lâche, ce qui permet de séparer facilement les lobules les uns des autres. On arrive ainsi à isoler de petits lobules suspendus à une petite bronche qui se ramifie dans leur intérieur. Cette petite bronche est dépourvue d'anneaux cartilagineux, tandis que la ramification dont elle se détache est encore soutenue par des cartilages.

Les grosses bronches, dont le calibre est considérable, se

prolongent jusque dans le tiers inférieur du poumon, mais n'en atteignent pas la limite.

L'orifice de la ramification destinée au lobe supérieur se montre sur l'une et l'autre bronche, à la même distance de la trachée. Les deux bronches se réunissent sous un angle aigu, en laissant entre elles un éperon médiocrement saillant.

La *trachée* se compose de vingt-six anneaux incomplets. Son calibre est assez fort. Elle a ici 4 centimètres de circonférence.

Nous n'insisterons pas ici sur le *larynx* dont nous avons parlé plus haut.

Le *voile du palais* sera décrit avec l'appareil de la digestion. Nous nous bornons en ce moment à rappeler que ce voile du palais s'applique, par son bord libre, à la base de l'épiglotte, de manière à interrompre habituellement toute communication entre la cavité buccale et les voies respiratoires. Par suite de cette disposition, il existe, pour ainsi parler, un tube pharyngien qui établit une continuité directe entre la cavité du larynx et la double cavité des fosses nasales.

Cette division de la partie antérieure des voies respiratoires en deux cavités est déjà indiquée à la partie antérieure du pharynx, par un éperon membraneux qui continue la cloison.

Passons à la description des cavités nasales. Il suffit de décrire un côté.

Le plancher de la fosse nasale est fortement coudé. Il offre un angle saillant dont le versant postérieur occupe un peu plus des deux tiers de la longueur totale. Le versant antérieur s'abaisse rapidement, puis se continue dans une direction à peu près horizontale. C'est sur la partie inclinée de ce versant que repose l'organe de Jacobson, et l'ouverture supérieure du canal incisif se trouve vers sa limite inférieure.

La paroi interne de la fosse nasale est lisse. Sa paroi externe présente trois cornets : l'inférieur, beaucoup plus court que les deux autres, est situé tout entier dans le tiers antérieur de la cavité ; le moyen et le supérieur se prolongent jusqu'aux cellules ethmoïdales. Sur le squelette, les cornets osseux sont séparés de ces cellules, mais, sur le sujet entier, la muqueuse les réunit. Les cornets osseux sont de simples lames horizontales, mais la membrane qui les revêt s'avance au delà de leur bord libre et se recourbe légèrement en bas.

L'os ethmoïde présente du côté du crâne une lame criblée séparée en deux parties symétriques par une crête verticale ou apophyse crista galli. Au-dessous, nous trouvons la lame perpendiculaire, et, de chaque côté, les anfractuosités du corps de l'ethmoïde, qui n'ont dans leur forme rien de particulier, et qui sont appliquées en dehors aux lames latérales du frontal, cette lame particulière de l'ethmoïde, que l'on désigne sous le nom d'*os planum*, n'existant pas ici.

Il n'existe pas chez l'Hippopotame de sinus frontaux. Il y a, au contraire, de chaque côté, un sinus sphénoïdal formé d'une cavité arrondie dépourvue d'anfractuosités et s'ouvrant largement sous les cellules ethmoïdales. Sous l'extrémité postérieure du cornet supérieur, se trouve l'ouverture assez étroite du sinus maxillaire, qui est vaste et très-anfractueux et qui répond à tout le plancher de l'orbite.

Nous avons cherché inutilement une glande du sinus maxillaire munie d'un canal sécréteur. De nouvelles recherches seraient peut-être nécessaires pour éclaircir ce sujet.

A son extrémité antérieure, la fosse nasale ne se continue pas directement avec l'ouverture de la narine ; elle forme d'abord un cul-de-sac enfoui dans la lèvre supérieure, puis se recourbe en arrière, en haut, et un peu en dehors. Il résulte de là que le trajet de l'air décrit une courbe. Cette disposition est très-favorable à l'occlusion de la narine. Celle-ci se compose d'un bourrelet placé obliquement en dedans et en arrière, auquel s'applique, à la manière d'une paupière, une valve située en avant et en dehors. Pour maintenir la valve contre le bourrelet, il suffit de l'élasticité des tissus, du froncement de la lèvre et d'une légère contraction du muscle releveur de cette lèvre.

Pour l'écarter il faut la puissante action du muscle myrtiforme si développé chez l'Hippopotame. Nous avons donné plus haut la description de ces muscles.

VII

APPAREIL DE LA DIGESTION.

***

RÉGION BUCCO-PHARYNGIENNE.

L'orifice antérieur de la cavité buccale est largement fendu, et cependant, malgré les dimensions considérables de cette ouverture, sa limite se trouve encore placée à une distance considérable de l'œil. Sur le jeune sujet qui sert à notre description, la longueur totale de la tête étant de 26 centimètres, la commissure des lèvres est située à 6 centimètres environ de l'angle antérieur des paupières, et une égale distance la sépare de la canine inférieure; la longueur totale d'une lèvre vue de profil est d'environ 10 centimètres; enfin l'angle postérieur de la narine est à 4 centimètres en avant de la commissure labiale, et le bord antérieur du muscle masséter à 7 centimètres en arrière de cette commissure.

La lèvre inférieure et la lèvre supérieure diffèrent tellement l'une de l'autre que chacune d'elles doit être décrite à part.

La lèvre inférieure peut être considérée d'abord dans sa partie médiane et ensuite dans ses parties latérales.

Dans sa partie médiane et antérieure, cette lèvre s'avance à peu près horizontalement de 2 centimètres environ au delà de la symphyse du maxillaire inférieur. Son bord offre au milieu une saillie arrondie, puis, de chaque côté de la saillie, une légère concavité, et enfin une convexité qui marque la transition entre la partie antérieure et la partie latérale.

La largeur de cette portion antérieure de la lèvre correspond à la largeur de la bouche vue de face. Elle est ici de 11 centimètres, et correspond à l'espace qui sépare les deux canines.

Le bord de cette portion de la lèvre inférieure, coupé perpendiculairement à la peau externe, est revêtu par la membrane muqueuse. Il est large, épais et très-résistant.

Extérieurement, cette partie de la lèvre inférieure est, ainsi qu'on l'a vu plus haut, couverte d'un grand nombre de poils disséminés. Du côté de la cavité buccale, elle offre sur la ligne médiane, en avant des dents incisives, une saillie longitudinale couverte d'un épithélium épais et résistant, puis, de chaque côté de cette saillie, en avant de chaque incisive, un enfoncement arrondi qui correspond au glissement de la lèvre sur la base de la dent.

Les parties latérales de la lèvre inférieure offrent un autre aspect; elles sont tout à fait verticales, remplies par le muscle orbiculaire qui peut subir une grande distension, molles, épaisses et plissées dans le repos. Leur bord est revêtu par la muqueuse. Du côté de la cavité buccale, cette muqueuse est couverte de nombreuses papilles comparables à celles de la panse des Ruminants. Ajoutons immédiatement que cette partie latérale de la lèvre inférieure, en arrière de la commissure, où règne encore le muscle orbiculaire, forme le commencement de la joue, et que cette joue n'offre aucune dilatation comparable à un abat-joue, mais que, dans toute son étendue derrière le buccinateur, la muqueuse est couverte de papilles semblables. Au fond de la bouche, près des piliers antérieurs du voile du palais, ces papilles deviennent coniques et peuvent atteindre une longueur de 1 centimètre.

La lèvre supérieure est un énorme mufle cordiforme dont la partie la plus étroite est en arrière.

En avant, sur la ligne médiane, est une dépression; sur les côtés sont deux énormes lobes arrondis s'étalant en dehors des narines qui sont percées dans leur base. La partie moyenne ne s'avance qu'à 2 centimètres de la gencive, mais les lobes s'en écartent de 4 centimètres. Sous chaque lobe se trouve une dépression ou cul-de-sac assez profond, c'est le fond d'un sillon qui part de la partie la plus évasée du palais et contourne en avant la canine supérieure; la dépression correspond directement à la canine et à la grosse saillie arrondie que fait son alvéole, elle indique le frottement de la lèvre dans ses mouvements sur cette région (1). A l'extérieur, un sillon longitudinal marque le mouvement de ce lobe quand il se relève verticalement.

La muqueuse qui revêt la lèvre supérieure est lisse et ferme.

______

(1) Daubenton a pensé très-ingénieusement que cette cavité était préparée d'avance pour recevoir la pointe de la canine inférieure. C'est un détail qui mériterait d'être vérifié sur l'animal adulte.

Elle se prolonge sur le bord, qui est coupé en avant comme celui de la lèvre inférieure et ne se voit pas extérieurement. Ce bord est creusé d'une gouttière peu profonde dans laquelle est reçu le bord de la lèvre inférieure.

La largeur moyenne de la voûte palatine est de 6 à 7 centimètres sur une largeur de 14 centimètres. Cette voûte est à peine courbée d'avant en arrière. Le sommet de cette légère courbure est situé immédiatement en avant des canines. La voûte est parcourue longitudinalement par une gouttière médiane dont la plus grande profondeur correspond aux trous incisifs. De chaque côté de cette gouttière est un plan incliné. Tout à fait en arrière, dans les 3 centimètres qui précèdent le voile du palais, la voûte palatine est plate.

Chacun des deux plans inclinés est couvert d'environ quinze saillies ou côtes séparées par des sillons. Ces côtes sont dirigées plus ou moins obliquement, de dedans en dehors et d'arrière en avant. Les trois antérieures viennent se réunir bout à bout avec celles du côté opposé. Les autres alternent. Entre les côtes principales, on en trouve de plus petites qui ne parcourent pas toute la longueur.

Les trois dernières côtes se subdivisent par leur bout externe en deux ou trois rameaux.

Les deux plans inclinés dont nous venons de parler ne remplissent pas toute la largeur de la voûte palatine; chacun d'eux est séparé du bord alvéolaire correspondant par un espace lisse à peu près horizontal; au niveau de la dent canine, cet espace lisse s'élargit pour se continuer dans un sillon qui contourne la face antérieure de la dent; la voûte palatine offre en conséquence, vers son quart antérieur, une partie évasée; cette forme est en rapport avec celle de la lèvre supérieure, et, ainsi que nous le verrons, avec celle de la langue.

A la partie antérieure de la voûte palatine et à quelques millimètres de cette partie évasée, se trouvent les trous incisifs recouverts chacun par un petit lobe arrondi à bords légèrement frangés. Il ne faut pas les confondre avec deux petits trous borgnes, situés un peu plus en arrière, et séparés par une petite côte longitudinale.

La partie postérieure et plate de la voûte palatine est remarquable en ce qu'on y voit quelques papilles fongiformes comparables à celles de la langue. Sur notre sujet, celles du côté gauche forment une rangée régulière environnée de quelques papilles isolées; à droite leur disposition n'a rien de régulier.

Nous parlerons plus loin du voile du palais.

La langue a près de 17 centimètres de long sur 5 centimètres et demi de large dans la plus grande partie de son étendue, et 7 à son élargissement antérieur.

Elle est très-épaisse dans la plus grande partie de son étendue, mais elle s'amincit en avant, et en même temps elle présente, dans cette partie antérieure, une forme largement spatulée, qui est dans un rapport exact avec celle de la voûte palatine et des lèvres.

Cette langue, dans l'état de repos, remplit la cavité buccale; elle s'applique tout entière au voile du palais, et, par sa base, s'enfonce profondément entre les branches du maxillaire inférieur. Sa partie antérieure libre, qui ne présente aucune espèce de frein, s'applique en hauteur à la symphyse de la mâchoire, puis se porte en avant sur le plan presque horizontal que lui offrent le bord gingival et la lèvre inférieure.

Toute la partie de la langue antérieure au voile du palais est couverte d'un velours de fines papilles coniques et d'un grand nombre de papilles fongiformes. Ces papilles ne se montrent pas seulement sur la face supérieure de la langue ; il y en a aussi sur les bords et même sur la face inférieure, surtout vers le bout de la langue. La face inférieure de la langue présente en avant, sur la ligne médiane, deux côtes longitudinales aplaties, séparées par un sillon dans lequel on trouve un certain nombre de papilles fongiformes.

En avant des piliers du voile du palais, on trouve sur les bords de la langue, dans une étendue de 2 centimètres seulement, six à sept sillons dirigés obliquement d'arrière en avant et de dedans en dehors.

La langue de l'Hippopotame ne nous a offert aucune trace de papilles caliciformes. Toute la partie qui est située en arrière des piliers antérieurs du voile du palais est couverte de nombreuses papilles coniques, grosses et longues, formant une véritable brosse, et toutes dirigées d'avant en arrière.

Cette langue ne contient du reste, dans son épaisseur, ni os, ni cartilage. Nous avons décrit ses muscles dans un chapitre précédent.

Le *voile du palais* ne répond pas ici à la définition que l'on a coutume d'en donner dans les traités d'anatomie humaine.

Chez l'homme, en effet, on peut dire que c'est une cloison presque verticale qui sépare la cavité buccale de la cavité pharyn-
gienne. Chez l'Hippopotame, il est bien plus vrai d'y voir une
cloison qui sépare le pharynx en deux parties, l'une supérieure,
se continuant avec les fosses nasales, et l'autre inférieure, se
continuant avec la cavité buccale.

Ce voile du palais s'étend en réalité depuis le bord postérieur du palais osseux jusqu'à la base de l'épiglotte. Il a, sur
notre sujet, près de 10 centimètres de long; son bord libre
correspond à l'axis.

La face supérieure ou nasale est d'abord divisée en deux
parties symétriques par une sorte d'éperon membraneux qui
prolonge inférieurement la cloison des fosses nasales. Elle
offre sur les côtés des plis longitudinaux, et, à peu de distance
du bord libre, quelques plis transversaux.

Ce bord libre est épais, arrondi, très-contractile, et dépourvu
de luette; il décrit une courbe à concavité postérieure qui
embrasse la base de l'épiglotte. En lui faisant subir une légère
tension, on voit que, de chaque côté, il se divise manifestement en deux plis dont l'un se dirige obliquement en dedans
vers la base de l'épiglotte qu'il atteint près de la ligne médiane, l'autre se porte vers le bord du cartilage thyroïde. Ces
deux plis, par leur ensemble, forment de chaque côté l'un des
piliers postérieurs du voile du palais.

La face inférieure ou buccale de ce voile est limitée en avant
et sur les côtés par les piliers antérieurs qui, du palais, se
rendent sur la base de la langue.

Elle offre sur la ligne médiane une surface lisse, limitée par deux lignes courbes se regardant par leur convexité, séparées par un espace minimum de 1 centimètre. En dehors, de chaque côté, se trouve un grand espace ellipsoïde, long de 6 centimètres, criblé d'une foule de petits orifices et ressemblant beaucoup à une plaque de Peyer. Chaque orifice correspond à un petit tube long de 3 millimètres, et tous ces petits tubes sont serrés les uns contre les autres. Ces deux masses glanduleuses peuvent être considérées comme des *amygdales*.

MUSCLES DU VOILE DU PALAIS.

Le *palato-staphylin* est représenté par un petit faisceau charnu longeant la ligne médiane.

Le *glosso-palatin* est situé, comme d'habitude, dans l'épaisseur de la corde vocale antérieure.

Le *péristaphylin externe* s'insère sur la trompe d'Eustachi, sur le voile et sur la base de l'apophyse ptérygoïde, il se termine par un tendon qui se réfléchit sur le crochet de cette apophyse et s'épanouit en une aponévrose qui occupe la profondeur du voile palatin.

Le *péristaphylin interne* s'insère sur l'os tympanique dont il revêt le sommet arrondi. Il s'épanouit en éventail dans le voile palatin, mais il n'en occupe que le tiers antérieur.

Les deux tiers postérieurs du voile sont occupés par le muscle *pharyngo-staphylin*. Ce muscle peut être considéré comme un faisceau du constricteur moyen avec lequel il est en partie confondu. Il remplit le bord libre du voile palatin et le serre contre la base de l'épiglotte.

GLANDES SALIVAIRES.

La glande parotide paraît manquer chez l'Hippopotame. Un petit amas de corps glanduleux, placé derrière le condyle de la mâchoire inférieure, nous semble devoir être considéré comme une glande lymphatique. Mais ceci demande à être vérifié chez l'adulte.

Il n'existe pas de glande sublinguale.

La glande sous-maxillaire est bien développée, quoique son volume soit encore médiocre relativement à celui de la tête de l'Hippopotame. Elle est constituée par une masse globuleuse située derrière l'angle de la mâchoire inférieure. Il s'en détache un long conduit dépourvu de petites glandes accessoires, qui va s'ouvrir dans la muqueuse qui recouvre la symphyse de la mâchoire, à peu de distance des dents incisives.

RÉGION INTESTINALE.

L'*œsophage* n'a qu'un calibre médiocre. Sa circonférence est en moyenne de 4 centimètres. Il est tapissé par un épithélium très-résistant et presque corné. Il est couvert de plis longitudinaux qui, en atteignant l'estomac, se divisent en plusieurs faisceaux. De ces faisceaux, les uns se perdent dans les trois premières dilatations de l'estomac, mais le plus postérieur plonge directement dans l'estomac intestiniforme et se continue dans toute la longueur de sa petite courbure, contribuant à y former un espace lisse, bordé de chaque côté par les loges papilleuses caractéristiques de cet estomac.

Estomac (1). — Bien que cet organe ait été étudié par Daubenton avec une très-grande exactitude, je ne crois pas inutile d'y revenir dans le but de rendre sa description plus intelligible par l'emploi d'une méthode dont j'ai tiré le plus grand parti dans mes cours pour l'exposition des estomacs compliqués. Je dirai d'abord quelques mots de cette méthode.

Il n'y a, dans les Ruminants et autres animaux à estomac compliqué, d'autre estomac vrai que la caillette. Il en est ainsi dans les Chameaux, dans les Lamantins, dans les Dauphins, etc., et chez tous, l'œsophage s'ouvre dans cet estomac par l'intermédiaire d'un *cardia*; pour mieux dire ce qu'il faut penser de ce cardia, nous supposerons deux cas.

Premier cas. — Le cardia est un sphincter charnu emprunté, soit au diaphragme, soit aux parois musculeuses du tube digestif. C'est cette disposition qu'on observe dans les Chevrotains et dans tous les Ruminants qui sont dépourvus de *feuillet*.

Deuxième cas. — Le cardia n'est plus contractile à la manière d'un sphincter, mais il s'étend; sa cavité est divisée par des cloisons centripètes, et il représente un véritable crible. Sur l'existence de ce crible repose l'explication des diverses phases de la rumination.

---

(1) Cette description de l'estomac était complétement achevée dans le manuscrit de M. Gratiolet. Elle a été reproduite sans aucune modification.

Ainsi, dans les Ruminants, l'œsophage communique avec la caillette par l'intermédiaire d'un *cardia-crible*. Pour comprendre maintenant l'ensemble de l'appareil gastrique, il suffira d'imaginer qu'entre le diaphragme et le feuillet, l'œsophage communique par une ouverture munie de rebords labiaux, si je puis ainsi dire, avec un vaste jabot divisé en deux lobes principaux : l'un plus petit, placé à l'un des côtés de la gouttière, forme le *bonnet* ou réseau des anciens; l'autre, placé de l'autre côté, beaucoup plus grand, subdivisé par des replis en plusieurs grands lobules, est la panse. Dans un pareil estomac, les liquides ne pénètrent point dans la panse, ou n'y pénètrent qu'à la volonté de l'animal; mais ils s'écoulent librement par les interstices du crible ou du feuillet, dans l'estomac véritable qui est la caillette.

Dans les Chameaux, que l'on pourrait à bon droit considérer comme des Pachydermes ruminants et comme constituant à cet égard un ordre particulier, le feuillet manque absolument, et il est remplacé par un anneau de fibres contractiles; mais, dans ces animaux, les liquides ne passent pas directement dans la caillette, ils sont immédiatement reçus dans un vaste jabot qui est la panse. Ils y sont absorbés immédiatement, grâce à un des plus merveilleux artifices qu'ait jamais conçus la nature.

En certaines régions de cette panse, que tapisse à l'intérieur un épithélium épais, sont des amas de cellules assez grandes, rapprochées comme les alvéoles des abeilles dans une sorte de gâteau appliqué à la panse. Ces cellules s'ouvrent chacune dans la grande cavité par une bouche qu'entoure un sphincter contractile.

La paroi interne de ces cellules est tapissée par un épithélium velouté d'une délicatesse extrême ; la muqueuse, absorbante et molle, y est l'origine d'une prodigieuse quantité de grosses veines qui rampent à la surface externe du gâteau entre ses alvéoles, et forment de gros troncs qui s'abouchent dans le système des veines portes. C'est par ces cellules que l'eau est absorbée. Ce ne sont pas là des réservoirs, mais des bouches, et, si j'ose le dire, des pompes aspirantes, mises à l'abri des matières solides qui tombent dans la panse, par les sphincters qui ferment leur ouverture.

Les matières solides, ramenées dans la bouche pour y être triturées, réduites en pâte, et mélangées aux sucs salivaires, sont dégluties de nouveau, mais, cette fois, tombent dans la caillette. Tout ce mécanisme est fondé sur le jeu alternatif de deux sphincters : l'un qui agit pour fermer la caillette dans la première déglutition, qui est celle de la panse ; l'autre qui se contracte pour fermer la panse dans la seconde déglutition, qui est celle de la caillette.

On peut, à peu de chose près, expliquer la rumination de cette manière dans les Chevrotains, qui manquent de feuillet, avec cette réserve qu'ils n'introduisent point les liquides dans la panse, ou du moins ne le font qu'en partie et exceptionnellement.

Les détails sommaires dans lesquels nous venons d'entrer donnent la raison des différences que présentent, eu égard au développement de la panse, les estomacs des Cerviens et des Caméliens comparés au moment de la naissance.

Dans les Cerviens naissants, la panse est rudimentaire. Le lait n'y pénètre point ou y pénètre à peine. Il passe dans la caillette, relativement énorme à cette époque. Dans les Caméliens naissants, au contraire, la panse est énorme, mais aussi le lait y pénètre, ainsi que je l'ai constaté, et il y est absorbé, du moins dans ses parties les plus liquides.

Les Cétacés présentent une autre forme d'estomac composé de deux renflements successifs, dont le premier est un véritable jabot contenu entre deux lames du diaphragme, précédent l'ouverture cardiaque de l'estomac, mais où la rumination est impossible, parce que ces jabots font partie constituante du système de canaux qui conduit de la bouche au véritable estomac.

Nous ne rangeons pas au nombre des estomacs composés l'estomac des Semnopithèques, des Kanguroos, etc., où se retrouve la forme du côlon de l'homme. Ce sont là des estomacs *plissés*, ce ne sont point des estomacs composés, pas plus qu'on ne peut considérer le côlon comme un estomac composé.

Il est une autre forme d'estomacs compliqués dans lesquels les jabots manquent et semblent remplacés par des appendices plus ou moins considérables du grand cul-de-sac de l'estomac. Une telle forme se présente fréquemment dans les Rongeurs où la partie pylorique est nettement distincte du grand cul-de-sac de l'estomac, où s'ouvre l'œsophage. Souvent ces deux portions sont séparées par un étranglement, et la partie pylorique, repliée sur elle-même, semble au premier abord divisée en deux poches distinctes par une valvule.

Les Pachydermes à doigts pairs présentent des dispositions analogues. Dans le Sanglier, au grand cul-de-sac de l'estomac s'ajoute une sorte d'appendice ou de cône accessoire, mais ce sont là des modifications propres à l'estomac lui-même; il n'y a point là de jabot, ni de panse proprement dite, l'œsophage ne présentant aucune dilatation entre le diaphragme et le cardia.

L'Hippopotame, dont il s'agit plus particulièrement ici, présente une forme intermédiaire. C'est un estomac à forme de côlon avec un appendice au grand cul-de-sac, plus une véritable panse latérale précédant cet estomac.

L'œsophage, assez large mais peu musculaire, se continue directement avec l'ampoule cardiaque de l'estomac. Cette ampoule se replie sur elle-même, et, de ce repli, résulte à son intérieur une espèce de valvule très-large. Puis elle se continue en une sorte de boyau assez étroit qui sert d'intermédiaire entre l'ampoule cardiaque et une ampoule pylorique. Cette seconde ampoule est, comme la précédente, repliée sur elle-même, et se termine dans un duodénum relativement mince et très-étroit. Le boyau intermédiaire est rendu semblable à un côlon par la présence de plis transverses que maintient une bride longitudinale et qui lui donnent un aspect annelé. J'ai compté neuf de ces anneaux sur l'individu que je décris ici. Les plis saillants qui les séparent font saillie à l'intérieur du boyau intermédiaire, et divisent sa cavité en cellules distinctes que Daubenton a très-bien figurées. L'estomac, s'il était réduit à ces parties, ressemblerait à peu près, sauf un plus petit nombre de bandes longitudinales et de plis, à un estomac de Kanguroo.

Il faut y ajouter deux parties que Daubenton a également connues, mais dont il a donné une description un peu obscure. L'une de ces parties est une sorte de large appendice cæcal, qui tient à la face antérieure de l'ampoule cardiaque. C'est l'analogue de l'appendice de l'estomac des Sangliers. L'autre est un jabot véritable qui s'ouvre à la face postérieure de l'œsophage au point même de son insertion dans l'ampoule cardiaque. Sa grandeur est un peu supérieure à celle de l'appendice, et cette équivalence leur donne l'aspect de deux oreillettes attachées à l'extrémité cardiaque de l'estomac, l'une en avant, l'autre en arrière de ce viscère; mais, en y regardant de plus près, il est facile de voir que l'une de ces oreillettes tient à l'estomac lui-même, et que l'autre dépend de l'œsophage (1).

(1) Les culs-de-sac appendiculaires, et toute la série des cellules qui se succèdent le long de la portion intestiniforme de l'estomac, offrent, à leur surface interne, une muqueuse hérissée de grosses papilles semblables à celles de la panse de certains Ruminants, et recouvertes par un épithélium dur et fort épais. La portion pylorique seule est recouverte à l'intérieur par un épithélium velouté.

En examinant avec moi les rapports et les connexions réciproques des différents sacs, pour vérifier les observations de Daubenton, mon jeune ami, M. Paul Bert, crut apercevoir que les sacs appendiculaires étaient en série régulière avec les cellules de la portion intestiniforme. Cette idée simplifie de la manière la plus heureuse la description de ce curieux estomac.

Supprimons par la pensée les sacs appendiculaires, et imaginons pour un instant, qu'à partir de l'ouverture cardiaque de l'œsophage, les cellules divisent la portion

Il serait imprudent d'émettre, d'après l'examen de l'estomac d'un Hippopotame naissant, quelque opinion sur les dimensions relatives de ses différentes parties dans l'âge adulte. Peut-être le jabot subit-il ici les mêmes modifications que la panse dans les Ruminants. J'imiterai sur ce point la sage réserve de Daubenton, et je n'essayerai pas de résoudre cette question à priori.

De l'existence d'une sorte de panse dans l'Hippopotame, il ne faudrait pas conclure qu'il rumine. Duvernoy, considérant la complication de l'estomac des Semnopithèques et des Bradypes, en conclut qu'ils devaient ruminer. Mais un jabot n'explique pas la rumination. Cette fonction suppose certaines dispositions de cet organe qui n'existent en aucune manière ni dans les Bradypes, ni dans l'Hippopotame.

Les rapports de la rate avec l'estomac étaient fort différents, dans notre Hippopotame, de ceux qu'on observe dans les Ruminants vrais et dans les Caméliens. Chez ceux-ci, la rate, sous forme d'un gâteau plus ou moins aplati, est attachée à la panse. Dans l'Hippopotame, cet organe, très-allongé et pour ainsi dire en forme de lame arrondie à ses deux bouts, suit la grande courbure de l'estomac et se trouve placé sous le boyau intermédiaire à ses deux ampoules terminales.

J'ai vainement cherché dans les *vasa breviora* qui vont de

intestiniforme de l'estomac en cellules équivalentes. Ce serait là une forme fort simple, et, pour passer à celle que présente l'Hippopotame, il suffira de dilater et de prolonger la première et la troisième cellule. La première deviendra la panse, et la troisième le cæcum appendiculaire. Le groupement particulier de ces sacs dépend d'une courbure particulière de l'extrémité cardiaque de l'estomac.

l'estomac à la grande veine splénique le singulier appareil valvulaire que présentent ces vaisseaux dans l'Éléphant. Ces valvules, exceptionnelles dans le système de la veine porte, règlent le cours du sang de l'estomac vers la grande veine splénique. Ici la théorie des fonctions de la rate est pour ainsi dire écrite dans les faits eux-mêmes; malheureusement, jusqu'ici, ce fait de la présence des valvules dans les veines spléniques de l'Éléphant m'a paru un fait exceptionnel (1).

Le *foie* n'est pas subdivisé en lobules secondaires. Son bord offre seulement quelques légères échancrures. La vésicule du fiel est située à droite ; elle est volumineuse, mais sa surface interne est lisse et dépourvue de valvules. Le canal cystique est percé de plusieurs pertuis qui sont des orifices de canaux hépatiques ; il s'unit à angle aigu au canal cholédoque. On a décrit plus haut les rapports du foie avec la veine cave.

Le *pancréas* s'allonge le long de la dernière partie de l'estomac et du duodénum, où son canal débouche isolément.

Le *duodénum* présente la disposition habituelle.

L'intestin grêle a environ 11 mètres 50 centimètres de long. Il s'enroule de manière à décrire environ onze tours de spire. Il est couvert de villosités fines et allongées, et de nombreuses glandes de Lieberkühn dont les petits orifices donnent à sa surface un aspect criblé. Il n'existe pas de valvule iléo-cæcale séparant l'intestin grêle du gros intestin; on trouve seulement, à la limite de ces deux régions, un pli transversal légèrement

____

(1) Le manuscrit de M. Gratiolet se termine ici.

froncé, et un espace couvert de petits plis entrecroisés qui lui donnent un aspect aréolaire.

Le gros intestin a une longueur d'environ 80 centimètres. Il est dépourvu de cæcum, et dans toute son étendue il se montre comme un cylindre uniforme assez étroit.

Le côlon ascendant décrit une ligne sinueuse dans laquelle on peut compter six anses successives.

Il y a ensuite un côlon transverse, une S iliaque médiocrement courbée, placée très-près de la ligne médiane, et enfin un rectum très-musculeux.

Il n'existe pas de mésocôlon ascendant, et il y a un mésentère commun pour l'intestin grêle et le côlon ascendant. Ce côlon ascendant en conséquence est flottant dans la cavité abdominale. Le côlon descendant est au contraire directement attaché à la colonne vertébrale par un mésocôlon.

De la courbure de l'estomac se détache un grand épiploon qui va retrouver le côlon transverse. Il n'existe pas d'hiatus de Winslow donnant accès dans la cavité de cet épiploon.

L'épiploon gastro-hépatique est d'une étroitesse excessive, l'estomac s'éloignant à peine du bord antérieur du foie.

Le tissu du mésentère est excessivement élastique, ce qui lui donne une grande force de résistance pour soutenir la masse intestinale.

VIII

ORGANES GÉNITO-URINAIRES.

a. — Chez le mâle.

Les reins sont visiblement lobulés. On compte sur chaque face environ vingt de ces lobules. Les uretères s'ouvrent dans la vessie au sommet de deux petits mamelons situés aux angles d'un trigone nettement limité par deux plis légèrement saillants qui partent de ces mamelons pour gagner obliquement la ligne médiane où ils se rejoignent sous un angle très-aigu. De leur réunion résulte un pli médian qui franchit le col de la vessie et se continue avec le verumontanum dont le sommet forme une petite pointe surbaissée. Au delà du verumontanum, le pli se bifurque de nouveau pour se perdre ensuite dans les plis longitudinaux de l'urèthre.

Sur notre jeune sujet, la vessie complétement vide apparaît comme un cylindre allongé fortement plissé longitudinalement. La surface du trigone est finement plissée transversalement; les plis longitudinaux se continuent au contraire sur les côtés du trigone. La muqueuse de l'urèthre est plissée en long et pourvue de nombreuses petites glandes de Morgagni. Nous achèverons tout à l'heure la description de ce canal.

Les testicules, situés hors de la cavité abdominale, sont appliqués de chaque côté de la symphyse pubienne. Ils sont contenus dans une tunique séreuse qui communique librement avec la cavité péritonéale. Cette tunique est enveloppée par un muscle crémaster qui émane, suivant la coutume, du transverse et du petit oblique. Sur notre sujet âgé de trois jours, le testicule est long, étroit, et peu épais. Le corps d'Highmore, placé le long de son bord interne, aboutit à un épididyme relativement assez volumineux. Le canal déférent, qui n'offre à son origine aucun diverticulum ni *vas aberrans*, pénètre dans la cavité abdominale, et, décrivant une ligne courbe, atteint, après avoir croisé l'uretère, la face supérieure de la vessie. Dans son trajet sous le péritoine, un liséré formé par un pli de cette membrane l'accompagne et marque sa direction. Le canal déférent cesse bientôt d'être couvert par le péritoine, et, se plaçant sur la ligne médiane à côté de celui du côté opposé, il atteint la paroi uréthrale, chemine suivant la règle dans l'épaisseur de cette paroi, et s'ouvre enfin près du sommet du verumontanum, qui n'offre sur notre sujet aucune trace de l'utricule qui a été, chez d'autres animaux, décrit par Weber et considéré comme un utérus.

La vésicule séminale débouche dans le canal déférent au moment où il plonge dans l'épaisseur de la paroi uréthrale. Elle se compose d'un tube central sur lequel s'insèrent plusieurs tubes secondaires très-entortillés; le tout forme une petite masse allongée maintenue par un tissu cellulaire assez dense.

Notre sujet n'offrait aucune trace d'une véritable prostate. Néanmoins la muqueuse uréthrale présentait de chaque côté du verumontanum un groupe de petits orifices occupant un espace elliptique. L'ensemble des follicules qui corespondent à ces orifices formerait-il, en se développant, une prostate? Il faudrait le vérifier chez l'adulte.

Rien n'est plus difficile que d'apprécier d'une manière exacte les dimensions de la verge et du canal de l'urèthre. Aussi ne donnerons-nous pas les mesures suivantes comme rigoureuses, mais nous nous en servirons pour rendre la description plus facile. Les parties étaient peu distendues.

La longueur de la région membraneuse de l'urèthre, du col de la vessie au bulbe (et par conséquent à la racine du corps caverneux), est de 9 centimètres et demi. Du col vésical au sommet du verumontanum il y a 2 centimètres et demi.

La longueur du corps caverneux est de 13 centimètres. Celle du gland est de 5 centimètres. Cela fait pour la longueur totale de la verge 18 centimètres. La région bulbeuse de l'urèthre a 4 centimètres de long.

La coupe du bulbe et de la région spongieuse de l'urèthre donne l'aspect aréolaire accoutumé. La paroi du bulbe est assez épaisse. Dans le tiers postérieur du bulbe, à 12 millimètres de la ligne qui le sépare de la région membraneuse, on voit sur sa paroi deux petits orifices. Ce sont les orifices des conduits excréteurs des glandes de Cowper ou de Méry. Chacun de ces conduits a 2 centimètres et demi de long. Constitué par une membrane assez mince, il se dilate en approchant de la glande,

dans l'intérieur de laquelle il se divise en un certain nombre
de tubes largement ouverts. Cette glande, de forme ovoïde, a
près de 2 centimètres de haut sur 1 centimètre et demi de
large. Elle est remplie d'une humeur visqueuse. Elle est enveloppée par un muscle qui , en se contractant, doit contribuer
à expulser son contenu. On peut se demander si, par leur développement, les glandes de Cowper ne suppléeraient pas la
prostate.

Les corps caverneux, considérés extérieurement, sont séparés
l'un de l'autre par un sillon dorsal bien visible ; mais, si l'on
fait une coupe transversale, on distingue difficilement la cloison qui les sépare. L'aspect de la coupe ne nous a rien paru
offrir de particulier. Ce sont des faits qu'il faudrait étudier de
nouveau, surtout chez un animal adulte.

Le gland, auquel on ne peut conserver ce nom que pour
conserver celui qui est adopté en anatomie humaine, est un
long cône d'un petit diamètre, terminé par une pointe aiguë.
L'ouverture de l'urèthre se trouve à 3 millimètres de la pointe.
Il n'existe pas d'os de la verge, même à l'état cartilagineux.

Dans l'état de repos, la partie de la verge située en arrière
du gland est courbée en S. Elle est maintenue dans cette position par deux muscles qui viennent s'insérer sur la base du
gland. et qui, par conséquent, opèrent la rétraction de celui-ci
sans le courber. Ces muscles émanent de la face postérieure du
rectum où ils se fixent assez haut en entremêlant leurs fibres
avec celles de cet intestin. Ils contournent le rectum, et, en atteignant le bulbe de l'urèthre, ils cessent d'être charnus. Ils se

terminent alors par deux tendons qui cheminent côte à côte le long du canal de l'urèthre pour se fixer, comme nous l'avons dit, à la base du gland. Dans l'érection, la courbure des corps caverneux doit nécessairement s'effacer par suite de leur rigidité ; lorsque l'érection cesse, le rôle des *muscles rétracteurs de la verge* devient prédominant.

Les muscles *ischio-caverneux* sont très-forts. Ils s'insèrent comme d'habitude.

Il en est de même des *bulbo-caverneux*, qui se fixent d'une part sur le corps caverneux dans les mêmes points que les muscles précédents, et qui, d'autre part, enveloppent le bulbe et se terminent sur un raphé médian.

Deux faisceaux charnus, qui semblent détachés du bord postérieur des muscles bulbo-caverneux, vont de chaque côté se terminer sur l'anus. Ce sont les représentants des *muscles de Wilson*.

Enfin, pour terminer la description des muscles de l'urèthre, il nous reste à parler de la couche charnue qui enveloppe la portion membraneuse, et dont le développement peut faire imposer à cette région le nom de portion musculeuse. C'est une couche de fibres circulaires qui règne dans toute la région. Sur la face pubienne de l'urèthre, les fibres charnues se continuent d'un côté à l'autre sans entrecroisement ; du côté de la face anale, elles se terminent sur un raphé médian.

Sur notre sujet, la vessie distendue n'offrait pas ce plissement que nous avons signalé chez le mâle.

Le trigone vésical est plus étendu, ce qui d'ailleurs peut tenir uniquement au relâchement des tissus. Le canal de l'urèthre, assez large, n'a pas plus de 3 centimètres de longueur. Il se termine dans le vestibule uro-génital, ainsi que nous le dirons tout à l'heure.

L'ovaire, très-petit chez ce jeune sujet, n'a pas plus de 1 centimètre de long.

La trompe s'ouvre par un petit orifice dégarni de franges, d'environ 2 millimètres de diamètre. Elle est étroite, mais néanmoins peut admettre un petit stylet. Elle est très-flexueuse, et s'ouvre par un très-petit pertuis dans la corne utérine.

Il y a deux cornes utérines intestiniformes très-flexueuses, s'ouvrant par un large orifice dans une cavité commune à peine étendue, qui se continue presque immédiatement, sans qu'il y ait un col bien prononcé, dans le vagin. Ce vagin présente d'abord une partie couverte de plis circulaires comparables à des valvules conniventes ; on peut compter plus de vingt-cinq de ces plis. On voit ensuite une région couverte de plis longitudinaux, et qui se termine en cul-de-sac près du vestibule uro-génital, sans s'ouvrir. Cette imperforation du vagin est-elle particulière à notre sujet, ou est-elle constante chez les femelles d'Hippopotame de cet âge? De nouvelles observations peuvent seules le décider.

Pour compléter cette description générale des organes génito-urinaires chez l'Hippopotame femelle, il nous reste à parler du vestibule uro-génital, que nous allons décrire en allant de l'extérieur à l'intérieur.

Si l'on examine l'extérieur de cette région, on voit d'abord, immédiatement au-dessous de la queue, l'ouverture de l'anus. Le périnée se trouve réduit à une mince cloison qui sépare l'anus de la vulve. Celle-ci apparaît comme un large orifice au bord inférieur duquel se trouve le clitoris.

Le clitoris, du côté de la vulve, est assez court; un frein le maintient, et sa saillie ne dépasse pas 1 centimètre. Du côté opposé, il offre au contraire près de 2 centimètres de long, et s'enfonce sous un vaste capuchon préputial. Il n'y a aucune indication de grandes ni de petites lèvres, mais un raphé médian conduit du clitoris à l'orifice uréthral.

L'orifice de l'urèthre est à 5 centimètres de l'entrée de la vulve; il s'ouvre dans une large fossette médiane placée immédiatement au-dessous de l'extrémité du cul-de-sac vaginal, dont nous avons parlé plus haut.

De chaque côté de la fossette uréthrale se trouve une autre fossette de dimensions à peu près égales. Il y a ainsi au fond du vestibule uro-génital trois vastes fossettes. Dans les fossettes latérales viennent s'ouvrir les canaux excréteurs des deux glandes vulvo-vaginales qui sont très-développées chez l'Hippopotame.

FIN.

EXPLICATION DES PLANCHES

PLANCHE I. — Cette planche représente un jeune Hippopotame, d'après un vélin peint par M. Bocourt. Pour ajouter à la vérité, il faudrait placer le long du bord tranchant de la queue une ligne de poils semblables à des cils.

PLANCHE II. — Squelette d'un jeune Hippopotame.

PLANCHE III. — Cette planche montre dans leur ensemble les principaux viscères du thorax et de l'abdomen. On y voit le cœur, les poumons, la trachée, le thymus, les principaux troncs artériels et veineux ; le foie, le pancréas ; la masse des intestins, moins l'estomac ; la vessie, le rein gauche et la capsule surrénale ; la verge cachée sous le réseau vasculaire, le testicule et le canal déférent rejetés sur la cuisse ; le réservoir du chyle, le canal thoracique ; le grand sympathique.

PLANCHE IV. — Cette planche montre la couche profonde des muscles du tronc. Le membre thoracique gauche a été détaché.

PLANCHE V. — Cette planche montre la couche moyenne des muscles du tronc. Le membre thoracique gauche est en place. Le grand dorsal et le trapèze sont enlevés pour laisser voir le rhomboïde et le grand dentelé.

PLANCHE VI. — Cette planche montre la couche superficielle des muscles. On a rétabli le grand dorsal et le trapèze et laissé une partie du peaucier.

PLANCHE VII. — Fig. 1. Muscles du membre thoracique gauche (face dorsale) : 1, grand dentelé ; 2, angulaire ; 3, rhomboïde (portion spinale) ; 4, rhomboïde (portion céphalique) ; 5, omo-trachélien ; 6, sus-épineux ; 7, sous-épineux ; 8, petit rond ; 9, trapèze deltoïdien ; 10, deltoïde ; 11, grand dorsal ; 12, grand pectoral ; 13, petit pectoral ; 14, biceps brachial ; 15, long supinateur ; 16, longue portion du triceps ; 17, vaste externe ; 18, anconé ; 19, radial externe ; 20, grand abducteur et extenseur propre du pouce ; 21, 22, faisceaux de l'extenseur commun ;

23, extenseur latéral de l'index et du médius; 24, extenseur latéral de
l'annulaire; 25, extenseur latéral de l'auriculaire; 26, cubital postérieur;
27, cubital antérieur. — Fig. 2. Muscles du membre thoracique (face
palmaire) : 1, grand dentelé; 2, angulaire; 3, rhomboïde; 4, omo-trachélien; 5, omo-sternal; 6, sous-scapulaire; 7, grand rond; 8, grand
dorsal; 9, sous-scapulaire; 10, grand pectoral; 11, deltoïde; 12, long
triceps; 13, vaste externe; 14, coraco-brachial; 15, biceps; 16, abducteur; 17, grand·palmaire; 18, cubital antérieur; 19, idem; 20, fléchisseur superficiel; 21, fléchisseur profond; 22, long supinateur.— Fig. 3.
Cette figure différe de la précédente par la présence des vaisseaux et des
nerfs, ainsi que de plusieurs lames aponévrotiques.

PLANCHE VIII. — Fig. 1. On a enlevé les aponévroses superficielles pour
montrer les réseaux vasculaires de la main et de l'avant-bras. — Fig. 2.
Muscles du membre abdominal droit (face externe) : 1, tenseur du
fascia lata; 2, grand fessier; 3, biceps; 4, demi-tendineux; 5, moyen
fessier; 6, petit fessier; 7, vaste externe; 8, jambier antérieur; 9, extenseur commun; 10, long péronier; 11, court péronier; 12, pédieux.
— Fig. 3. Muscles du membre abdominal droit (face interne) : 1, tenseur; 2, droit antérieur; 3, vaste interne; 4, iliaque interne; 5, portion
iliaque du couturier;·6, portion pubienne du couturier; 7, droit interne; 8, petit adducteur; 9, demi-tendineux; 10, jambier antérieur;
11, idem; 12, extenseur du pouce; 13, extenseur commun; 14, faisceau
tibial du fléchisseur profond; 15, faisceau péronéal du fléchisseur profond; 16, jumeau interne.

PLANCHE IX. — Fig. 1. La même que planche VIII, figure 3. On a coupé
le couturier pour montrer les vaisseaux : 1, faisceau iliaque du couturier; 2, faisceau pubien du couturier.— Fig. 2. La même que planche I.
On a coupé le couturier et le droit interne : 1, couturier; 2, idem;
3, droit interne; 4, petit adducteur; 5, grand adducteur; 6, demi-
membraneux; 7, demi-tendineux; 8, jumeau interne; 9, tenseur du
fascia lata. — Fig. 3. Face antérieure de l'estomac. — Fig. 4. Face
postérieure de l'estomac. — Fig. 5 : 1, gros intestin; 2, duodénum.

PLANCHE X. — Fig. 1. La même que planche IX, figure 2. On a coupé le
demi-membraneux et l'adducteur pour montrer le grand nerf sciatique
et le réseau vasculaire profond. — Fig. 2. Membre abdominal (face
plantaire) : 1, iliaque interne; 2, demi-tendineux; 3, tendon commun
du couturier et du droit interne; 4, plantaire grêle; 5, faisceau tibial
du fléchisseur profond; 6, faisceau péronéal du fléchisseur profond. —
Fig. 3. Membre abdominal gauche (face interne). Couche superficielle.

PLANCHE XI. — Fig. 1. Membre abdominal gauche (face interne). Le droit interne et le couturier ont été enlevés : 1, demi-tendineux; 2, demi-membraneux; 3, grand adducteur; 4, droit interne. — Fig. 2. Même figure. Le demi-membraneux et l'adducteur ont été coupés pour montrer les vaisseaux et nerfs profonds : 1, demi-tendineux; 2, jumeau interne; 3, anneau de l'adducteur.—Fig. 3. Cette figure montre la langue, le palais et la région sous-maxillaire. On voit la glande sous-maxillaire dont le conduit est disséqué et rabattu, l'artère carotide externe passant sous les muscles digastrique et stylo-hyoïdien. La branche gauche du maxillaire inférieur est sciée un peu en dehors de la symphyse. — Fig. 4. Le foie, vu par sa face abdominale.

PLANCHE XII. — Fig. 1. Cerveau d'un jeune Hippopotame (face externe). — Fig. 2. Idem, face supérieure. — Fig. 3. Idem, face inférieure. — Fig. 4. Idem, face interne. — Fig. 5 et 6. Cerveau d'un jeune Cochon de Siam. — Fig. 7. Coupe transversale de la moelle d'un jeune Hippopotame, région cervicale. — Fig. 8. Idem, région dorsale. — Fig. 9. Idem, région lombaire. — Fig. 10. Osselets de l'ouïe vus par leur face postéro-interne. — Fig. 11. Le marteau, vu par sa face antéro-externe. — Fig. 12. L'enclume, face interne. — Fig. 13. L'enclume, face externe.

TABLE DES MATIÈRES

FIN DE LA TABLE DES MATIÈRES.

Paris. — Imprimerie de E. MARTINET, rue Mignon, 2.

Hippopotame du Nil (Hipp. amphibius).
Jun. ♂.

H. Formant del. et lith.

Imp Becquet à Paris.

PL. II.

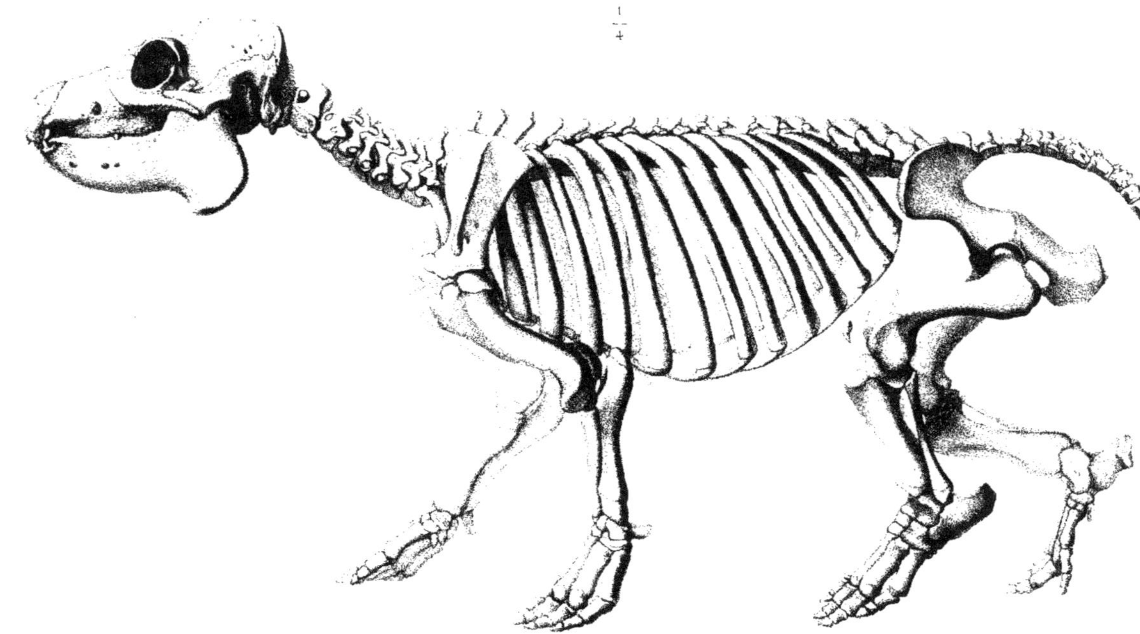

Hippopotame du Nil (Hipp. amphibius)

d'un ♂.

$\frac{1}{4}$

P. Gratiolet del.

Imp Becquet Paris.

H. Permant lith.

Hippopotame du Nil (Hipp. amphibius).
Jun. ♂.

$$\frac{1}{4}$$

P. Gratiolet del.

Imp. Becquet Paris.

H. Formaut lith.

Hippopotame du Nil (Hipp. amphibius).

Jun. ♂.

P. Gratiolet del.

Imp. Becquet. Paris.

H. Formant lith.

Hippopotame du Nil (Hipp. amphibius).

Tom. 6.

PL . VI.

$$\frac{1}{7}$$

P. Gratiolet del.

Imp Becquet, Paris

H. Formant lith.

Hippopotame du Nil (Hipp. amphibius).
Jun. ♂.